高等学校系列教材

工程力学（下）

曹　亮　刘　纲　汪之松　主　编
刘界鹏　黄　超　王达诠　副主编

中国建筑工业出版社

图书在版编目（CIP）数据

工程力学. 下 / 曹亮，刘纲，汪之松主编 ；刘界鹏，黄超，王达诠副主编 . — 北京 ：中国建筑工业出版社，2023.4

高等学校系列教材

ISBN 978-7-112-28331-6

Ⅰ. ①工… Ⅱ. ①曹… ②刘… ③汪… ④刘… ⑤黄… ⑥王… Ⅲ. ①工程力学-高等学校-教材 Ⅳ. ①TB12

中国国家版本馆 CIP 数据核字（2023）第 017620 号

本教材分上下两册，上册内容包括：绪论，几何组成分析与力学简图，力系的简化和平衡，杆件的内力计算与内力图，静定平面结构的内力分析，杆件的应力及强度计算，应力状态、强度理论与组合变形。下册内容包括：杆系结构的变形与位移计算，超静定结构的内力分析，压杆稳定，结构的动力计算，直角坐标系下的平面问题解析解。

本教材适合高等学校智能建造、土木工程、工程管理、建筑技术、水利工程、海洋工程、交通工程等专业的师生。为方便教师授课，本教材作者自制免费课件并提供习题答案，索取方式为：1. 邮箱 jckj@cabp. com. cn；2. 电话（010） 58337285；3. 建工书院 http：//edu. cabplink. com。

责任编辑：李天虹
责任校对：赵　菲

高等学校系列教材
工程力学（下）
曹　亮　刘　纲　汪之松　主　编
刘界鹏　黄　超　王达诠　副主编
*
中国建筑工业出版社出版、发行（北京海淀三里河路 9 号）
各地新华书店、建筑书店经销
北京鸿文瀚海文化传媒有限公司制版
北京圣夫亚美印刷有限公司印刷
*
开本：787 毫米×1092 毫米　1/16　印张：10¾　字数：267 千字
2023 年 4 月第一版　　2023 年 4 月第一次印刷
定价：**36.00** 元（赠教师课件）
ISBN 978-7-112-28331-6
（40656）

前　　言

力学作为基础学科，着重阐明客观世界中物质能量和力的平衡、变形及运动规律，为土木工程的设计原理、计算方法和试验手段提供了依据。土木工程从半坡村遗址到赵州桥、从应县木塔到奥运会“鸟巢”的跨越式发展，离不开力学方法的创新性应用。力学和工程两者相互促进，工程为表、力学为里，共同推动了土木工程技术的快速发展。

从17世纪力学发展为一门独立、系统的学科以来，为解决更为复杂的土木工程问题，又分化为理论力学、材料力学、结构力学、弹性力学等具体门类，依次递进又相互独立发展，共同构成了土木工程的力学基础。20世纪60年代计算机得到广泛应用以来，电算已全面代替手算，大型力学方程的并行计算、人工智能求解复杂力学方程已初显成效，为力学发展提供了广阔空间和新途径。面向力学与计算机、人工智能紧密结合的新发展趋势，读者更需一本能打破力学门类界限，从总体上把握力学规律以及求解方法的教科书，从而适应未来土木工程更为系统、复杂和综合的挑战。

本书突破了传统理论力学、材料力学、结构力学、弹性力学的课程界限，将其经典内容进行整合，剔除重复部分（例如内力计算、变形计算等），强调概念，弱化手算，优化编排。教学内容组织思路：实际结构→力学模型→数学模型→平衡分析→内力分析→简单应力状态的强度计算→复杂应力状态的强度计算→变形及位移计算→超静定结构内力分析→压杆稳定→结构动力计算→平面问题（非杆状结构）的解析解。

本书由重庆大学、湖南大学土木工程学院长期从事力学教学、科研和工程实践的教师编写，强调对工程本质、力学规律的阐述。全书分为上（共7章）、下（共5章）两册。本书为下册，主编为曹亮、刘纲、汪之松，副主编为刘界鹏、黄超、王达诠，主审为刘德华。

由于作者水平及时间有限，本书在章节安排、内容选取及衔接上还有考虑不周之处，疏漏和错误在所难免，欢迎使用本书的教师和读者对缺点和错误予以批评指正。

目 录

第 8 章　杆系结构的变形与位移计算 …… 1
8.1　轴向拉压杆的变形和圆轴扭转时的变形 …… 1
8.2　梁的变形及刚度计算 …… 4
*8.3　变形体系的虚功原理 …… 9
8.4　平面杆件结构位移计算的一般公式 …… 12
8.5　图乘法 …… 17
8.6　静定结构在支座移动和温度变化时的位移计算 …… 22
思考题 …… 26
习题 …… 28
第 9 章　超静定结构的内力分析 …… 34
9.1　超静定结构概述 …… 34
9.2　力法计算荷载作用下的超静定结构 …… 35
9.3　位移法计算荷载作用下的超静定结构 …… 54
9.4　超静定结构的一般特性 …… 67
思考题 …… 67
习题 …… 68
第 10 章　压杆稳定 …… 70
10.1　压杆稳定的概念 …… 70
10.2　两端铰支细长压杆的临界力 …… 72
10.3　杆端约束的影响 …… 75
10.4　临界应力曲线 …… 77
10.5　压杆的稳定计算 …… 80
10.6　提高压杆稳定性的措施 …… 82
思考题 …… 83
习题 …… 84
第 11 章　结构的动力计算 …… 87
11.1　概述 …… 87
11.2　单自由度体系的运动方程 …… 93
11.3　单自由度体系的无阻尼自由振动 …… 96
11.4　单自由度体系的无阻尼受迫振动及共振 …… 100

11.5　阻尼对振动的影响 …… 112
11.6　两自由度体系的自由振动 …… 121
思考题 …… 132
习题 …… 133
第12章　直角坐标系下的平面问题解析解 …… 134
12.1　弹性力学的基本概念和平面问题分类 …… 134
12.2　基本方程 …… 139
12.3　边界条件和圣维南原理 …… 144
12.4　按应力求解平面问题和相容方程 …… 148
12.5　平面问题的应力函数解答 …… 151
12.6　逆解法求矩形梁的纯弯曲 …… 155
12.7　半逆解法求简支梁受均布荷载 …… 158
12.8　楔形体受重力和液体压力 …… 161
思考题 …… 163
习题 …… 163
附录 …… 166

第 8 章 杆系结构的变形与位移计算

• 本章教学的基本要求：理解杆件在拉压、扭转和弯曲时的变形；掌握梁变形的计算方法；理解位移、变形、虚功、虚位移等重要概念；了解变形体系的虚功原理；理解广义位移与广义力的对应关系；掌握单位荷载法计算静定结构的位移；熟练掌握图乘法。

• 本章教学内容的重点：梁的变形计算；单位荷载法的步骤；利用图乘法计算静定结构的位移。

• 本章教学内容的难点：叠加法计算梁的变形；广义位移与广义力的概念；实际位移与虚位移的联系与区别。

• 本章内容简介：

8.1 轴向拉压杆的变形和圆轴扭转时的变形
8.2 梁的变形及刚度计算
*8.3 变形体系的虚功原理
8.4 平面杆件结构位移计算的一般公式
8.5 图乘法
8.6 静定结构在支座移动和温度变化时的位移计算

8.1 轴向拉压杆的变形和圆轴扭转时的变形

8.1.1 轴向拉压杆的变形

杆件在发生轴向拉伸或轴向压缩变形时，其纵向尺寸和横向尺寸一般都会发生改变，现分别予以讨论。

1. 轴向变形

图 8-1 所示一等直圆杆，变形前原长为 l，横向直径为 d，变形后长度为 l'，横向直径为 d'，则称

$$\Delta l = l' - l \tag{8-1}$$

为轴向线变形，Δl 代表杆件总的伸长量或缩短量，其量纲是［长度］。而称

$$\varepsilon = \frac{\Delta l}{l} \tag{8-2}$$

为轴向线应变，ε 反映了杆件的纵向变形程度。如图 8-1 所示杆件，拉伸时，$\Delta l > 0$，

* 选学内容。

$\varepsilon > 0$；缩短时，$\Delta l < 0$，$\varepsilon < 0$。

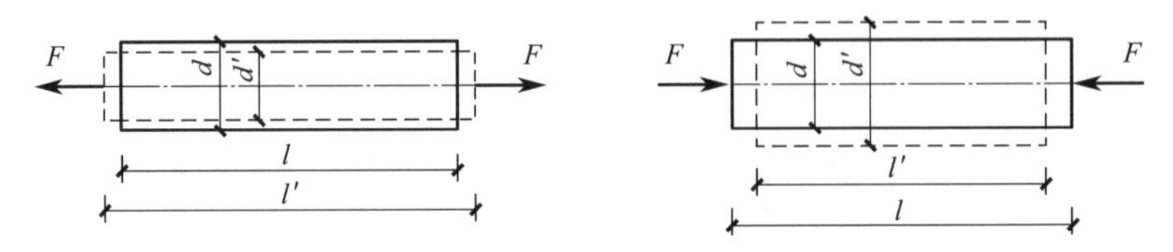

图 8-1　杆件的轴向变形

根据胡克定律知 $\sigma = E\varepsilon$，而 $\sigma = F_N/A$，可得

$$\Delta l = \frac{F_N l}{EA} \tag{8-3}$$

上式表明，在线弹性范围内（即 $\sigma \leqslant \sigma_p$），杆件的变形 Δl 与 EA 成反比。EA 称为杆的抗拉刚度。式（8-3）的适用条件是：线弹性条件下，杆件在 l 长范围内 EA 和 F_N 均为常数。即杆件的变形是均匀的，沿杆长 ε =常数。

若杆件的轴力 F_N 及抗拉刚度 EA 沿杆长分段为常数，则

$$\Delta l = \sum_i \frac{F_{Ni} l_i}{(EA)_i} \tag{8-4}$$

式中 F_{Ni}、$(EA)_i$ 和 l_i 为杆件第 i 段的轴力、抗拉刚度和长度。

若杆件的轴力和抗拉刚度沿杆长为连续变化时，则

$$\Delta l = \int_l \frac{F_N(x)}{EA(x)} dx \tag{8-5}$$

2. 横向变形及泊松比

定义

$$\varepsilon' = \frac{d' - d}{d} \tag{8-6}$$

为杆件的横向线应变。显然，ε' 与 ε 是反号的，而且根据实验表明：对于线弹性材料，ε' 与 ε 的比值为一常数，即

$$\varepsilon' = -\mu\varepsilon \tag{8-7}$$

式中 μ 称为泊松比，其值由试验测定。

【例 8-1】图 8-2 所示一等直钢杆，横截面为 $b \times h = 10\text{mm} \times 20\text{mm}$ 的矩形，材料的弹性模量 $E = 200\text{GPa}$。试计算：(1) 每段的轴向线变形；(2) 每段的线应变；(3) 全杆的总伸长。

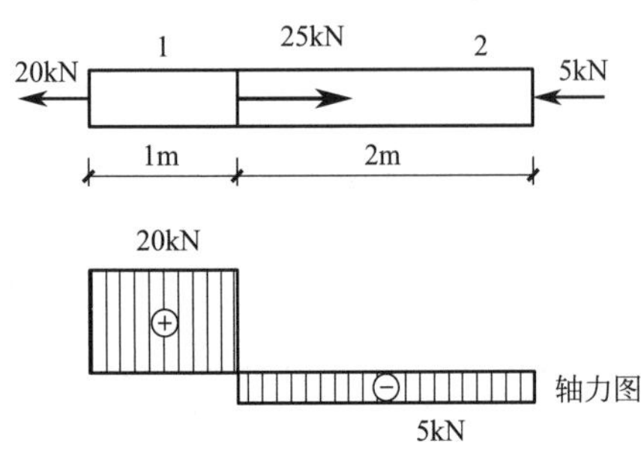

图 8-2　例 8-1 图

解：(1) 设左、右两段分别为 1、2 段，由轴力图：$F_{N1} = 20\text{kN}$，$F_{N2} = -5\text{kN}$。根据式 (8-3)

$$\Delta l_1 = \frac{F_{N1} l_1}{EA} = \frac{20 \times 10^3 \text{N} \times 1000\text{mm}}{200 \times 10^3 \text{MPa} \times (10 \times 20)\text{mm}^2} = 0.5\text{mm}$$

$$\Delta l_2 = \frac{F_{N2} l_2}{EA} = \frac{-5 \times 10^3 \text{N} \times 2000\text{mm}}{200 \times 10^3 \text{MPa} \times (10 \times 20)\text{mm}^2} = -0.25\text{mm}$$

（2）由式（8-2）

$$\varepsilon_1=\frac{\Delta l_1}{l_1}=\frac{0.5\text{mm}}{1000\text{mm}}=0.05\%$$

$$\varepsilon_2=\frac{\Delta l_2}{l_2}=\frac{-0.25\text{mm}}{2000\text{mm}}=-0.0125\%$$

（3）全杆的总伸长

$$\Delta l=\Delta l_1+\Delta l_2=0.25\text{mm}$$

8.1.2　圆轴扭转时的变形和刚度条件

1. 圆轴扭转时的变形

在 6.6 节中提到，圆轴扭转时的变形可用相对扭转角 φ 来表示，而扭转变形程度可用单位长度扭转角 θ 来表示。由 6.6.2 节中的式（d），即

$$\theta=\frac{\mathrm{d}\varphi}{\mathrm{d}x}=\frac{M_\mathrm{T}}{GI_\mathrm{p}} \tag{8-8}$$

可得相距为 $\mathrm{d}x$ 的两个横截面间的相对扭转角为

$$\mathrm{d}\varphi=\frac{M_\mathrm{T}}{GI_\mathrm{p}}\mathrm{d}x$$

若相距为 l 的两横截面之间 GI_p、M_T 为常数，则

$$\varphi=\frac{M_\mathrm{T}l}{GI_\mathrm{p}} \tag{8-9}$$

式中的 GI_p 称为圆轴的抗扭刚度。

如圆轴的扭矩和抗扭刚度分段为常数，则

$$\varphi=\sum_i\frac{M_{\mathrm{T}i}l_i}{(GI_\mathrm{p})_i} \tag{8-10}$$

如圆轴的扭矩和抗扭刚度沿杆长为连续变化时，则

$$\varphi=\int_l\frac{M_\mathrm{T}(x)}{GI_\mathrm{p}(x)}\cdot\mathrm{d}x \tag{8-11}$$

2. 刚度条件

有些轴，除了满足强度条件外，还需要对其变形加以限制，如机械工程中受力较大的主轴。工程中常限制单位长度扭转角 θ 不超过其许用值，刚度条件表述为

$$\theta_{\max}=\frac{M_\mathrm{T}}{GI_\mathrm{p}}\leqslant[\theta] \tag{8-12}$$

式中 $[\theta]$ 为单位长度许用扭转角，其单位通常是工程单位（°/m），这时式（8-12）为

$$\theta_{\max}=\frac{M_\mathrm{T}}{GI_\mathrm{p}}\times\frac{180}{\pi}\leqslant[\theta] \tag{8-13}$$

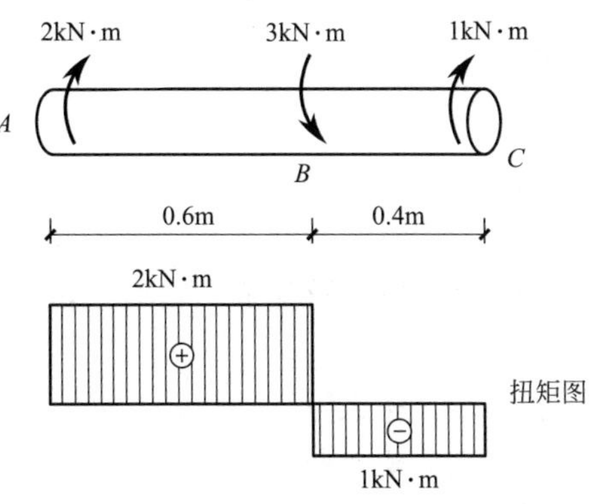

图 8-3　例 8-2 图

【例 8-2】圆轴受扭如图 8-3 所示，已知轴的直径 $d=80\text{mm}$，材料的切变模量 $G=80\text{GPa}$，单位长度许用扭转角 $[\theta]=0.8°/\text{m}$。试：（1）

求左、右端截面间的相对扭转角 φ_{AC}；（2）校核轴的刚度。

解：（1）轴的扭矩图如图 8-3 所示，则 $\varphi_{AC}=\varphi_{AB}+\varphi_{BC}$，即

$$\varphi_{AC}=\frac{M_{T,AB}l_{AB}}{GI_p}+\frac{M_{T,BC}l_{BC}}{GI_p}$$

$$=\frac{(2\times10^6\times0.6\times10^3-1\times10^6\times0.4\times10^3)\text{N}\cdot\text{mm}^2}{80\times10^3\text{MPa}\times\dfrac{\pi\times80^4}{32}\text{mm}^4}$$

$$=2.49\times10^{-3}\text{rad}$$

（2）AB 段扭矩大，所以 θ_{max} 发生在 AB 段：

$$\theta_{max}=\frac{M_{T,AB}}{GI_p}=\frac{2\times10^6\text{N}\cdot\text{mm}}{80\times10^3\text{MPa}\times\dfrac{\pi\times80^4}{32}\text{mm}^4}\times\frac{180}{\pi}\times10^3$$

$$=0.356°/\text{m}<[\theta]=0.8°/\text{m}$$

满足刚度要求。

8.2 梁的变形及刚度计算

工程实际中，梁除满足强度要求外，在某些情形还有刚度要求，即变形不能太大。如楼板梁的变形过大时，易使板下的抹灰层开裂、脱落；吊车梁的变形过大时，会影响吊车的正常运行。本节将介绍梁变形的计算方法及刚度条件。

8.2.1 度量梁变形的基本未知量

图 8-4 所示一悬臂梁，其轴线 AB 在纵向对称平面内弯曲成一条光滑的平面曲线 AB'，称为梁的挠曲线或弹性曲线。梁中任一横截面处的变形可以归结为：形心沿轴线 x 方向的位移 u_x、形心沿 y 方向的位移 u_y 以及横截面的转动。在小变形情况下，$u_x\ll u_y$，可以不计形心沿 x 方向的位移。所以，度量梁变形的基本未知量有：

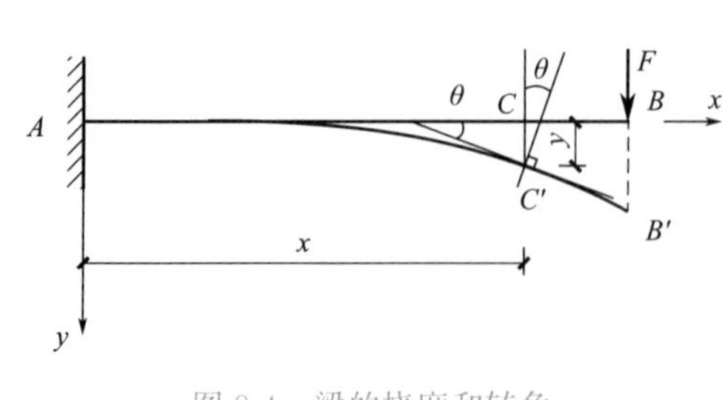

图 8-4　梁的挠度和转角

（1）挠度 y　梁中任一横截面的形心 C 在垂直于轴线方向的位移称为该截面的挠度，用 y 表示。显然，梁中不同截面的挠度一般是不同的，可表示成

$$y=y(x)$$

称为挠曲线方程。在图示坐标系下，挠度以向下为正，向上为负。

（2）转角 θ　梁中任一横截面绕中性轴转过的角度，称为该截面的转角。转角沿梁长度的变化规律可用转角方程表示：

$$\theta=\theta(x)$$

在图示坐标系下，转角 θ 以顺时针为正，逆时针为负。

下面来分析挠曲线方程与转角方程之间的关系。根据平面假设，变形后梁的横截面与挠曲线垂直，所以挠曲线上 C' 点的切线与 x 轴正方向的夹角等于 C 截面的转角，如图 8-4

所示。于是 $\theta \approx \tan\theta = \frac{\mathrm{d}y}{\mathrm{d}x} = y'$，即

$$\theta = y' \tag{8-14}$$

此式即为挠曲线方程与转角方程的关系。可见，只要求出梁的挠曲线方程 $y(x)$，即可求出任意横截面的挠度和转角。

8.2.2　挠曲线的近似微分方程

在 6.7.1 节中我们推导了梁在纯弯曲时中性层的曲率公式（6-26），即 $\frac{1}{\rho} = \frac{M}{EI_z}$。在横力弯曲时，弯曲变形是弯矩 M 和剪力 F_S 共同产生的，但是对于工程中常见的细长梁，剪力对梁的变形影响很小，可忽略不计。于是曲率公式表示为

$$\frac{1}{\rho(x)} = \frac{M(x)}{EI_z} = \frac{M(x)}{EI} \tag{a}$$

式中，I_z 为梁横截面对中性轴的惯性矩，后文中为书写方便，取 $EI_z = EI$。

由数学知识，曲线 $y = y(x)$ 上任一点的曲率为

$$\frac{1}{\rho(x)} = \pm \frac{y''}{[1 + (y')^2]^{3/2}} \tag{b}$$

在小变形时，挠曲线是一条平缓的平面曲线，$y' = \theta \ll 1$，故 $(y')^2$ 与 1 相比可以忽略不计，于是式（b）成为

$$\frac{1}{\rho(x)} = \pm y'' \tag{c}$$

由式（a）和式（c）可得

$$\frac{M(x)}{EI} = \pm y'' \tag{d}$$

在选取的坐标系下，根据弯矩 M 的正、负号规定可以看出：弯矩 M 与 y'' 的符号总是相反的，如图 8-5 所示。所以，式（d）中应取负号，即

$$y'' = -\frac{M(x)}{EI} \tag{8-15}$$

此式即为梁挠曲线的近似微分方程，适用于理想线弹性材料制成的细长梁的小变形问题。

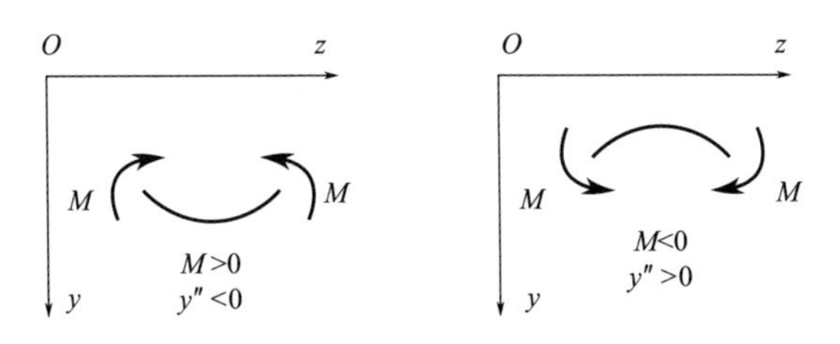

图 8-5　弯矩 M 与 y'' 的符号

8.2.3　用积分法求梁的变形

将弯矩方程 $M(x)$ 代入式（8-15），积分一次，得到转角方程

$$\theta = y' = -\int \frac{M(x)}{EI} \mathrm{d}x + C \tag{8-16}$$

再积分一次，得挠度方程

$$y = -\iint \frac{M(x)}{EI} \mathrm{d}x \mathrm{d}x + Cx + D \tag{8-17}$$

式中的 C 和 D 为积分常数，由梁的边界条件和变形连续光滑条件来确定。所谓边界条件，是指梁中某些截面处已知的变形条件，例如在铰支座处，截面的挠度 $y=0$；又如在固定端处，截面的 $y=0$，且 $\theta=0$。而变形连续光滑条件是指：挠曲线一般是一条连续光滑的平面曲线，梁在任一截面处应有唯一的挠度与转角。

【例 8-3】图 8-6 所示一等截面悬臂梁，在自由端受集中力 F 作用，梁的抗弯刚度为 EI，试求最大挠度和最大转角。

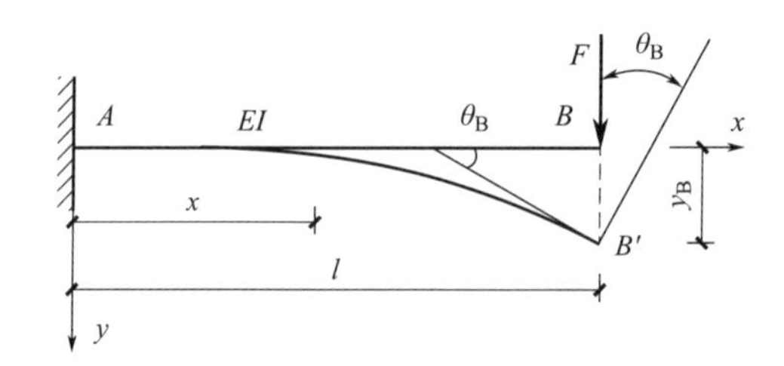

图 8-6　例 8-3 图

解：取坐标系如图 8-6 所示，弯矩方程为

$$M(x) = -F(l-x)$$

挠曲线近似微分方程为

$$EIy'' = -M(x) = Fl - Fx$$

积分两次，可得

$$EI\theta = EIy' = Flx - \frac{F}{2}x^2 + C \tag{e}$$

$$EIy = \frac{1}{2}Elx^2 - \frac{F}{6}x^3 + Cx + D \tag{f}$$

梁的边界条件为：

$$x=0 \text{ 处}，y_A = 0，\theta_A = 0$$

将边界条件代入式（e）、式（f）可以解出

$$C = D = 0$$

于是梁的转角方程和挠度方程分别为

$$\theta = \frac{Flx}{2EI}\left(2 - \frac{x}{l}\right)$$

$$y = \frac{Flx^2}{6EI}\left(3 - \frac{x}{l}\right)$$

可以看出梁的最大挠度和最大转角都发生在自由端：

$$\theta_{max} = \theta_B = \frac{Fl^2}{2EI}$$

$$y_{max}=y_B=\frac{Fl^3}{3EI}$$

课后思考：如果梁上有非连续荷载作用时，如图 8-7 所示简支梁，其弯矩方程需要分两段列出，积分常数有四个，而位移边界条件仅有 $y_A=0$ 和 $y_B=0$。请大家自行思考，如何考虑变形连续光滑条件，算出所有积分常数？提示：梁的挠曲线是连续光滑的平面曲线，在集中力作用截面处，其挠度和转角是唯一的。

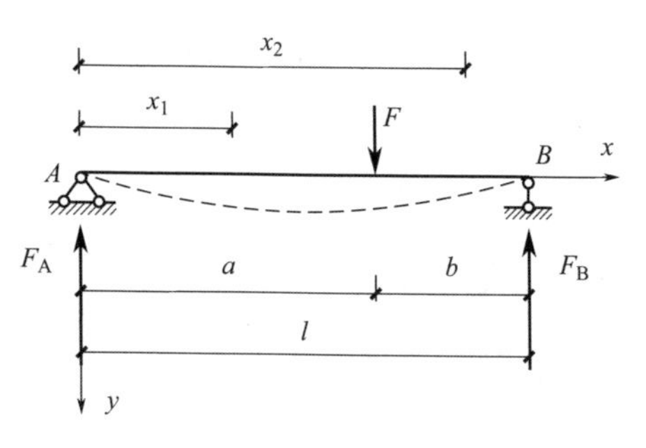

图 8-7　非连续荷载作用

8.2.4　用叠加法求梁的变形

在线弹性及小变形条件下，梁的变形（挠度 y 和转角 θ ）与荷载始终保持线性关系，而且每个荷载引起的变形与其他同时作用的荷载无关。这就是力的独立作用原理。当梁同时受几个（或几种）荷载作用时，可以先计算出梁在每个（或每种）荷载作用下的变形（见附录 A），然后进行叠加运算。这种计算梁变形的方法称为叠加法。

【例 8-4】一等截面悬臂梁受力如图 8-8（a）所示，其抗弯刚度为 EI。试求梁自由端 B 处的挠度 y_B 和转角 θ_B。

解：将梁上的荷载分解为图 8-8（b）、（c）所示两种简单荷载，其中图 8-8（b）所示梁的变形 y_{B1} 和 θ_{B1} 可查表：

$$y_{B1}=\frac{F(2a)^3}{3EI}=\frac{8Fa^3}{3EI}$$

$$\theta_{B1}=\frac{F(2a)^2}{2EI}=\frac{2Fa^2}{EI}$$

再求图 8-8（c）所示梁的变形 y_{B2} 和 θ_{B2}。因为此时 BC 段不受力，所以其挠曲线为直线，即 B、C 两截面的转角相等。又因为梁的变形很小，故 B 截面的挠度 y_{B2} 为

$$y_{B2}=y_{C2}+a\cdot\tan\theta_{C2}\approx y_{C2}+a\theta_{C2}$$

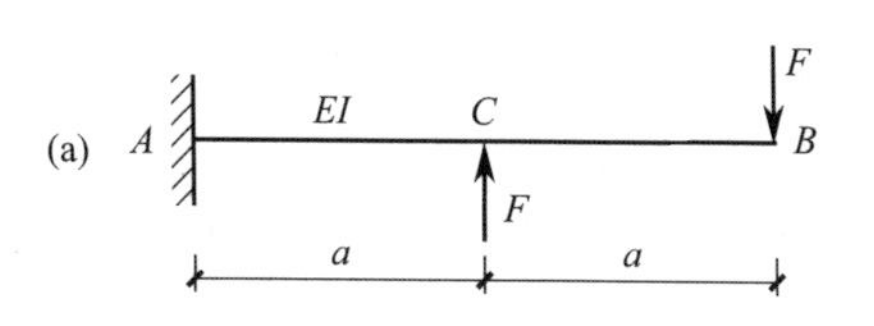

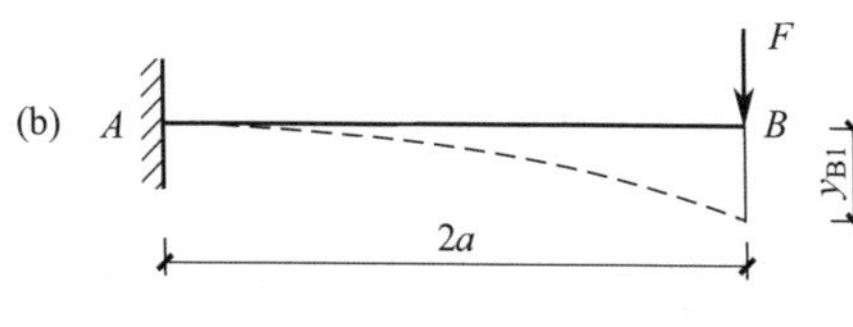

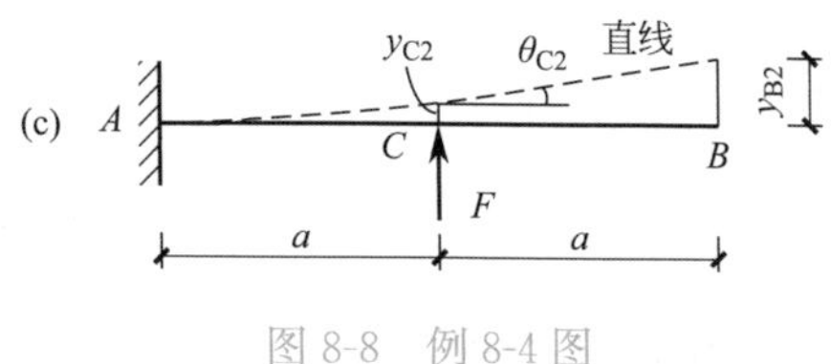

图 8-8　例 8-4 图

式中 y_{C2} 和 θ_{C2} 可查表：

$$y_{C2}=\frac{(-F)a^3}{3EI},\quad \theta_{C2}=\frac{(-F)a^2}{2EI}$$

上两式中的负号表示图（c）所示梁的荷载方向与附录中的荷载方向相反。所以

$$y_{B2}=-\frac{Fa^3}{3EI}-\frac{Fa^3}{2EI}=-\frac{5Fa^3}{6EI}$$

$$\theta_{B2}=\theta_{C2}=-\frac{Fa^2}{2EI}$$

叠加

$$y_B=y_{B1}+y_{B2}=\frac{11Fa^3}{6EI}$$

$$\theta_B=\theta_{B1}+\theta_{B2}=\frac{3Fa^2}{2EI}$$

【例 8-5】一等截面外伸梁受力如图 8-9（a）所示，其抗弯刚度为 EI。试求自由端处的挠度 y_C。

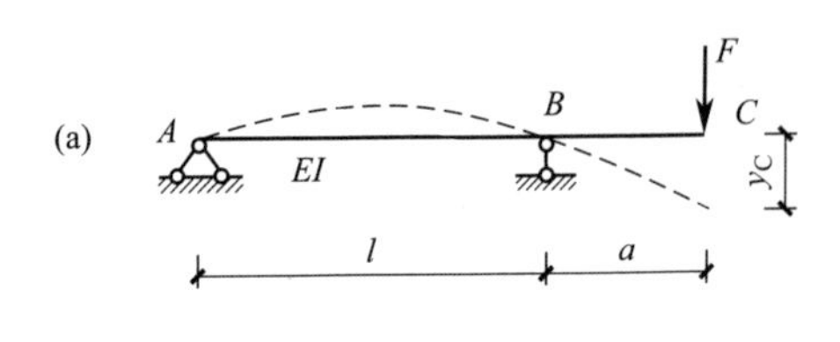

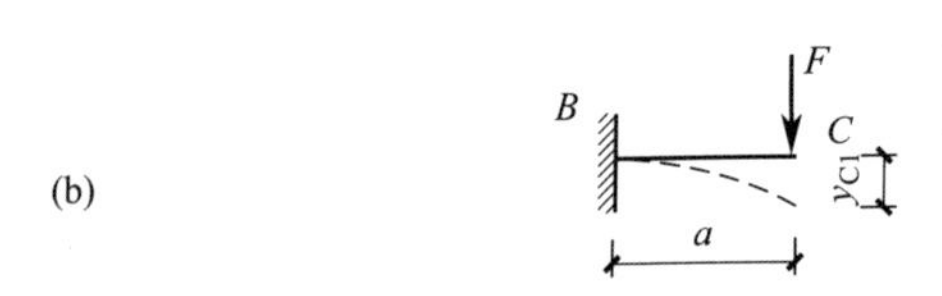

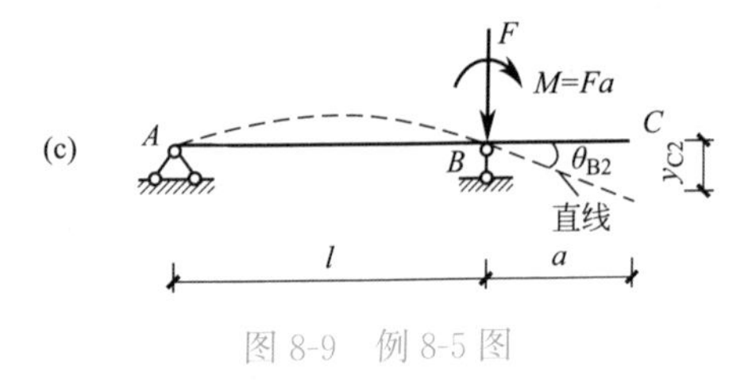

图 8-9　例 8-5 图

解：画出梁的挠曲线大致形状如图 8-9（a）所示，虽然由边界条件知 $y_B=0$，但是 B 截面发生了转动，所以 C 截面的变形可以看作是 AB 部分和 BC 部分的变形共同引起的。

（1）首先，仅考虑 BC 部分的变形，此时将 AB 部分视为刚体。根据 A、B 处的支承情况，AB 部分既不能移动，也不能转动，因此 BC 部分可看成悬臂梁（图 8-9b），查附录可得：

$$y_{C1}=\frac{Fa^3}{3EI}$$

（2）其次，仅考虑 AB 部分的变形，此时将 BC 部分视为刚体。由静力学知识，刚体 BC 部分上 C 处的力 F 可以平移至 B 处（图 8-9c），而平移至 B 处的力 F 不会使 AB 部分变形。在 $M=Fa$ 作用下，B 截面的转动使 BC 部分倾斜，且 BC 段的挠曲线为直线，所以

$$y_{C2}=a\cdot\tan\theta_{B2}\approx a\theta_{B2}$$

式中 θ_{B2} 是由 M 引起的，查附录可得：

$$\theta_{B2}=\frac{Ml}{3EI}=\frac{Fal}{3EI}$$

（3）叠加

$$y_C=y_{C1}+y_{C2}=\frac{Fa^3}{3EI}+\frac{Fa^2l}{3EI}$$

$$=\frac{Fa^2}{3EI}(a+l)$$

8.2.5　梁的刚度计算

梁的刚度计算，通常是校核其变形是否超过许用挠度 $[f]$ 和许用转角 $[\theta]$，可以表述为：

$$y_{max}\leqslant[f]$$

$$\theta_{max}\leqslant[\theta]$$

式中，y_{max} 和 θ_{max} 为梁的最大挠度和最大转角。

在机械工程中，一般对梁的挠度和转角都进行校核；而在土木工程中，常常只校核挠度，并且以许用挠度与跨长的比值 $\left[\frac{f}{l}\right]$ 作为校核的标准，即：

$$\frac{y_{max}}{l}\leqslant\left[\frac{f}{l}\right] \tag{8-18}$$

土木工程中的梁，强度一般起控制作用，通常是由强度条件选择梁的截面，再校核

刚度。

下面介绍提高梁弯曲刚度的一些措施。在不改变荷载的条件下，梁的变形与抗弯刚度 EI 成反比，与跨长的 n 次幂（n 可取 1、2、3 或 4）成正比。所以，提高弯曲刚度的一些措施有：(1) 增大 EI。这方面可以考虑采用惯性矩较大的工字形、槽形、箱形等截面形状。须指出的是，高强钢与普通钢的弹性模量相差无几，所以采用高强钢对提高刚度的作用并不明显。(2) 调整跨长或改变结构。减小跨长对变形的影响较为明显，如龙门吊车大梁就采用了两端外伸的结构形式。此外，增加约束形成超静定梁，也能显著减小梁的变形，同时还可以提高弯曲强度。

*8.3　变形体系的虚功原理

8.3.1　广义位移与广义力

结构中杆件横截面或结点位置的移动称为位移，位移可分为线位移和角位移（亦称转角）两类。横截面的线位移是指其形心由初始位置到终止位置的矢量，角位移是指横截面从初始位置转到终止位置的角度矢量。例如，图 8-10 所示受荷载作用的悬臂刚架，其自由端截面的形心 C，因结构变形而位移到 C_1 处，那么将该截面的线位移矢量 $\overrightarrow{CC_1}$ 记作 Δ_C，可进一步分解为水平线位移 Δ_{CH}（或用 u_C、x_C 等表示）和竖向线位移 Δ_{CV}（或用 v_C、y_C 等表示）；角位移记作 θ_C（或 φ_C、α_C 等），代表该截面从受荷前的竖直位置转到受荷后倾斜位置所经过的角度，也等于横截面外法线转过的角度。

图 8-10 展示的是一个截面的位移，这类以大地为不动参照系的位移，称为绝对位移。有时还需衡量两个截面之间的相对位移，即将参照系固定于一个截面而测量另一个截面相对于前者的位移。比如图 8-11 所示的刚架受荷变形后，相对线位移 Δ_{CD} 代表观察者随截面 C 形心的移动，而观察到的截面 D 形心沿二形心连线方向上的相互靠近或离开量；相对转角 θ_{AB} 代表观察者随结点 A 的转动，而观察到的结点 B 的转动量。相对位移等于相应绝对位移之和，比如这里有 $\Delta_{CD}=\Delta_C+\Delta_D$，$\theta_{AB}=\theta_A+\theta_B$。

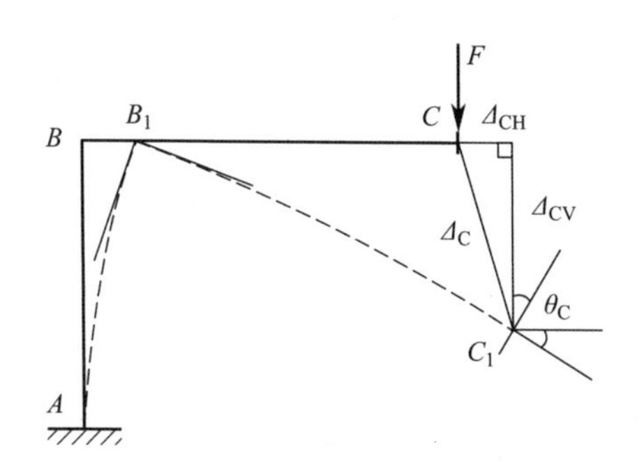

图 8-10　一个截面的位移（绝对位移）示例

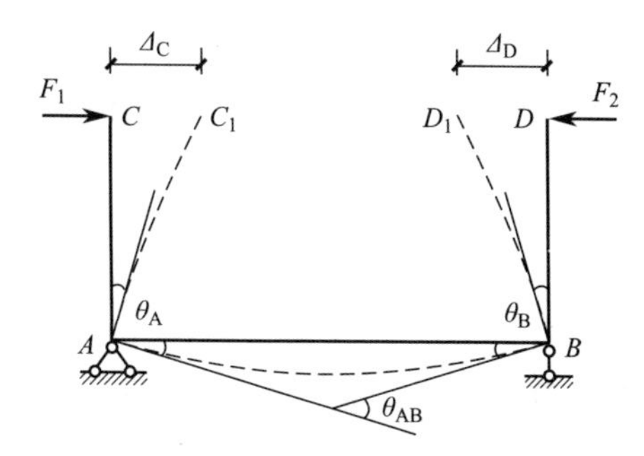

图 8-11　两个截面间的位移（相对位移）示例

在本章后续对功的讨论中，将构成功的位移因子统称为广义位移，可指代上述绝对线

* 选学内容。

位移、绝对转角、相对线位移、相对转角这四类位移中的任意一种。相应地，与之匹配相乘的力因子统称为广义力，分别为单个集中力、单个集中力偶、一对集中力、一对集中力偶这四类力之一。广义力与广义位移有严格的对应关系，必须始终保证二者相乘所得的功的量纲为［力］［长度］。

8.3.2 实功与虚功

所谓实功，是指力在自身所引起的位移上做的功。例如，图 8-12（a）所示荷载 F_1 是逐渐从 0 增大到其终值 F_1 的，将其作用于简支梁截面 1，引起 F_1 自身方向上的线位移记作 Δ_{11}。根据线弹性体系受力与位移成正比的性质可知 $F_1=k\Delta_{11}$，此关系可用图 8-12（b）表示。因 $\mathrm{d}W=F\mathrm{d}\Delta=k\Delta\mathrm{d}\Delta$，求定积分可得 F_1 在 Δ_{11} 上做的功为 $W_{11}=\frac{1}{2}F_1\Delta_{11}$，即图 8-12（b）中阴影部分的面积。可见变力在自身引起的位移上所做的实功带有系数，对线弹性体系为“1/2”。

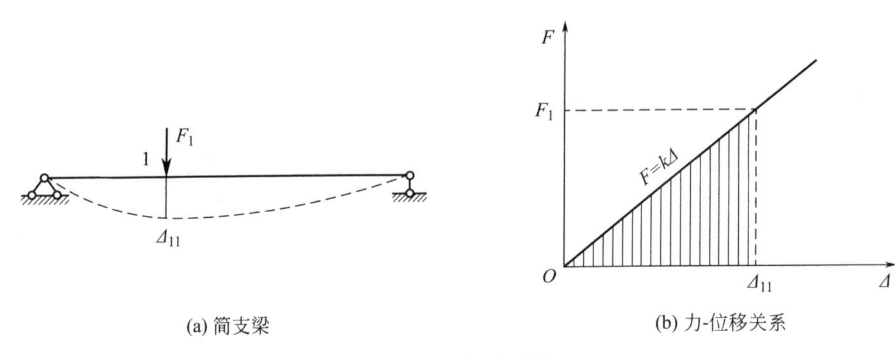

图 8-12 实功示例

所谓虚功，是指力在其他因素所引起的位移上做的功。虚功与实功的区别在于构成功的力因子与位移因子彼此无关，因此虚功是常力做功。例如，对图 8-13 所示简支梁先施加 F_1，导致其变形到曲线①的位置，引起截面 1 和 2 分别产生线位移 Δ_{11} 和转角 θ_{21}。然后，再施加 M_2，导致其进一步变形到曲线②的位置，引起截面 1 和 2 分别再额外产生线位移 Δ_{12} 和转角 θ_{22}。那么，$W_{11}=\frac{1}{2}F_1\Delta_{11}$ 和 $W_{22}=\frac{1}{2}M_2\theta_{22}$ 为实功；而 $W_{12}=F_1\Delta_{12}$ 和 $W_{21}=M_2\theta_{21}$ 则为虚功，不含“1/2”的系数。

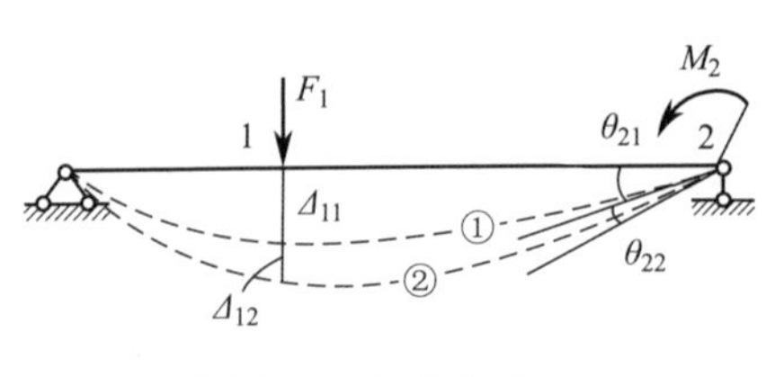

图 8-13 实功与虚功

为了避免混淆，常将同一结构上构成虚功的力因子单独绘出，作为力状态；位移因子及相应的变形亦单独绘出，作为位移状态。例如，图 8-13 所示结构的虚功 $W_{12}=F_1\Delta_{12}$，可按图 8-14（a）所示的力状态和图 8-14（b）所示的位移状态分别绘制，力状态中不再绘制由力引起的位移（这里是线位移 Δ_{11} 和转角 θ_{21}）和变形，位移状态中亦不绘制其诱因（这里是 M_2）。

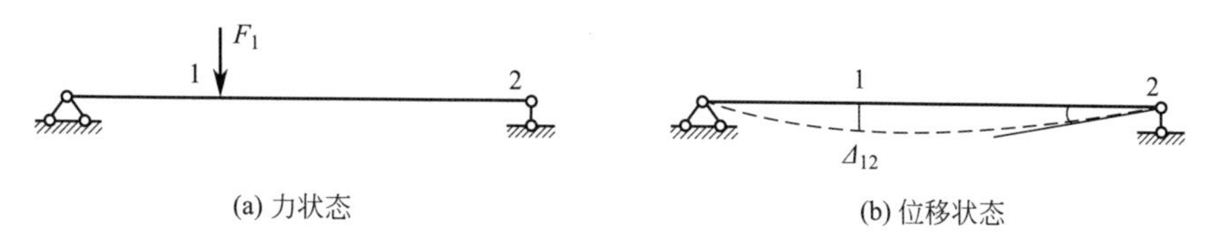

(a) 力状态　　(b) 位移状态

图 8-14　力状态与位移状态

8.3.3　变形体系的虚功原理

变形体系在外力作用下保持平衡的充要条件是：外力在约束所容许的、任意的、微小的虚位移上所做的外力虚功 $W_{外}$，等于体系内力在微段的变形位移上所做的变形虚功 $W_{变}$（数值上等于虚应变能 U）。即 $W_{外}=W_{变}$ 或 $W_{外}=U$，这就是**变形体系的虚功原理**，证明过程读者可参考相关弹性力学教材，这里从略。

在变形体系虚功原理的表述中，首先应当明确虚位移这一概念。对结构而言，虚位移是指被结构中的约束所容许发生的（简称可能的）、微小的任意位移。因为虚位移微小到趋于零，故只需基于结构的初始位置分析约束条件是否容许虚位移发生，而不必考虑结构变形后约束位置的改变，这好比将结构中的约束都限制在初始瞬时。例如设图 8-15 所示悬臂柱始终不会破坏，并忽略其轴向变形。则若如图 8-15（a）所示在其自由端 B 施加很大的水平力 F，使该柱产生足够大的弯曲，B 将位移到 B_1 处，考虑到柱弯曲后的长度应与原长相等，则线位移 Δ_B 的水平和竖向分量 Δ_{BH} 和 Δ_{BV} 均不为零，这种情况下的 Δ_B 称为**实际位移**。而图 8-15（b）中的 Δ_B 则为虚位移，是基于此悬臂柱竖直的初始位置，考虑 B 点受结构约束而容许发生的位移，这里自由端 B 受到柱子 AB 的约束，因忽略柱子的轴向变形则有 $\Delta_{BV}=\Delta_{AV}=0$，故 $\Delta_B=\Delta_{BH}$，且 Δ_B 既可能向左也可能向右，表现出任意性。可见，虚位移与结构所受外因无关，反映了结构在初始位置（或初始瞬时的约束条件）。而在结构只发生小变形和小位移时，实际位移是虚位移的一种，这也是能用虚功原理计算结构位移的根本前提。

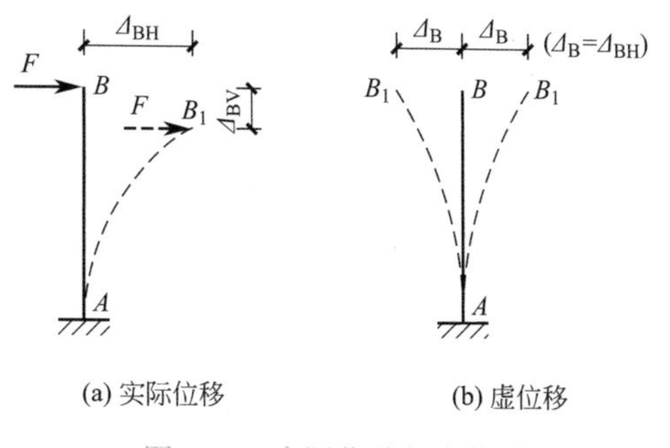

(a) 实际位移　　(b) 虚位移

图 8-15　实际位移与虚位移

在变形体系虚功原理的表述中，还需注意**变形虚功** $W_{变}$ 这一概念，其微量 $dW_{变}$ 的含义是力状态中杆微段 ds 两侧截面上的内力（弯矩 M、剪力 F_S 和轴力 F_N）在位移状态中同一微段的相应变形（弯曲变形 $d\theta$、剪切变形 dv 和轴向变形 du）上所做的虚功，即

$$dW_{变}=Md\theta+F_Sdv+F_Ndu \tag{8-19}$$

因此，一根杆的变形虚功为

$$\int dW_{变}=\int Md\theta+\int F_Sdv+\int F_Ndu \tag{8-20}$$

全结构的变形虚功为

$$W_{变}=\sum\int dW_{变}=\sum\int Md\theta+\sum\int F_Sdv+\sum\int F_Ndu \tag{8-21}$$

再考虑到外力虚功 $W_{外}=\sum F\Delta$（这里 F 代表力状态中包括荷载和支反力在内的全部广义外力，Δ 代表位移状态中相应的广义位移），代入 $W_{外}=W_{变}$，得

$$\sum F\Delta=\sum\int M\mathrm{d}\theta+\sum\int F_{\mathrm{S}}\mathrm{d}v+\sum\int F_{\mathrm{N}}\mathrm{d}u \tag{8-22}$$

此即杆件结构的虚功方程。其中，力状态中的全部外力 F 及内力 M、F_{S} 和 F_{N} 应保持平衡，而位移状态中的相应位移 Δ 及变形 $\mathrm{d}\theta$、$\mathrm{d}v$ 和 $\mathrm{d}u$ 必须是可能且微小的，如图 8-16 所示。

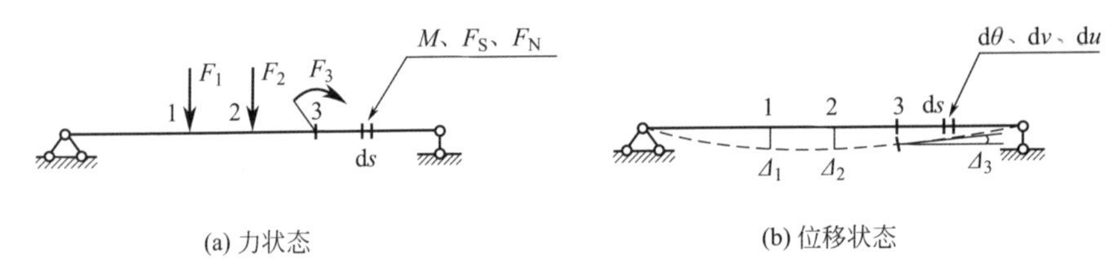

(a) 力状态　　(b) 位移状态

图 8-16　虚功方程中的两个状态

虚功方程可以代替平衡方程或者变形协调方程（亦称几何方程）。如果用来代替平衡方程，则需假设符合变形协调条件的位移状态，此时虚功原理也被称为虚位移原理；如果用来代替几何方程，则需假设保持平衡的力状态，此时虚功原理也被称为虚力原理。虚功方程与材料的应力应变关系（亦称本构关系或物理方程）无关，因此适用于任意材料。

8.4　平面杆件结构位移计算的一般公式

8.4.1　单位荷载法

如图 8-17（a）所示，为了求出在综合外因作用下截面 K 沿 i-i 方向的未知线位移 Δ，可将此图所示状态作为实际位移状态。为了应用虚功原理，还需为之匹配一个力状态（称为虚设力状态或虚力状态），为方便后续计算，不妨假设力状态如图 8-17（b）所示，即在 K 处沿 i-i 方向施加单位集中力 $F=1$，以保证此虚设单位力与待求位移能匹配做虚功。将虚力状态中由 $F=1$ 引起的内力和反力均添加上画线，以示与实际状态中相应量的区别。

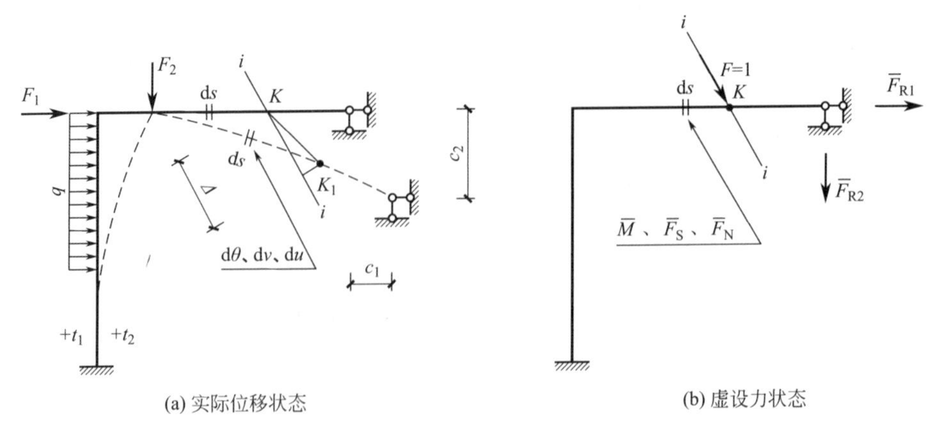

(a) 实际位移状态　　(b) 虚设力状态

图 8-17　单位荷载法

此时结构中的外力功为

$$W_{外}=1\cdot\Delta+\overline{F}_{R1}c_1+\overline{F}_{R2}c_2=\Delta+\sum\overline{F}_{R}c \tag{8-23}$$

将其代入式（8-22），可得

$$\Delta=\sum\int\overline{M}d\theta+\sum\int\overline{F}_{S}dv+\sum\int\overline{F}_{N}du-\sum\overline{F}_{R}c \tag{8-24}$$

这就是单位荷载法的一般公式。其中，c 代表实际状态中的支座移动。用单位荷载法求出的位移若为正，说明位移实际方向与所设单位力方向相同；否则，与单位力方向相反。

8.4.2　虚设单位力的方法

假设与待求未知位移相应的单位力，从而构建虚力状态，是单位荷载法非常重要的一步。待求位移与虚设单位力必须保持广义位移与广义力对应的做功关系，即绝对位移对应单个单位力、相对位移对应一对单位力、线位移对应集中力、角位移对应集中力偶，将这四种情况进行组合，可得如表 8-1 和图 8-18 所示的虚设单位力方法。

虚设单位力方法　　表 8-1

待求位移		绝对		相对	
		线位移 Δ_K	角位移 θ_K	线位移 Δ_{AB}	角位移 θ_{AB}
虚设单位力	类型	单个集中力 $F=1$	单个集中力偶 $M=1$	一对集中力 $F=1$	一对集中力偶 $M=1$
	作用点	K		A 和 B 上各一个	
	方向	沿 Δ_K 方向	顺时针或逆时针	沿 AB 连线方向且反向	一个顺时针另一个逆时针

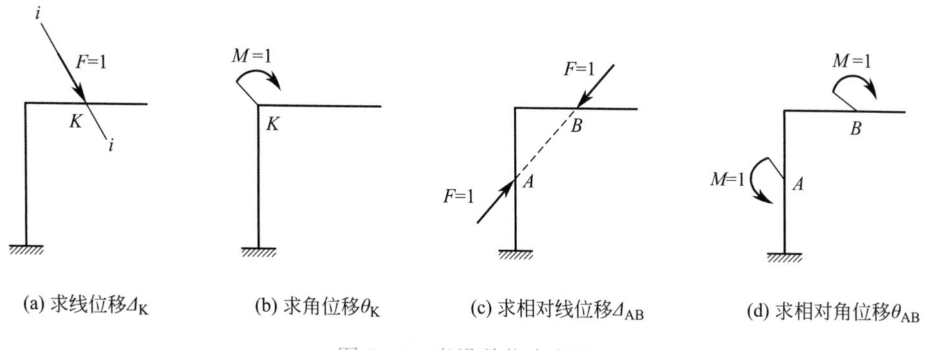

图 8-18　虚设单位力方法

8.4.3　仅受荷载作用的静定结构位移计算

如果结构仅受到荷载作用，那么式（8-24）可简化为

$$\Delta=\sum\int\overline{M}d\theta+\sum\int\overline{F}_{S}dv+\sum\int\overline{F}_{N}du \tag{8-25}$$

如果再将材料力学中荷载作用下线弹性杆的微段变形量与内力之间的关系

$$\begin{cases} d\theta = \dfrac{M}{EI}ds \\ dv = \dfrac{\mu F_S}{GA}ds \\ du = \dfrac{F_N}{EA}ds \end{cases} \tag{8-26}$$

代入式（8-25），则可得荷载作用下杆件结构的单位荷载法公式

$$\Delta = \sum\int \frac{\overline{M}M}{EI}ds + \sum\int \frac{\mu \overline{F}_S F_S}{GA}ds + \sum\int \frac{\overline{F}_N F_N}{EA}ds \tag{8-27}$$

式中，EI、GA、EA 分别为横截面的抗弯刚度、剪切刚度、轴向刚度；μ 为考虑剪应力分布不均匀系数①，比如矩形横截面 $\mu=1.2$，圆形横截面 $\mu=10/9$，薄壁圆环横截面 $\mu=2$。

【例 8-6】试求图 8-19 所示半径为 R 的开口圆环在一对荷载 F 作用产生变形后，开口截面 A_1 和 A_2 的水平相对错开位移 $\Delta_{A_1A_2}$。已知此圆形杆件的横截面为圆形，其半径 $r=R/10$，$E=2.5G$。

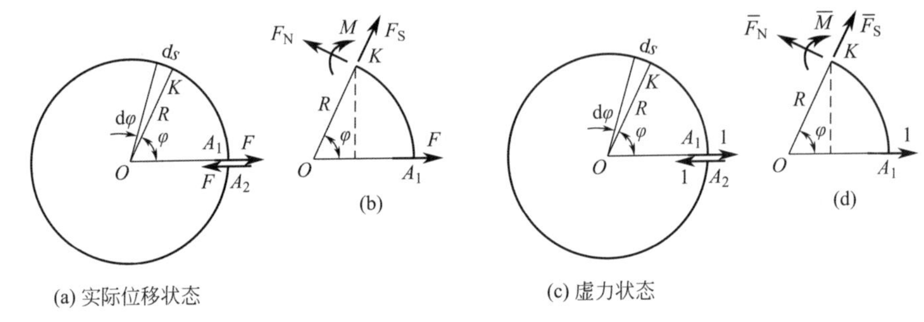

图 8-19　例 8-6 图

解：本题采用图 8-19 所示极坐标系更易求解。

（1）写出实际状态中的 M、F_S 和 F_N 表达式

取图 8-19（b）所示隔离体，利用平衡条件可求得

$$\begin{cases} M = FR\sin\varphi \\ F_S = -F\cos\varphi \\ F_N = F\sin\varphi \end{cases}$$

（2）虚设单位力，写出虚力状态中的 $\overline{M}$、$\overline{F}_S$ 和 $\overline{F}_N$ 表达式

因为所求的是开口截面的相对水平线位移，因此在截面 A_1 和 A_2 处添加一对等值反向共线的单位水平集中力，如图 8-19（c）所示。这里不妨设这对单位力方向与荷载 F 相同，易得

$$\begin{cases} \overline{M} = R\sin\varphi \\ \overline{F}_S = -\cos\varphi \\ \overline{F}_N = \sin\varphi \end{cases}$$

① μ 的具体算式及其推证过程可参阅文献：韦承基，朱锦心．剪力墙剪切形式系数的计算［J］．建筑结构，1986，4：38-41.

（3）计算位移

将上述两状态求出的内力表达式均代入式（8-27），可得

$$\Delta_{A_1A_2}=\sum\int\frac{\overline{M}M}{EI}ds+\sum\int\frac{\mu\overline{F}_SF_S}{GA}ds+\sum\int\frac{\overline{F}_NF_N}{EA}ds$$

$$=\frac{2}{EI}\int_0^{\pi}F_PR^2\sin^2\varphi\times R\,d\varphi+\frac{2}{GA}\int_0^{\pi}\mu F_P\cos^2\varphi\times R\,d\varphi+\frac{2}{EA}\int_0^{\pi}F_P\sin^2\varphi\times R\,d\varphi$$

$$=\frac{\pi F_PR^3}{EI}\left[1+\mu\frac{EI}{GAR^2}+\frac{I}{R^2A}\right]$$

又因 $r=R/10$，横截面积 $A=\pi r^2$，$\mu=10/9$，$E=2.5G$，横截面惯性矩 $I=\pi r^4/4$，最终可得

$$\Delta_{A_1A_2}=\frac{\pi F_PR^3}{EI}\left(1+\frac{1}{135}+\frac{1}{400}\right)$$

1. 受弯静定结构的位移计算

从例 8-6 的结果可知，若弯曲变形对位移的影响为 1，则剪切变形和轴向变形对此杆位移的影响分别为 1/135 和 1/400，合计影响不足整体位移的 1%。因此在计算结构位移时，可忽略受弯杆件的剪切和轴向变形对位移的影响，于是对梁和刚架，式（8-27）可简化为

$$\Delta=\sum\int\frac{\overline{M}M}{EI}ds \tag{8-28}$$

这也相当于引入了“梁式杆 $EA\to\infty$ 和 $GA\to\infty$”这一重要假设。

【例 8-7】试求图 8-20（a）所示悬臂梁自由端 B 的挠度 Δ_{BV}。已知 EI 为常数。

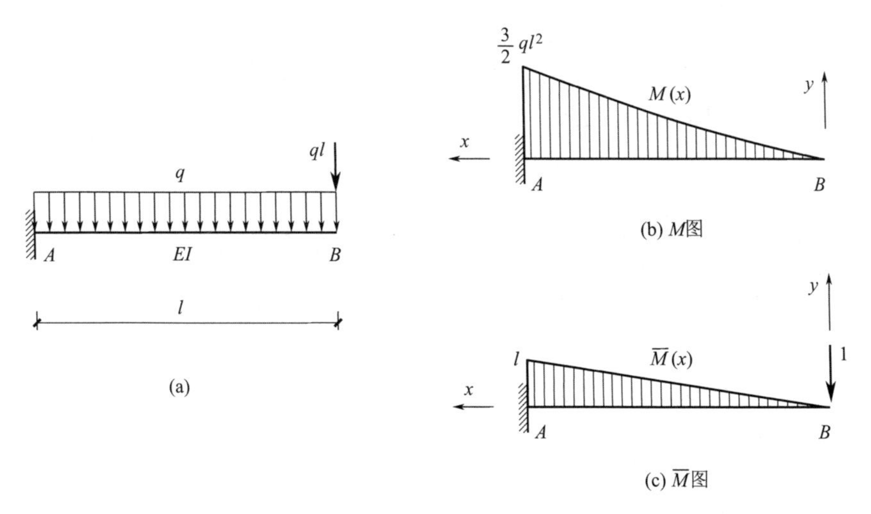

图 8-20　例 8-7 图

【解】采用式（8-28）求解。建立以 B 为原点，沿杆轴水平向左为 x 轴正向、竖直向上为 y 轴向的直角坐标系。

（1）绘实际状态 M 图并写出弯矩方程 M（x）

$$M(x)=\frac{q}{2}x^2+qlx$$

（2）虚设单位力，绘虚力状态 $\overline{M}$ 图并写出弯矩方程 $\overline{M}(x)$

因为所求挠度 Δ_{BV} 即截面 B 的竖向线位移，因此在此截面处添加一竖向单位集中力，如图 8-20（c）所示。可得

$$\overline{M}(x)=x$$

（3）计算位移

将上述两状态求出的弯矩方程代入式（8-28），可得

$$\Delta_{BV}=\sum\int\frac{\overline{M}M}{EI}\mathrm{d}s=\int\frac{\overline{M}M}{EI}\mathrm{d}x=\frac{1}{EI}\int_0^l x\left(\frac{q}{2}x^2+qlx\right)\mathrm{d}x=\frac{11ql^4}{24EI}\ (\downarrow)$$

括号中的箭头标明了位移的实际方向。

需要注意的是，不论采用直角坐标系还是极坐标系进行计算，位移状态和力状态中的坐标系应保持一致，因为两状态对应的是同一结构。

2. 含二力杆的静定结构的位移计算

使用单位荷载法计算诸如理想桁架、组合结构等含有二力杆的结构时，因二力杆只产生轴力，因此仅需考虑轴向变形对结构位移的影响，又注意到二力杆轴力在整杆上都是常数，若轴向刚度 EA 亦为常数，则其轴向变形影响项 $\int\frac{\overline{F}_N F_N}{EA}\mathrm{d}s=\frac{\overline{F}_N F_N}{EA}\int\mathrm{d}s=\frac{\overline{F}_N F_N l}{EA}$。因此，对全由二力杆构成的理想桁架，单位荷载法公式（8-27）变为

$$\Delta=\sum\frac{\overline{F}_N F_N l}{EA} \tag{8-29}$$

而由梁式杆和二力杆构成的组合结构的单位荷载法公式为

$$\Delta=\sum_{\text{梁式杆}}\int\frac{\overline{M}M}{EI}\mathrm{d}s+\sum_{\text{二力杆}}\frac{\overline{F}_N F_N l}{EA} \tag{8-30}$$

【例 8-8】试求图 8-21（a）所示组合结构自由端 C 的转角 θ_C 并绘其大致变形图。已知 EI、EA 为常数，且 $EI=0.03EA$。

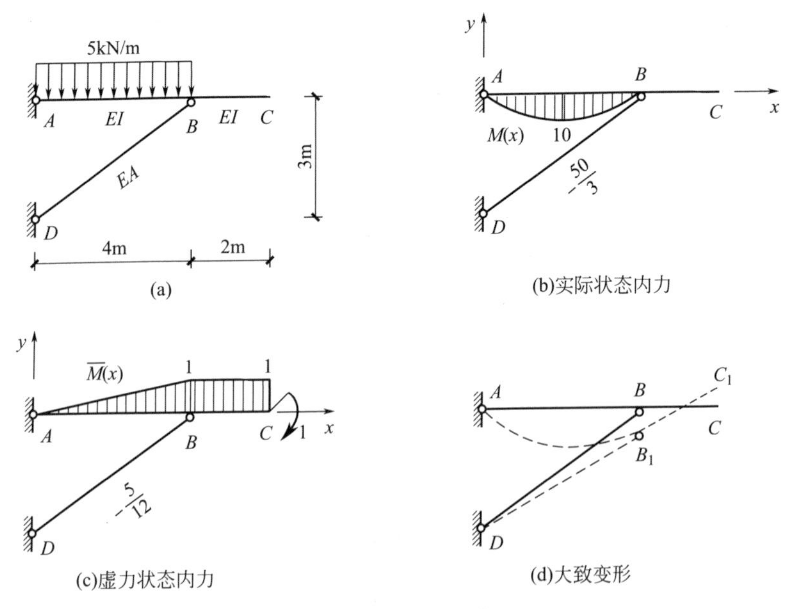

图 8-21 例 8-8 图

【解】对梁 AC 采用图示直角坐标系。

（1）求实际状态内力

写出梁 AC 的弯矩方程 $M(x)$，并求二力杆轴力 F_{NBD}：

$$\begin{cases} M(x)=2.5x^2-10x \quad (0\leqslant x\leqslant 4\text{m}) \\ M(x)=0 \quad (4\text{m}<x\leqslant 6\text{m}) \end{cases}$$

$$F_{\text{NBD}}=-\frac{50}{3}(\text{kN})$$

（2）求虚力状态内力

在截面 C 处添加一单位集中力偶，如图 8-21（c）所示。写出梁 AC 的虚力状态弯矩方程 $\overline{M}(x)$，并求二力杆轴力 $\overline{F}_{\text{NBD}}$：

$$\begin{cases} \overline{M}(x)=\dfrac{x}{4} \quad (0\leqslant x\leqslant 4\text{m}) \\ \overline{M}(x)=1 \quad (4\text{m}<x\leqslant 6\text{m}) \end{cases}$$

$$\overline{F}_{\text{NBD}}=-\frac{5}{12}$$

（3）计算位移

将上述两状态求出的梁 AC 弯矩方程和二力杆 BD 的轴力代入式（8-30），可得

$$\begin{aligned} \theta_{\text{C}} &= \sum_{\text{梁式杆}}\int\frac{\overline{M}M}{EI}\text{d}s+\sum_{\text{二力杆}}\frac{\overline{F}_{\text{N}}F_{\text{N}}l}{EA} \\ &= \frac{1}{EI}\left[\int_0^4\left(\frac{x}{4}\times(2.5x^2-10x)\right)\text{d}x+\int_4^6(1\times 0)\text{d}x\right]_{\text{梁式杆}}+\frac{1}{EA}\left[\left(-\frac{5}{12}\right)\times\left(-\frac{50}{3}\right)\times 5\right]_{\text{二力杆}} \\ &= -\frac{40}{3EI}+\frac{625}{18EA}=-\frac{295}{24EI}(\text{逆时针}) \end{aligned}$$

（4）绘大致变形

因截面 A、B、C 均位于水平梁 AC 上，故三者有相同水平线位移，又因 A 的水平线位移被支座 A 约束为零，因此 A、B 两处水平线位移均为零。再用单位荷载法大致判断 B 和 C 处的竖向线位移，可确定 B 和 C 分别向下和向上位移。

绘制变形时应参考实际状态内力。二力杆不能变弯，只能被拉长或压短，因 F_{NBD} 为负故二力杆 BD 应被压短；梁段 AB 部分应凸向 M 图受拉侧（即下侧）；梁段 BC 因无弯矩故不变形而保持直线，直线 B_1C_1 在 B_1 处应与曲线 AB_1 相切。最终，变形如图 8-21（d）所示。

8.5　图乘法

从前述例题可见，单位荷载法仍需积分运算，较为麻烦。在满足如下前提条件的情况下，可将积分运算化成内力图之间的几何运算，这就是图形相乘法（简称图乘法）。

图乘法需满足的前提条件：

（1）杆轴是直线；

（2）杆段的刚度是常数；

（3）杆段的实际状态或虚力状态内力图之一为直线形。

如果杆段是等截面直杆，那么上述图乘法前提条件可自然满足。

8.5.1 图乘法的推导

下面以弯曲变形影响项为例进行图乘法的推导，剪切或轴向变形影响项以此类推。

如图 8-22 所示，不妨设某杆段 ij 的 $\overline{M}$ 图为直线形弯矩图，取 $\overline{M}$ 图直线与杆轴线交点为原点，沿杆轴水平向右为 x 轴正向、垂直于杆轴向上为 y 轴正向。于是弯曲变形影响项

$$\int\frac{\overline{M}M}{EI}\mathrm{d}s=\frac{1}{EI}\int\overline{M}(M\mathrm{d}x)=\frac{1}{EI}\int x\tan\alpha(\mathrm{d}A)=\frac{\tan\alpha}{EI}\int x\,\mathrm{d}A \tag{a}$$

这里 $\int x\,\mathrm{d}A$ 是 M 图的面积 A 对 y 轴的静矩，因此

$$\int x\,\mathrm{d}A=Ax_0 \tag{b}$$

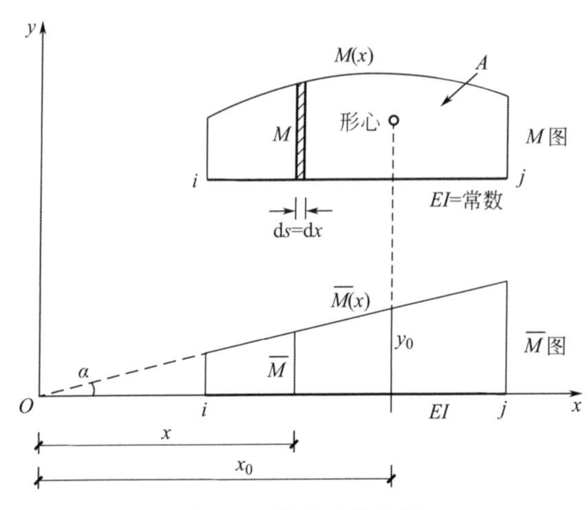

图 8-22 图乘法的推导

将式（b）代入式（a），可得

$$\int\frac{\overline{M}M}{EI}\mathrm{d}s=\frac{\tan\alpha}{EI}Ax_0=\frac{x_0\tan\alpha}{EI}A=\frac{Ay_0}{EI} \tag{8-31}$$

此即图乘法计算式。式中，y_0 代表 M 图的形心对应的直线形 $\overline{M}$ 图的竖标。

8.5.2 图乘法的注意事项

（1）A 和 y_0 取自不同图形。其中，y_0 必须取自直线图形，位于另一图形的形心处。

（2）对弯矩图的图乘，当 A 与 y_0 均位于杆件同侧时，乘积 Ay_0 取正；位于异侧时，Ay_0 取负；而剪力图或轴力图的图乘，只需带着内力符号运算即可。

（3）必须保证杆段是等直杆。曲线形杆、连续变截面杆（刚度非常数）无法使用图乘法；阶段变截面杆应在截面阶段变化处分段，例如图 8-23 所示杆件的图乘结果如下：

$$\frac{Ay_0}{EI}=\frac{A_1y_{01}}{EI_1}+\frac{A_2y_{02}}{EI_2} \tag{c}$$

（4）对曲线图形与折线图形相乘或折线图形与折线图形相乘的情况，应在内力图转折点处分段。例如图 8-24 所示杆件的图乘结果如下：

$$\frac{Ay_0}{EI}=\frac{1}{EI}(A_1y_{01}+A_2y_{02}) \tag{d}$$

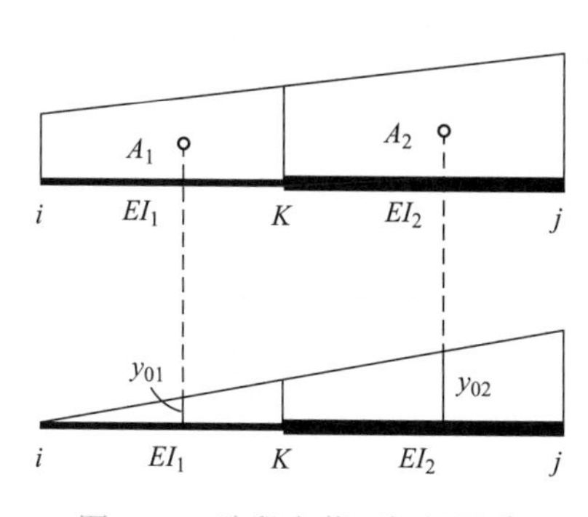

图 8-23　阶段变截面杆的图乘

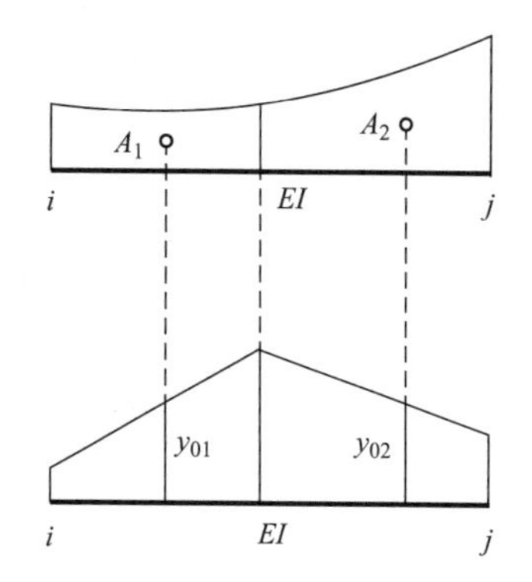

图 8-24　曲线图形与折线图形的图乘

（5）两直线图形相乘，可在任一图上取 y_0，而另一图形用于计算 A。

（6）需要记住一些常见图形的面积和形心位置，比如图 8-25 所示 4 种情形。

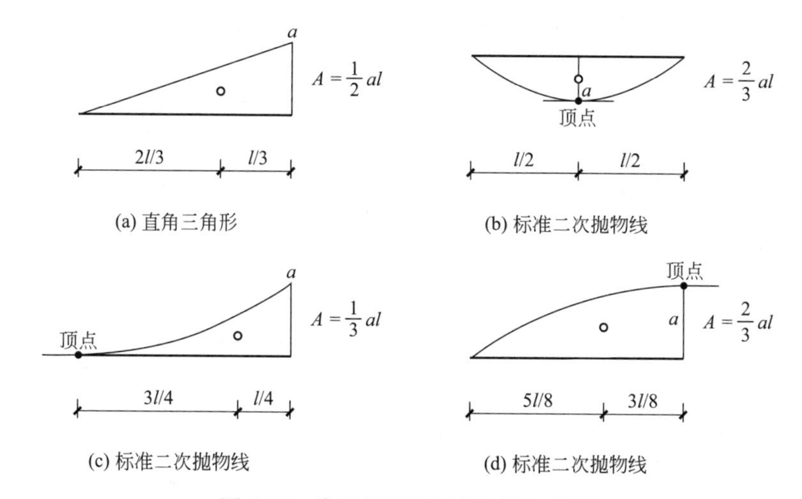

图 8-25　常见图形的面积和形心位置

需要注意图 8-25（b）～（d）所示二次抛物线都是标准抛物线，其顶点（切线水平点）位于杆段两端或正中。而非标准抛物线的面积和形心位置，并非图中标注值。

（7）梯形图与梯形图相乘时，可将取面积的图形分成两个三角形之和（图 8-26），则图乘结果、面积及相应竖标的计算式分别如下：

$$\frac{Ay_0}{EI}=\frac{1}{EI}(A_1y_{01}+A_2y_{02}) \tag{e}$$

$$A_1=\frac{1}{2}al，A_2=\frac{1}{2}bl \tag{f}$$

$$y_{01}=\frac{2}{3}c\pm\frac{1}{3}d，y_{02}=\frac{2}{3}d\pm\frac{1}{3}c \tag{g}$$

梯形相乘时，取面积图形中的竖标 a 和 b 可以位于同侧，也可位于异侧。取竖标图形

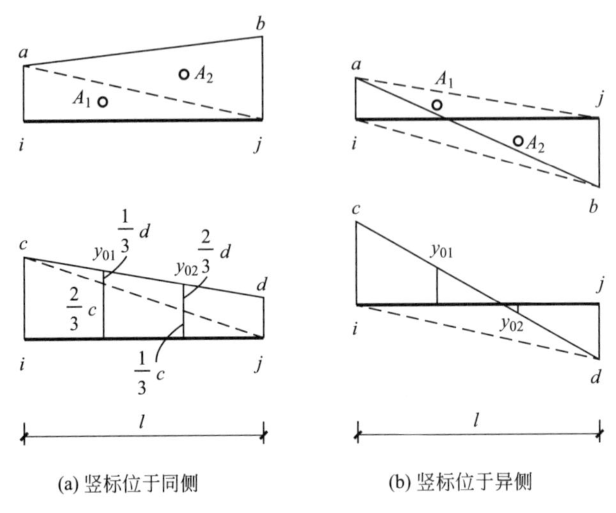

图 8-26　梯形图形与梯形图形的图乘

的竖标 c 和 d 位于同侧时，式（g）中取正，异侧时取负，若求出的竖标为负值，代表 y_{01} 与 c（或 y_{02} 与 d）位于异侧。此外，还需按注意事项 2，判定式（e）中 A_1y_{01} 和 A_2y_{02} 的正负。

（8）非标抛物线图形宜逆用区段叠加法分解为直线图形和标准抛物线之和，例如图 8-27 所示非标抛物线图形，可分解为梯形与标准二次抛物线的代数和。因为非标抛物线图形非直线图形，所以只能用于取面积。

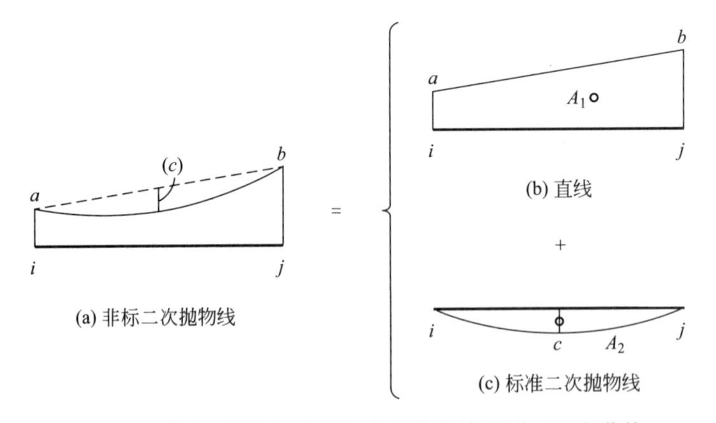

图 8-27　逆用区段叠加法分解非标抛物线图形（面积分块）

8.5.3　用图乘法计算荷载作用下的受弯结构

【例 8-9】试用图乘法重算例 8-7，即求图 8-28（a）所示悬臂梁自由端 B 的挠度 Δ_{BV}。已知 EI 为常数。

【解】(1) 绘实际状态 M 图，如图 8-28（b）所示。

M 图为二次抛物线，但并非标准二次抛物线，这是因为 B 处剪力非零，故该处 M 图切线并不水平。因此，按照非标抛物线的分解方式，分为以虚线为斜边的直角三角形 A_1

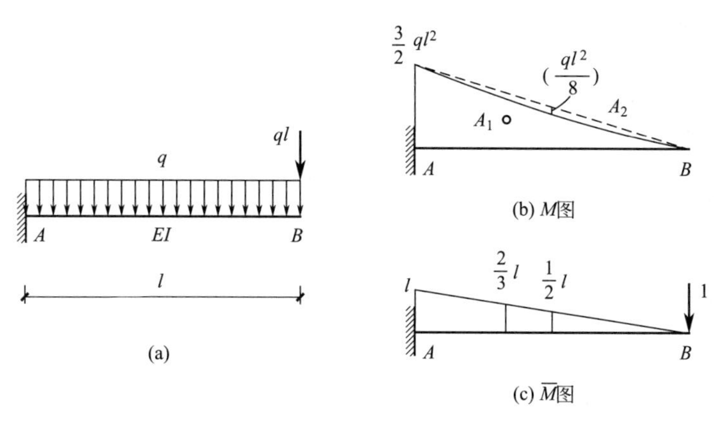

图 8-28　例 8-9 图

和位于虚基线下侧的标准抛物线 A_2。

（2）绘虚力状态 $\overline{M}$ 图，如图 8-28（c）所示。

在截面 B 处添加一竖向单位集中力，可得

$$y_{01}=\frac{2}{3}l,\ y_{02}=\frac{1}{2}l$$

（3）计算位移

$$\begin{aligned}\Delta_{BV}&=\int\frac{\overline{M}M}{EI}\mathrm{d}x=\frac{1}{EI}(A_1y_{01}+A_2y_{02})\\&=\frac{1}{EI}\left[\left(\frac{1}{2}\times\frac{3}{2}ql^2\times l\right)\left(\frac{2}{3}l\right)-\left(\frac{2}{3}\times\frac{ql^2}{8}\times l\right)\left(\frac{1}{2}l\right)\right]\\&=\frac{11ql^4}{24EI}(\downarrow)\end{aligned}$$

可见结果与使用积分计算时相同。

【例 8-10】试计算图 8-29（a）所示简支刚架结点 C 和 D 的水平相对线位移 Δ_{CDH}。已知 EI 为常数。

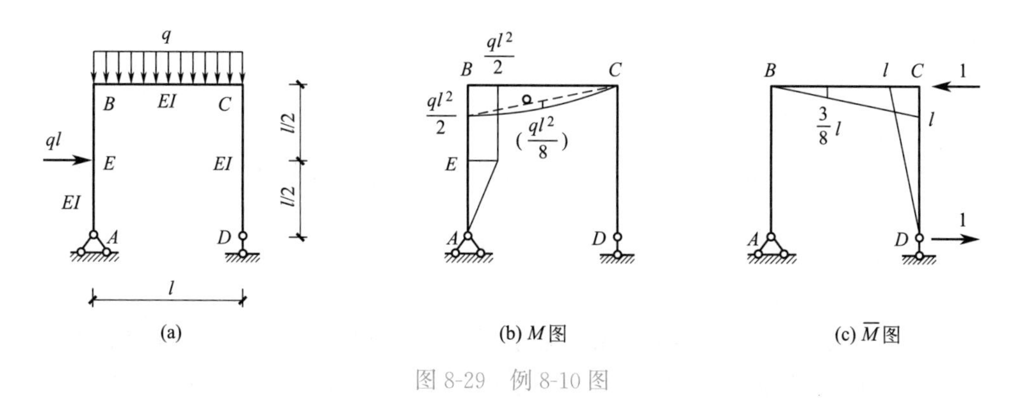

图 8-29　例 8-10 图

【解】（1）绘实际状态 M 图，如图 8-29（b）所示。

因为剪力 $F_{SBC}=0$，梁 BC 的 M 图为标准二次抛物线，简便起见，不对其进行面积划

分。读者也可自行尝试按虚基线分块后，进行图乘。

（2）绘虚力状态 $\overline{M}$ 图，如图 8-29（c）所示。

因所求为结点 C 和 D 的水平相对线位移，根据相对线位移等于方向相反的两相应绝对线位移之和，故分别在 C 和 D 处添加水平向左和水平向右的单位集中力。

（3）计算位移

$$\Delta_{\mathrm{CDH}}=\sum\int\frac{\overline{M}M}{EI}\mathrm{d}x=\int_{梁BC}\frac{\overline{M}M}{EI}\mathrm{d}x=\frac{Ay_0}{EI}=\frac{1}{EI}\left[\left(\frac{2}{3}\times\frac{ql^2}{2}\times l\right)\left(\frac{3}{8}l\right)\right]=\frac{ql^4}{8EI}(\leftrightarrows)$$

【例 8-11】试求图 8-30（a）所示静定梁中铰结点 B 两侧截面的相对转角 $\theta_{\mathrm{B左B右}}$。已知 EI 为常数。

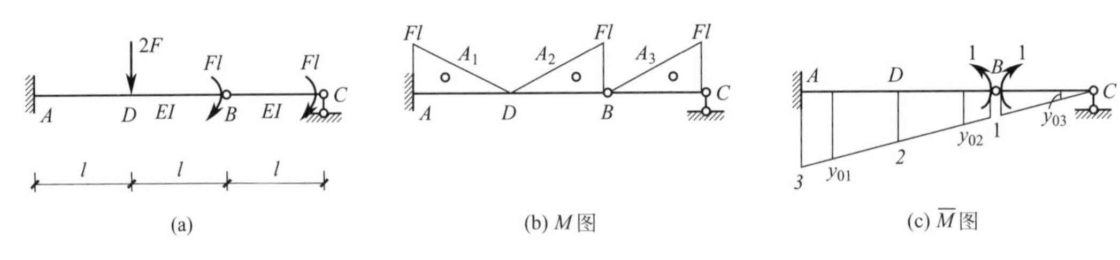

图 8-30　例 8-11 图

【解】（1）绘实际状态 M 图，如图 8-30（b）所示。

（2）绘虚力状态 $\overline{M}$ 图，如图 8-30（c）所示。

根据所求位移，在铰结点 B 两侧截面施加等值反向的一对单位集中力偶。

（3）计算位移

注意到 $\overline{M}$ 图在全梁上为一根完整直线，故用其取竖标，则 M 图自然按图 8-30（b）所示进行面积分块。

$$\theta_{\mathrm{B左B右}}=\sum\int\frac{\overline{M}M}{EI}\mathrm{d}x=\sum\frac{Ay_0}{EI}=\frac{1}{EI}(A_1y_{01}+A_2y_{02}+A_3y_{03})$$

$$=\frac{1}{EI}\left[\begin{array}{l}-\left(\frac{1}{2}\times Fl\times l\right)\left(\frac{2}{3}\times3+\frac{1}{3}\times2\right)-\left(\frac{1}{2}\times Fl\times l\right)\left(\frac{2}{3}\times1+\frac{1}{3}\times2\right)\\-\left(\frac{1}{2}\times Fl\times l\right)\left(\frac{1}{3}\times1\right)\end{array}\right]$$

$$=-\frac{13Fl^2}{6EI}(\text{)(})$$

读者可自行思考，如果逆用区段叠加法对梁段 AB 进行面积分块，又该如何图乘？

8.6　静定结构在支座移动和温度变化时的位移计算

结构受到诸如支座移动、温度变化、制造误差、材料胀缩等非荷载因素作用时，也会产生变形和位移，单位荷载法仍可用于非荷载因素作用下结构位移的求解，但需将实际位移状态中的微段变形量 $\mathrm{d}\theta$、$\mathrm{d}v$、$\mathrm{d}u$ 表达为非荷载因素的函数。本节将介绍发生支座移动或温度变化时静定结构位移计算的单位荷载法，而超静定结构在非荷载因素作用下的位移计算，请读者参阅相关结构力学教材。

8.6.1　静定结构仅发生支座移动时的位移计算

静定结构中所有的约束都是必要约束，必要约束的功能在于维持平衡，却不能限制结构自由发生的变形和位移，因此非荷载因素作用时静定结构不会产生内力。这类由非荷载因素导致的结构内力，称为自内力，故静定结构无自内力。

静定结构仅受支座移动作用时，各杆均无内力和变形，结构中的杆件将发生刚体位移，因此式（8-24）中 $d\theta=dv=du=0$，该式简化为

$$\Delta=-\sum\overline{F}_{R}c \tag{8-32}$$

可见，式（8-32）实质是对应刚体虚功原理的单位荷载法公式。式中，c 代表实际位移状态中支座发生的各具体移动值；$\overline{F}_{R}$ 代表虚力状态中对应 c 的各支座反力。

【例 8-12】试计算图 8-31（a）所示静定刚架因支座 B 和 D 发生沉降导致的自由端截面 F 的竖向线位移 Δ_{FV} 和转角 φ_{F}。

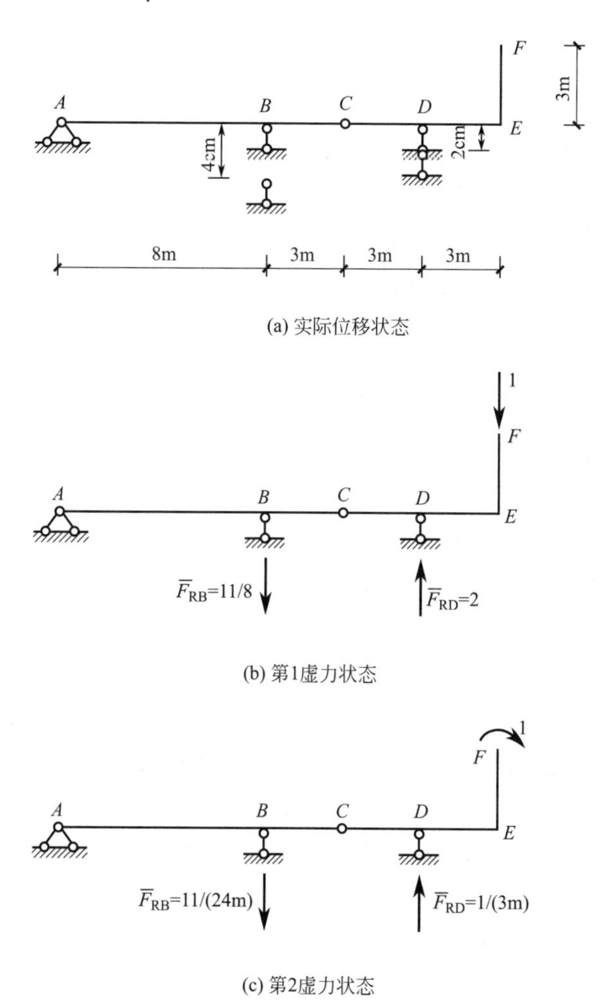

图 8-31　例 8-12 图

【解】(1) 实际位移状态即为题设所给图 8-31（a）所示，无需求解，但需明确支座移

动的方向，即 $c_B=0.04\text{m}$（↓）、$c_D=0.02\text{m}$（↓）。

（2）虚设单位力并求出相应位移

因需求 F 截面的竖向线位移 Δ_{FV} 和转角 φ_F，因此分别设与之对应的第 1 和第 2 虚力状态，如图 8-31（b）和（c）所示，并求出相应的 $\overline{F}_{RB}$ 和 $\overline{F}_{RD}$（大小与方向均已标于图中）。

（3）计算位移

$$\Delta_{FH}=-\sum\overline{F}_{R}c=-\left[\frac{11}{8}\times 0.04-2\times 0.02\right]=-0.015(\text{m})=-1.5(\text{cm})(\uparrow)$$

$$\varphi_F=-\sum\overline{F}_{R}c=-\left[\frac{11}{24}\times 0.04-\frac{1}{3}\times 0.02\right]=-\frac{7}{600}\approx-0.0117(\text{rad})(\circlearrowright)$$

计算时需注意两点：1）同一支座的移动量 c 和虚力状态反力 $\overline{F}_R$ 同向时，二者乘积取正（即做正功）；反之，取负。2）勿遗漏公式自带负号。

8.6.2 静定结构仅受温度变化作用时的位移计算

1. 结构在温度变化作用时的变形特征及单位荷载法的简化假定

温度改变时，结构中的杆件因组成材料的热胀冷缩而产生变形，此时微段变形量 $\mathrm{d}\theta$、$\mathrm{d}v$、$\mathrm{d}u$ 一般均不为零，且是温度改变量的函数。将单位荷载法公式（8-24）中的支座移动项略去，得到温度作用下的单位荷载法计算式

$$\Delta=\sum\int\overline{M}\mathrm{d}\theta+\sum\int\overline{F}_S\mathrm{d}v+\sum\int\overline{F}_N\mathrm{d}u \tag{8-33}$$

再引入如下假设：

假设一，温度沿杆件长度均匀分布。

假设二，温度沿截面高度直线变化。

假设一使得 $\mathrm{d}v=0$，这样式（8-33）进一步简化为

$$\Delta=\sum\int\overline{M}\mathrm{d}\theta+\sum\int\overline{F}_N\mathrm{d}u \tag{8-34}$$

假设二则让 $\mathrm{d}\theta$ 和 $\mathrm{d}u$ 与沿截面高方向上的温度变化直接关联起来，具体推导如下。

2. $\mathrm{d}\theta$ 的表达式

以图 8-32 所示结构为例进行推导。图（a）展示该结构外侧升温 t_1、内侧升温 t_2（不妨设 $t_2>t_1$）后的变形情况，为实际位移状态；图（b）则是求自由端截面 C 竖向位移 Δ_{CV} 所设的虚力状态；图（c）展示了图（a）中微段受温度变化作用前后的变形情况，这里假设以微段左截面为基准考查其右截面的相对位移，则微段上侧纤维伸长量 $\Delta l_1=\alpha t_1\mathrm{d}s$，下侧纤维伸长量 $\Delta l_2=\alpha t_2\mathrm{d}s$，其中 α 代表材料的线膨胀系数。在满足假设二和小变形时，有

$$\mathrm{d}\theta=\frac{\Delta l_2-\Delta l_1}{h}=\frac{\alpha t_2\mathrm{d}s-\alpha t_1\mathrm{d}s}{h}=\frac{\alpha}{h}(t_2-t_1)\mathrm{d}s=\frac{\alpha}{h}\Delta t\,\mathrm{d}s \tag{a}$$

3. $\mathrm{d}u$ 的表达式

假设图 8-32（c）所示微段形心轴处的温度改变量为 t_0，则该处纤维的伸长量

$$\mathrm{d}u=\alpha t_0\mathrm{d}s \tag{b}$$

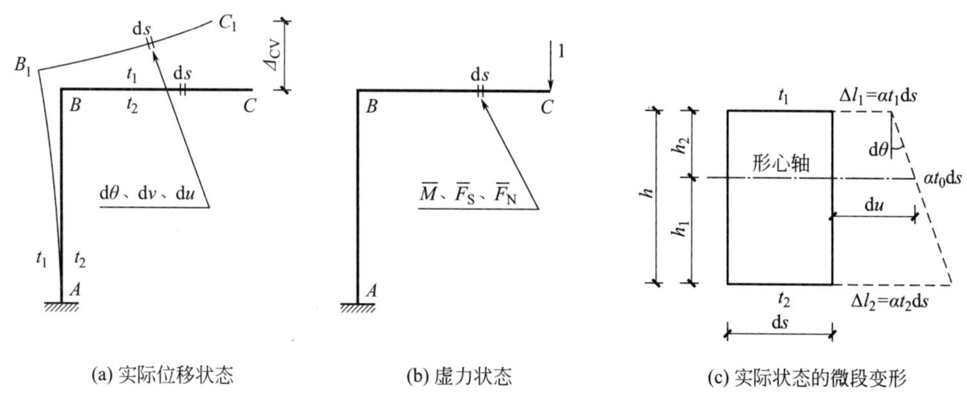

(a) 实际位移状态　　(b) 虚力状态　　(c) 实际状态的微段变形

图 8-32　温度变化时的微段变形情况

根据假设二，按比例关系容易得到 $du=\frac{h_2}{h}\Delta l_1+\frac{h_1}{h}\Delta l_2$，因此

$$\alpha t_0 ds=\frac{h_2}{h}\alpha t_1 ds+\frac{h_1}{h}\alpha t_2 ds \tag{c}$$

或者

$$t_0=\frac{h_2}{h}t_1+\frac{h_1}{h}t_2 \tag{d}$$

对于矩形截面 $h_1=h_2=h/2$，可得

$$t_0=\frac{t_1+t_2}{2} \tag{e}$$

4. 温度作用时的单位荷载法公式及其应用举例

将式（a）和（b）代入式（8-34）得

$$\Delta=\sum\frac{\alpha}{h}\Delta t\int\overline{M}ds+\sum\alpha t_0\int\overline{F}_N ds=\sum\frac{\alpha}{h}\Delta tA_{\overline{M}}+\sum\alpha t_0A_{\overline{F}_N} \tag{8-35}$$

式中，$A_{\overline{M}}$ 和 $A_{\overline{F}_N}$ 分别代表虚设单位力引起的弯矩图和轴力图的面积。应用式（8-35）时还需注意符号，其中弯曲变形影响项中的 Δt 取为绝对值 $\Delta t=|t_2-t_1|$，若温度改变引起的实际弯曲变形与虚设单位力引起的弯曲变形均使杆件凸向同一侧，则该项取正，反之取负；对于轴向变形影响项，t_0 以升温为正、降温为负，并在计算 $A_{\overline{F}_N}$ 时代入轴力的符号。式（8-35）仅适用于计算满足前述二假设，且全由等直杆构成的结构在温度变化时的位移。

【例 8-13】 图 8-33（a）所示刚架施工时温度为 20℃，试求冬季当外侧温度为－10℃，内侧温度为 0℃时，C 点的竖向位移 Δ_{CV}。已知 $l=4$m，$\alpha=10^{-5}$℃$^{-1}$，各杆均为矩形截面，高度 $h=40$cm。

【解】（1）分析实际位移状态的温度变化情况

$$\text{外侧温度变化量 } t_1=[(-10)-20]℃=-30℃$$

$$\text{内侧温度变化量 } t_2=(0-20)℃=-20℃$$

导致各杆均凸向高温的内侧，如图 8-33（a）所示。因此

$$\Delta t=|t_2-t_1|=|-20-(-30)|℃=10℃$$

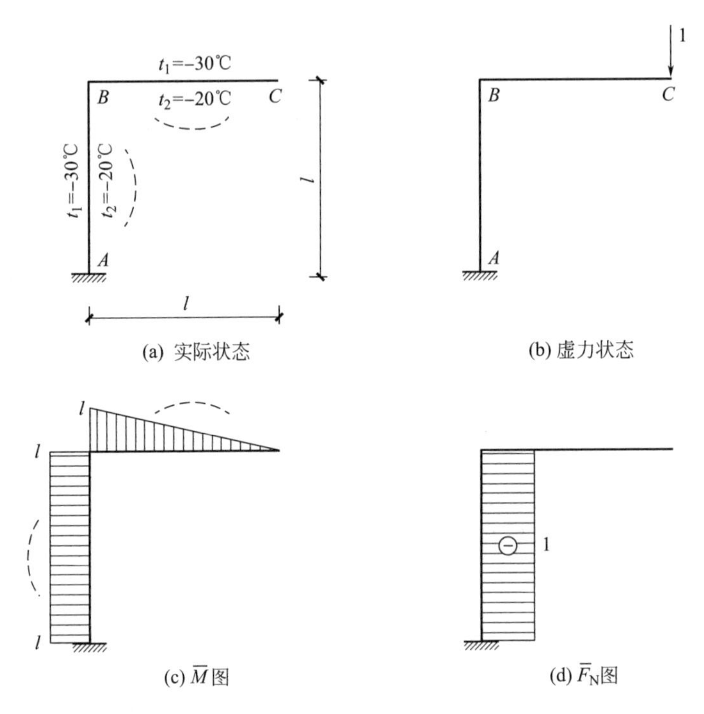

图 8-33　例 8-13 图

$$t_0=\frac{t_1+t_2}{2}=\frac{(-30)+(-20)}{2}℃=-25℃$$

（2）虚设单位力如图 8-33（b）所示，并求 $\overline{M}$ 图和 $\overline{F}_N$ 图分别如图 8-33（c）和（d）所示。

（3）计算位移

$$\begin{aligned}\Delta_{CV}&=-\frac{\alpha\times10}{h}\times\left(\frac{l^2}{2}+l^2\right)+\alpha\times(-25)\times(-1\times l)\\&=-\frac{15\alpha l^2}{h}+25\alpha l=-\frac{15\times10^{-5}\times400^2}{40}\text{cm}+25\times10^{-5}\times400\text{cm}\\&=-0.50\text{cm}(\uparrow)\end{aligned}$$

其中，弯矩变形影响项前的负号是由虚设单位力引起的两杆弯曲方向均凸向外侧（$\overline{M}$ 图竖标一侧），与实际状态凸出方向相反确定的。

思考题

8-1　轴向拉压杆的变形 Δl 能不能完全反映其变形程度？为什么？

8-2　如图 8-34 所示矩形截面等直杆，当轴向力 F 作用后，杆侧表面上的线段 ab 和 ac 间的夹角 α 将发生什么改变？

8-3　如图 8-35 所示，二杆的材料相同，截面相同。在小变形条件下，试分析结点 A 的位移 δ_A 与 AC 杆的伸长 Δl_{AC} 之间的关系。

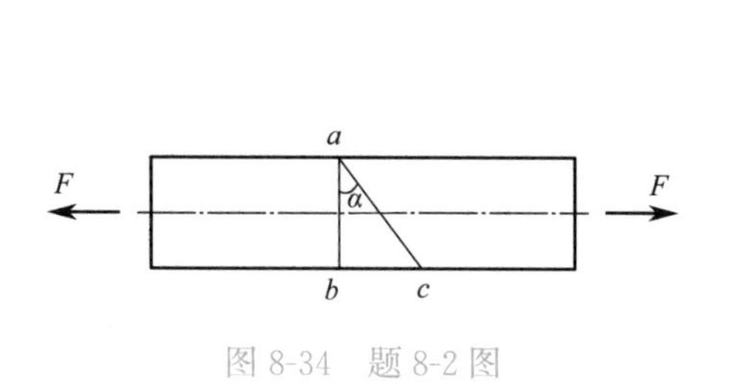

图 8-34　题 8-2 图

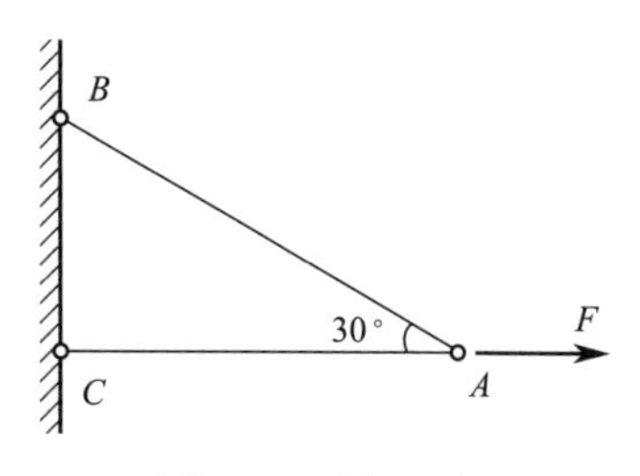

图 8-35　题 8-3 图

8-4　相对扭转角 φ 和单位长度扭转角 θ 有何区别？如图 8-36 所示实心圆轴的直径 d 和长度 l 同时增大一倍时，φ_{AB} 和 θ 如何变化？

8-5　如图 8-37 所示一紧套的轴，试分别画出两轴的扭矩图，并指出外力以何种方式从Ⅰ轴传递到Ⅱ轴的。

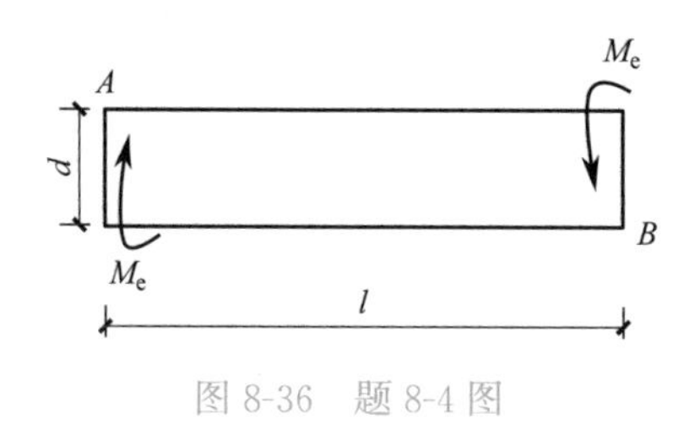

图 8-36　题 8-4 图

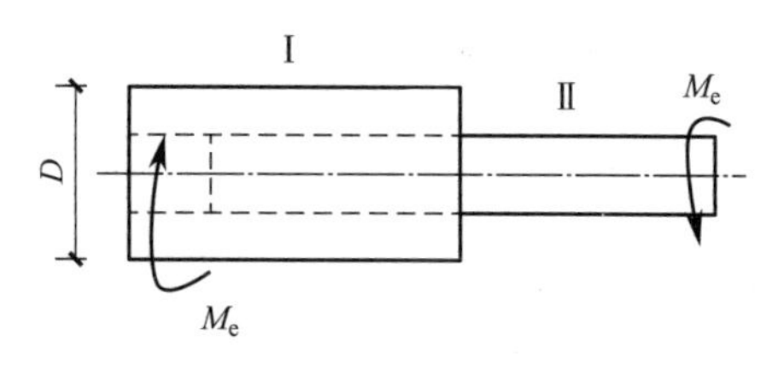

图 8-37　题 8-5 图

8-6　为什么梁挠曲线微分方程 $EIy''=-M(x)$ 是近似的？

8-7　什么是边界条件和连续条件？试分析图 8-38 中梁在用积分法求其变形时需要的边界条件和连续条件。

8-8　试绘制图 8-39 中梁挠曲线的大致形状。

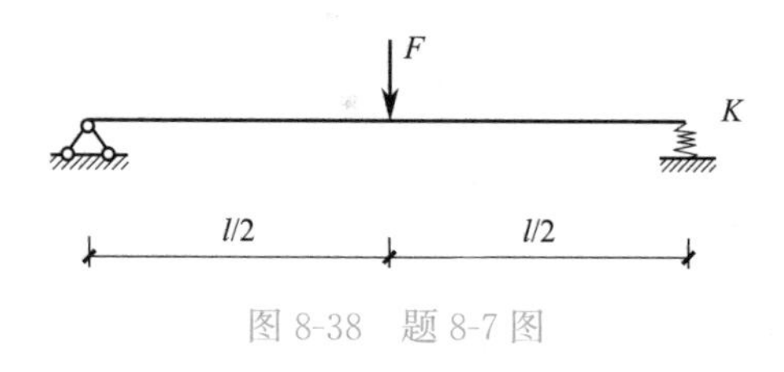

图 8-38　题 8-7 图

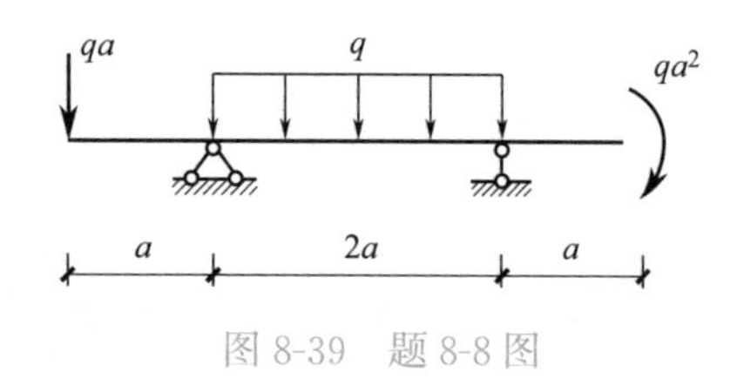

图 8-39　题 8-8 图

8-9　如图 8-40 所示等截面梁两端固定，外力都作用于纵向对称面内，试证明：该梁弯矩图的总面积为零。

8-10　结构中的变形和位移分别指什么？位移有哪些具体类型？广义位移和广义力的对应关系如何？

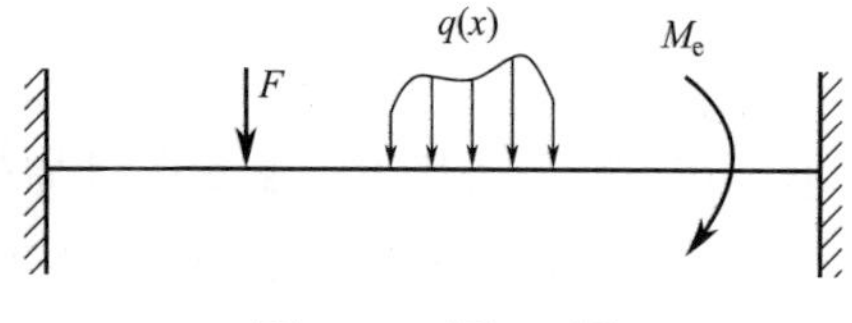

图 8-40　题 8-9 图

8-11　实功和虚功的定义如何？两者有什么区别？

8-12　虚功原理中分别要求力系和位移满足什么条件？具体应用虚功原理求解实际状态中的力和位移时，又可将之分别称作什么原理？用以替代哪些力学方程？

8-13　什么是虚位移？和实际位移有何联系与区别？

8-14　虚力原理中虚力是一种与虚位移类似的概念，是指任意的微小假想平衡力系。这一说法对吗？为什么？

8-15　为何可以忽略结构中梁式杆的轴向变形对位移的影响？这会导致小变形的结构在结点位移上表现出怎样的特点？

8-16　请阐述图乘法的适用条件和注意事项。

8-17　图乘法只能用于处理梁式杆的弯矩图相乘，不能用于计算二力杆。这种说法对吗？为何？

8-18　静定结构在仅发生支座移动时，整个结构内部各杆既无内力和变形，各截面也无位移。这一说法对吗？为何？

8-19　单位荷载法求静定结构在仅发生支座移动时的位移时所用公式 $\Delta=-\sum\overline{F}_{R}c$ 中，等号右端项的实质是什么？

8-20　静定结构在仅受温度变化作用时，整个结构将产生变形、位移以及内力。这一说法对吗？为何？

习题

8-1　如图 8-41 所示钢杆的横截面积 $A=1000\text{mm}^2$，材料的弹性模量 $E=200\text{GPa}$，试求：（1）各段的变形；（2）各段的应变；（3）杆的总伸长。

8-2　如图 8-42 所示长为 l 的等直杆，其材料密度为 ρ，弹性模量为 E，横截面面积为 A。已知外力 $F=Al\rho g$，试求杆下端的位移。

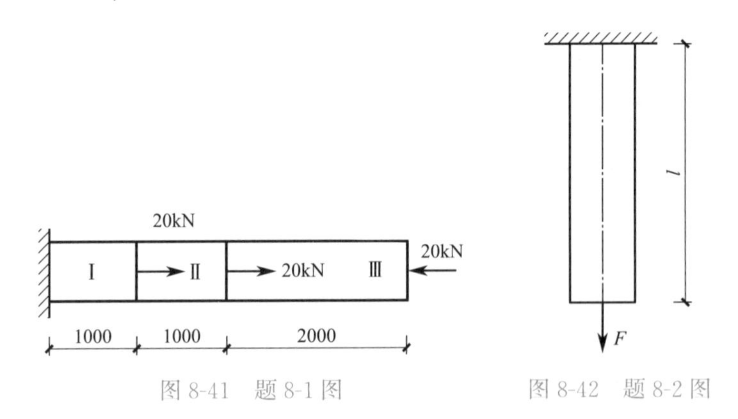

图 8-41　题 8-1 图　　图 8-42　题 8-2 图

8-3　如图 8-43 所示结构中，五根杆的抗拉刚度均为 EA，杆 AB 长为 l，$ABCD$ 是正方形。在小变形条件下，试求两种加载情况下，AB 杆的伸长。

8-4　如图 8-44 所示结构中，水平刚杆 AB 不变形，杆①为钢杆，直径 $d_1=20\text{mm}$，弹性模量 $E_1=200\text{GPa}$；杆②为铜杆，直径 $d_2=25\text{mm}$，弹性模量 $E_2=100\text{GPa}$。设在外力 $F=30\text{kN}$ 作用下，AB 杆保持水平，求 F 力作用点到点 A 的距离 a。

8-5　如图 8-45 所示一实心圆轴，直径 $d=100\text{mm}$，外力偶矩 $M_e=6\text{kN}\cdot\text{m}$，材料的切变模量 $G=80\text{GPa}$，试求截面 B 相对于截面 A 以及截面 C 相对于截面 A 的相对扭转角。

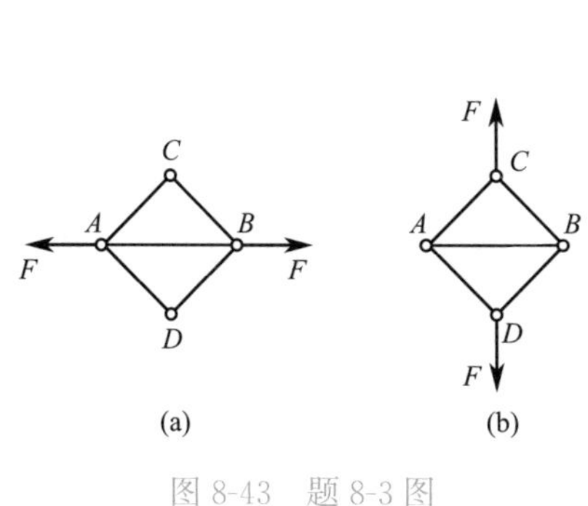

图 8-43　题 8-3 图

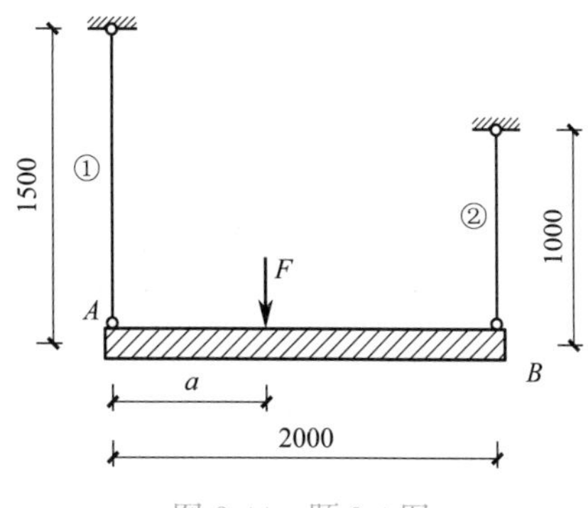

图 8-44　题 8-4 图

8-6　如图 8-46 所示一直径为 d 的圆轴，长度为 l，A 端固定，B 端自由，在长度方向受分布力偶 m 作用发生扭转变形。已知材料的切变模量为 G，试求 B 端的转角。

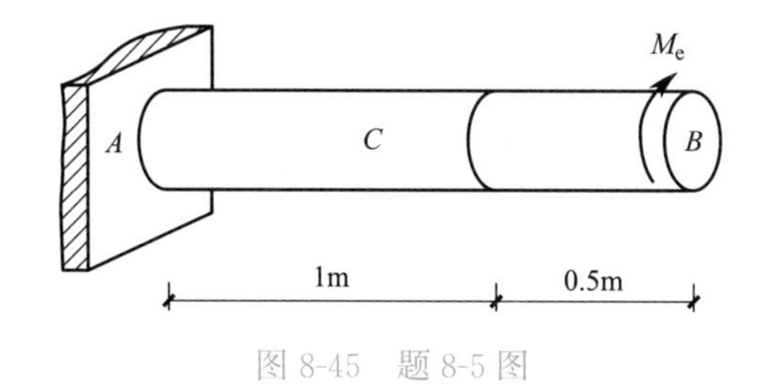

图 8-45　题 8-5 图

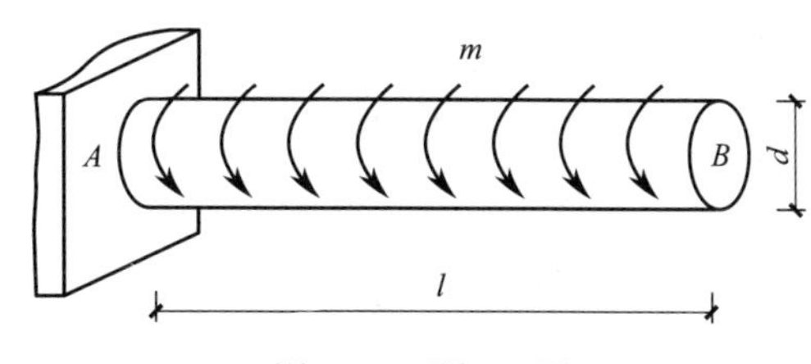

图 8-46　题 8-6 图

8-7　如图 8-47 所示受扭圆截面轴，已知两端面之间的扭转角 $\varphi=2.445\times10^{-2}$ rad，材料的切变模量 $G=80$GPa，许用切应力 $[\tau]=120$MPa，该轴的强度是否满足要求？

8-8　某阶梯形圆轴受扭如图 8-48 所示，材料的切变模量为 $G=80$GPa，许用切应力 $[\tau]=100$MPa，单位长度许用扭转角 $[\theta]=1.5°/\text{m}$，试校核轴的强度和刚度。

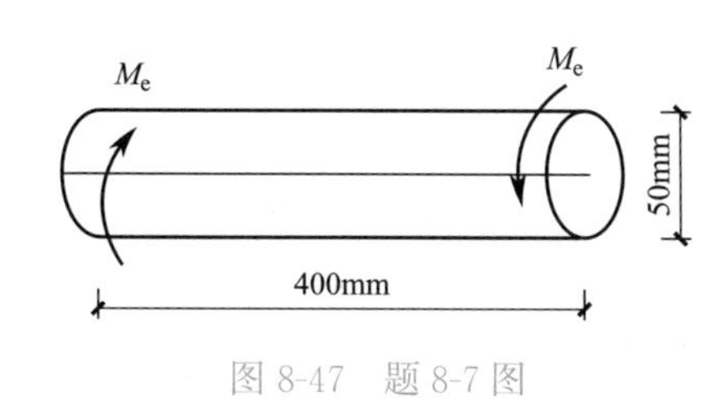

图 8-47　题 8-7 图

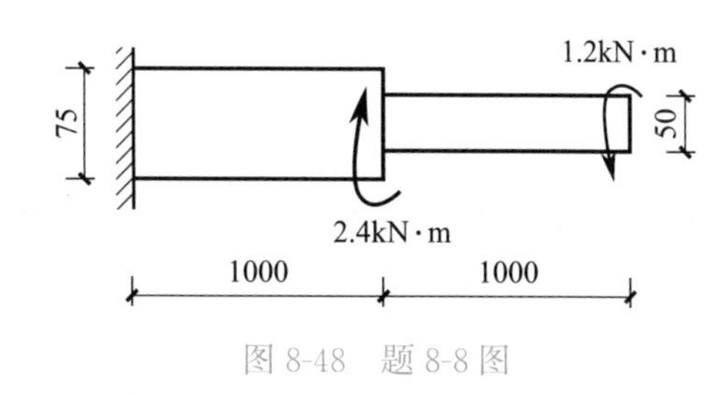

图 8-48　题 8-8 图

8-9　试用积分法求如图 8-49 所示各梁的挠曲线方程、最大挠度和最大转角。梁的抗弯刚度 EI 为常数。

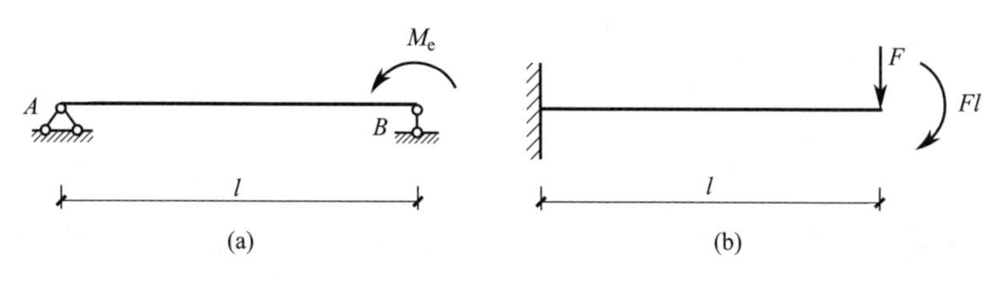

图 8-49　题 8-9 图

8-10　试用积分法求图 8-50 所示各梁自由端处的挠度和转角。梁的抗弯刚度 EI 为常数。

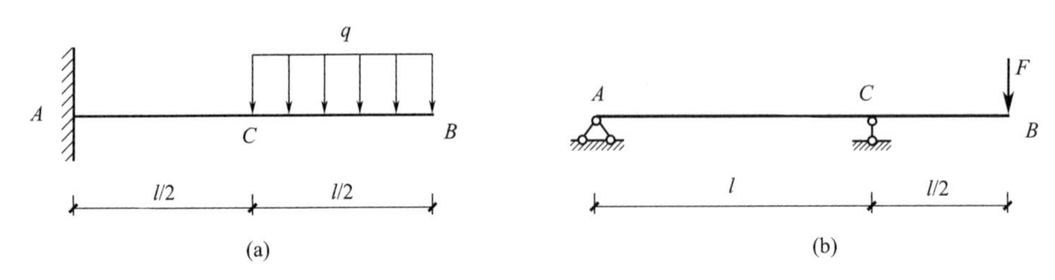

图 8-50　题 8-10 图

8-11　用积分法求如图 8-51 所示各梁的变形时，应分几段来列挠曲线的近似微分方程？各有几个积分常数？试分别列出确定积分常数时所需用的边界条件和连续条件。

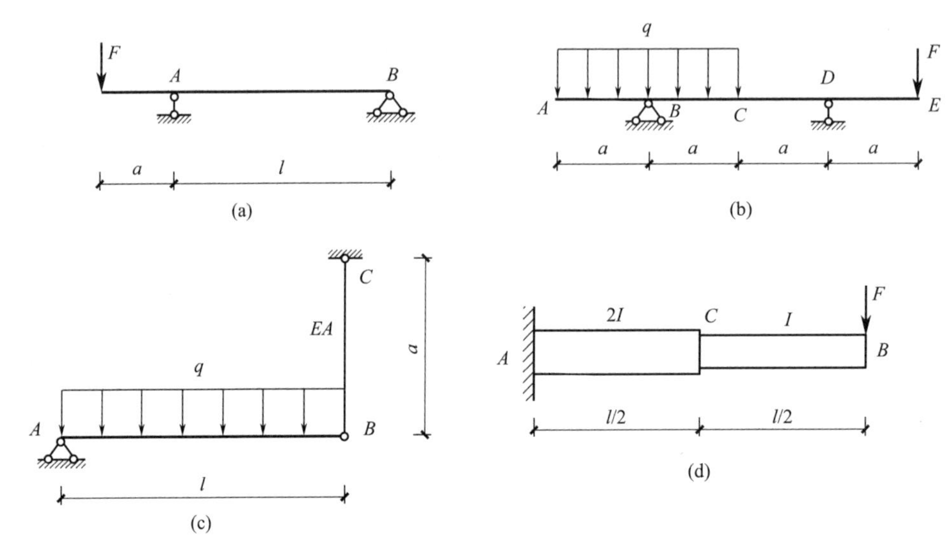

图 8-51　题 8-11 图

8-12　试用叠加原理求图 8-52 所示各梁截面 B 处的挠度 y_{B}。梁的抗弯刚度 EI 为常数。

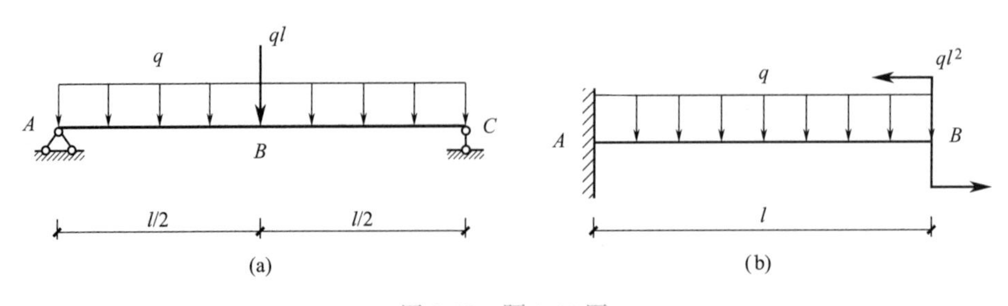

图 8-52　题 8-12 图

8-13　试用叠加原理求如图 8-53 所示各悬臂梁截面 B 处的挠度 y_{B} 和转角 θ_{B}。

8-14　试用叠加原理求如图 8-54 所示各梁截面 A 的转角 θ_{A}，以及截面 C 处的挠度 y_{C}

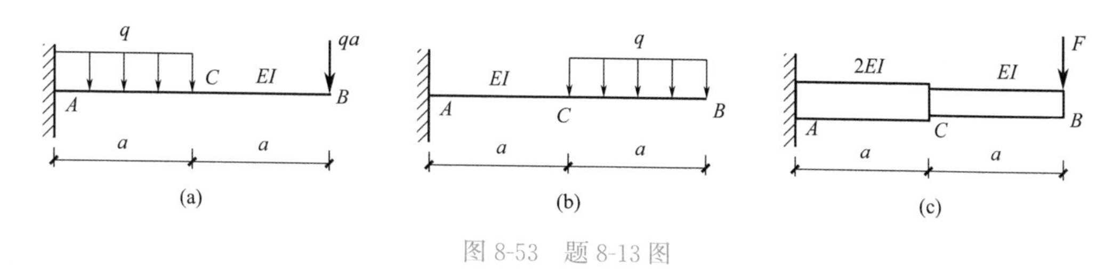

图 8-53　题 8-13 图

和转角 θ_C。梁的抗弯刚度 EI 为常数。

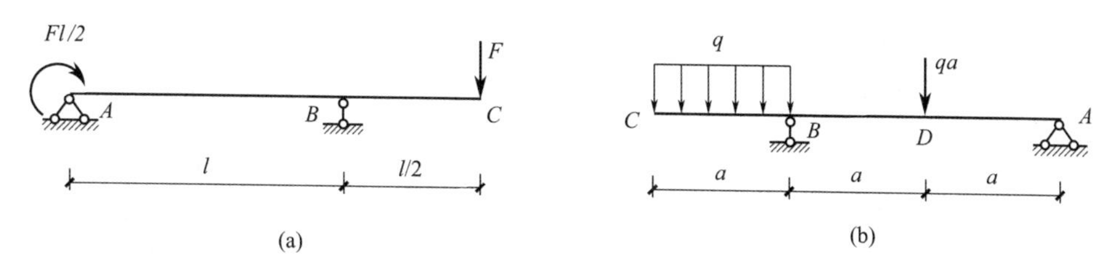

图 8-54　题 8-14 图

8-15　试用叠加原理求如图 8-55 所示刚架自由端截面处的铅垂位移 Δ_{CV} 和水平位移 Δ_{CH}。刚架的抗弯刚度为 EI，抗拉刚度为 EA。

8-16　如图 8-56 所示木梁的右端由钢杆支承，已知梁的横截面为边长等于 200mm 的正方形，$E_1=10\text{GPa}$；钢杆的横截面面积 $A_2=250\text{mm}^2$，$E_2=210\text{GPa}$。现测得梁中点处的挠度 $y_C=4\text{mm}$，试求均布荷载集度 q。

8-17　如图 8-57 所示工字钢（I25a）的简支梁，已知钢材的弹性模量 $E=200\text{GPa}$，$\left[\dfrac{f}{l}\right]=\dfrac{1}{400}$，试校核梁的刚度。

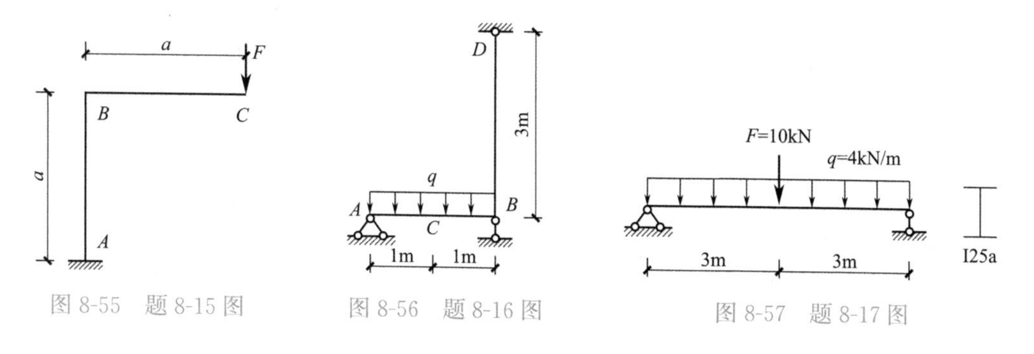

图 8-55　题 8-15 图　　图 8-56　题 8-16 图　　图 8-57　题 8-17 图

8-18　用单位荷载法（积分法）求如图 8-58（a）所示刚架 C 点的水平位移 Δ_{CH}，以及如图 8-58（b）所示 1/4 圆弧形悬臂柱自由端截面 A 的竖向位移 Δ_{AV}。已知各杆刚度均为常数 EI。

8-19　已知如图 8-59 所示桁架各杆截面均为 $A=2\times10^{-3}\text{m}^2$，$E=2.1\times10^8\text{kN/m}^2$，$F_P=30\text{kN}$，$d=2\text{m}$。用单位荷载法求 C 点的竖向位移。

8-20～8-25　用图乘法求如图 8-60～图 8-65 所示结构的指定位移。已知 EI 为常数。

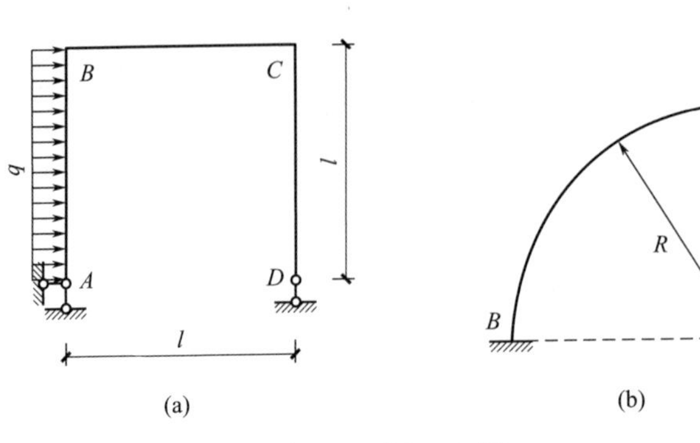

图 8-58　题 8-18 图

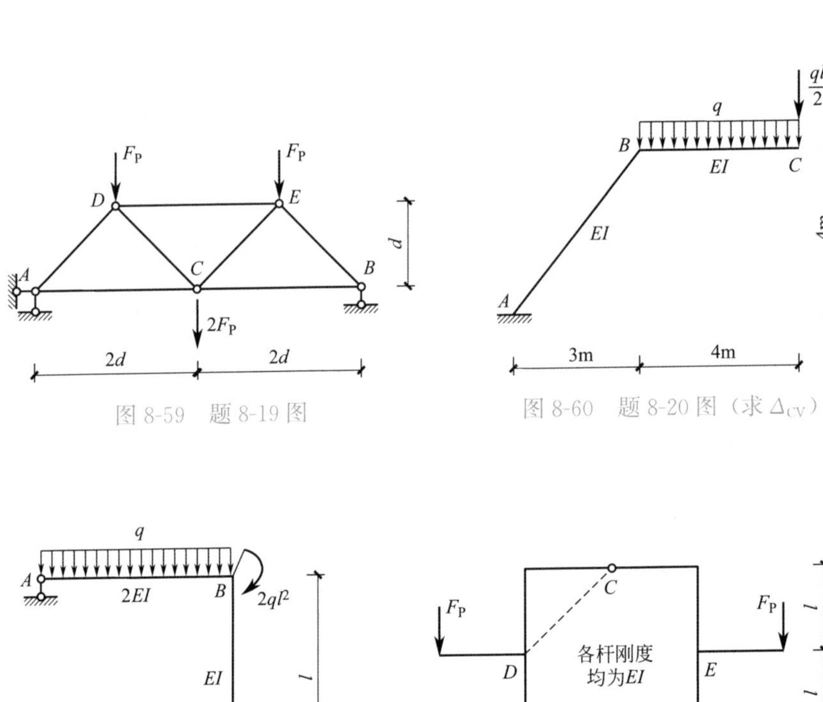

图 8-59　题 8-19 图

图 8-60　题 8-20 图（求 Δ_{CV}）

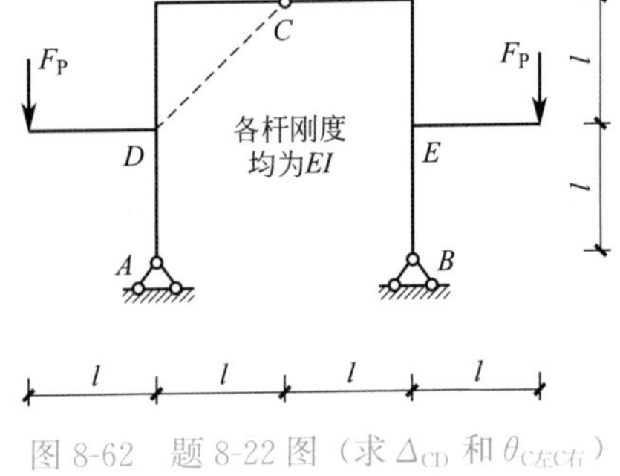

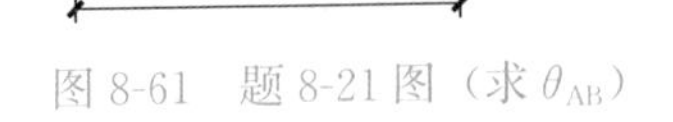

图 8-61　题 8-21 图（求 θ_{AB}）

图 8-62　题 8-22 图（求 Δ_{CD} 和 $\theta_{C左C右}$）

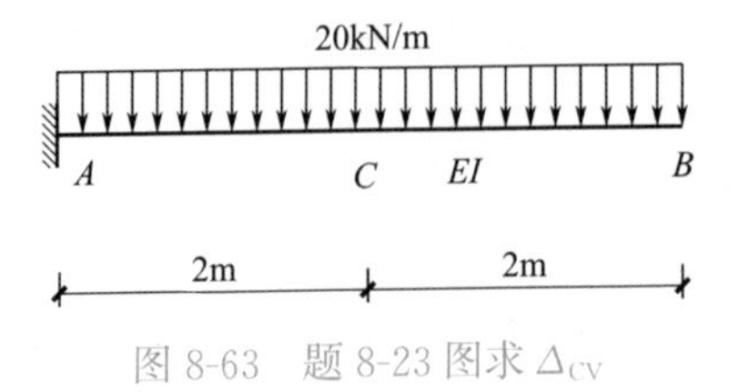

图 8-63　题 8-23 图求 Δ_{CV}

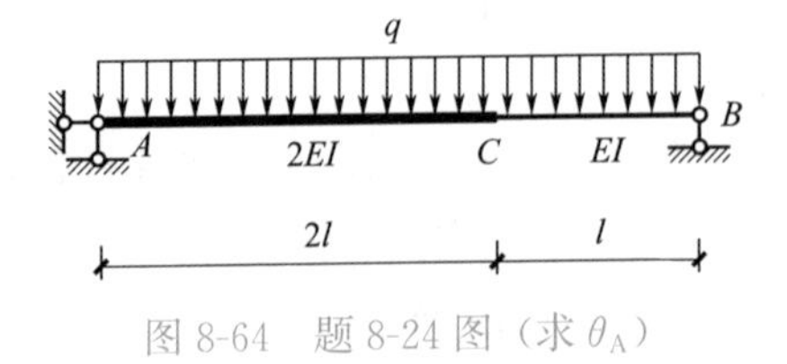

图 8-64　题 8-24 图（求 θ_A）

8-26　计算由于如图 8-66 所示支座移动引起截面 C 的竖向位移 Δ_{CV} 及铰 B 两侧截面的相对转角 $\theta_{B左B右}$。

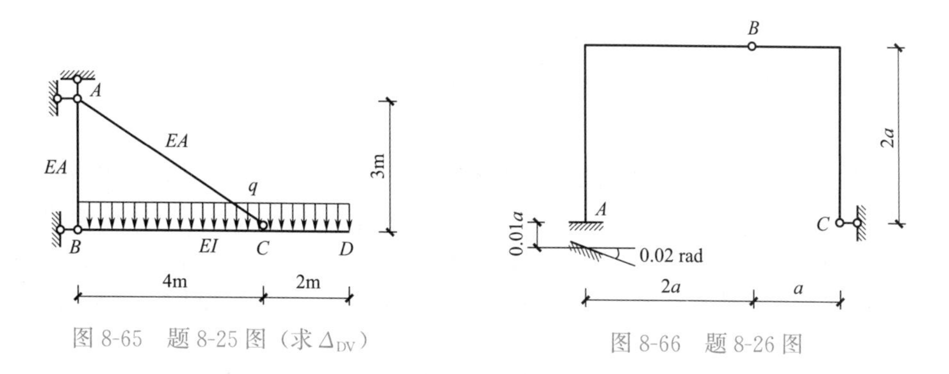

图 8-65　题 8-25 图（求 Δ_{DV}）

图 8-66　题 8-26 图

8-27　如图 8-67 所示刚架各杆均为矩形等截面杆，截面高度 $h=0.5$m，$\alpha=10^{-5}$℃$^{-1}$，刚架内侧温度升高了 40℃，外侧升高了 10℃。求 B 点的水平位移 Δ_{BH}。

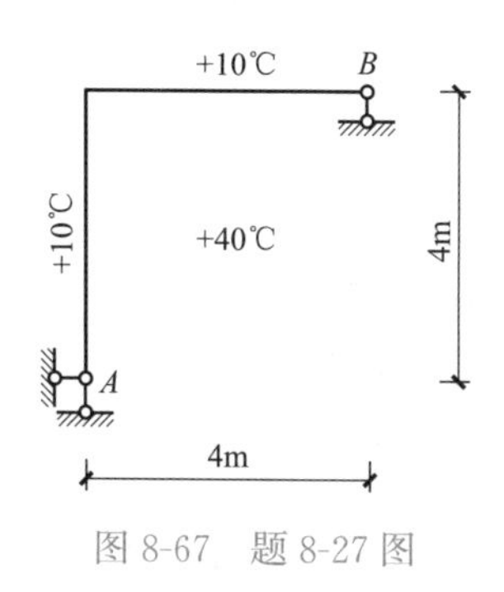

图 8-67　题 8-27 图

第 9 章　超静定结构的内力分析

• 本章教学的基本要求：了解超静定结构的定义和一般特性；理解力法的基本原理、基本未知量与基本方程的含义及关系；掌握力法基本体系的选取、力法计算超静定结构；理解利用结构对称性简化计算的半结构法；理解位移法的基本原理、基本未知量与基本方程的含义及关系；掌握位移法基本体系的选取、位移法计算超静定结构；理解力法与位移法的相同与不同点。

• 本章教学内容的重点：力法计算荷载作用下的超静定梁和刚架；位移法计算荷载作用下的梁和刚架。

• 本章教学内容的难点：力法和位移法基本方程及其中系数和自由项的含义；利用对称性简化计算的半结构法。

• 本章内容简介：

9.1　超静定结构概述
9.2　力法计算荷载作用下的超静定结构
9.3　位移法计算荷载作用下的超静定结构
9.4　超静定结构的一般特性

9.1　超静定结构概述

超静定结构在土木工程中被广泛使用，被定义为具有多余约束的几何不变体系。超静定结构中的必要约束与静定结构中的必要约束一样，承担着限制结构刚体位移、保证结构平衡的责任，或者说必要约束中的力仅由平衡条件即可确定。而超静定结构中的多余约束，则负责限制结构受外因（如外荷载及支座移动、温度变化等非荷载因素）作用而产生的自由变形及相关位移，因此多余约束中的力还受刚度条件的影响，而不能仅由平衡条件确定。

梁、刚架、拱、桁架和组合结构等常见结构类型都有超静定形式，例如图 9-1（a）是超静定刚架，图 9-1（b）是超静定组合结构，图 9-1（c）是超静定的无铰拱。

超静定结构有力法和位移法两种基本解法，基于位移法还发展出了渐进法，如力矩分配法、剪力分配法、无剪力分配法等。对框架结构进行估算时，通过引入一定的简化条件，又发展出了分层计算法、反弯点法、D 值法等近似计算法。此外，位移法与矩阵数学相结合形成的矩阵位移法，及其向二维和三维结构推广而得的有限单元法（简称有限元法），是大多数当代工程设计软件的原理基础。

本章将先介绍力法，再介绍位移法，并简要讨论结构对称性问题。

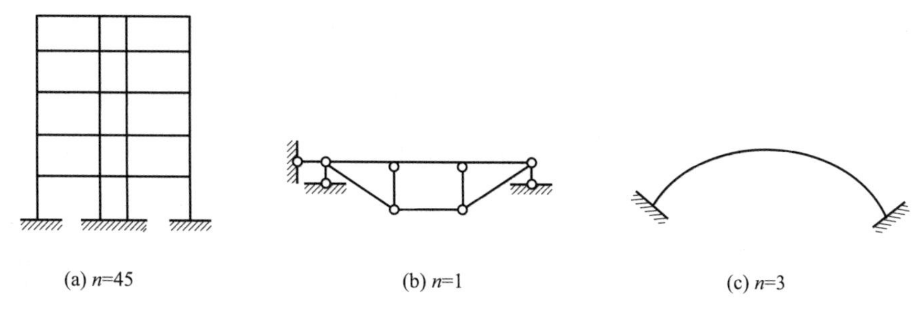

图 9-1　超静定结构及其超静定次数示例

9.2　力法计算荷载作用下的超静定结构

9.2.1　超静定次数及多余未知力

超静定次数是指超静定结构中多余约束的数量，常用 n 表示，某超静定结构中若有 n 个多余约束，则称其为 n 次超静定结构，确定结构的超静定次数是力法的重要第一步。

可借助第 2 章的基本组成规则等方法，分析并确定结构的超静定次数。例如，图 9-1 中各结构的超静定次数 n，已注于子图名中。需要强调的是：一个结构的超静定次数是确定的，但选取其中哪些约束作为多余约束的方案是多样的，比如图 9-2（a）所示连续梁的超静定次数 $n=1$，可从 3 根竖向支杆中，任选 1 根作为多余约束（另两根为必要约束）。

在确定一种多余约束选取方案后，只需设法将结构全部多余约束中传递的未知力（简称多余未知力或多余约束力）求出，则结构剩余必要约束中的力便均可由平衡条件确定。或者说，一旦求得多余约束力，超静定问题的求解便转化为静定问题的求解。

由此明确了力法主攻的关键点是结构中的全部多余约束力，而要呈现多余约束中传递的反力或内力，须将多余约束断开。表 9-1 展示了解除结构中常见约束后暴露出的相应力，若这些力恰是多余约束上的，则可选作力法的基本未知量，用广义力符号 X_i（$i=1$，2，…，n）表示。从该表可见，解除内约束将暴露成对的内力，而解除外约束则暴露单个的支座反力。

超静定结构中常见约束的约束效果　　表 9-1

约束类型						
约束类型	内约束	解除方式	断开一根二力杆	断开一个单铰	断开梁式杆或单刚结	将梁式杆或单刚结变为单铰结
约束类型	内约束	解除前				
约束类型	内约束	解除后	X_1 X_1	X_1 X_1 X_2 X_2	X_1 X_1 X_3 X_3 X_2 X_2	X_1 X_1

续表

约束类型	外约束	解除方式	去掉一根支杆	去掉一个固定铰支座	去掉一个固定支座	固定支座变固定铰支座
		解除前				
		解除后	X_1	X_2 X_1	X_2 X_3 X_1	X_1
暴露出的未知力数量（解除的约束数）			1	2	3	1

9.2.2 力法的基本体系

通常将解除了全部多余约束的静定结构，作为原超静定结构的力法基本结构。再将暴露出的多余约束力 X_i 及原结构所受的外因一并加于基本结构上，形成力法基本体系，而力法基本体系便是用于等效原结构的媒介。例如，图 9-2（c）便是图 9-2（a）所示连续梁的一种力法基本体系，图 9-2（d）便是图 9-2（b）所示桁架的一种力法基本体系。

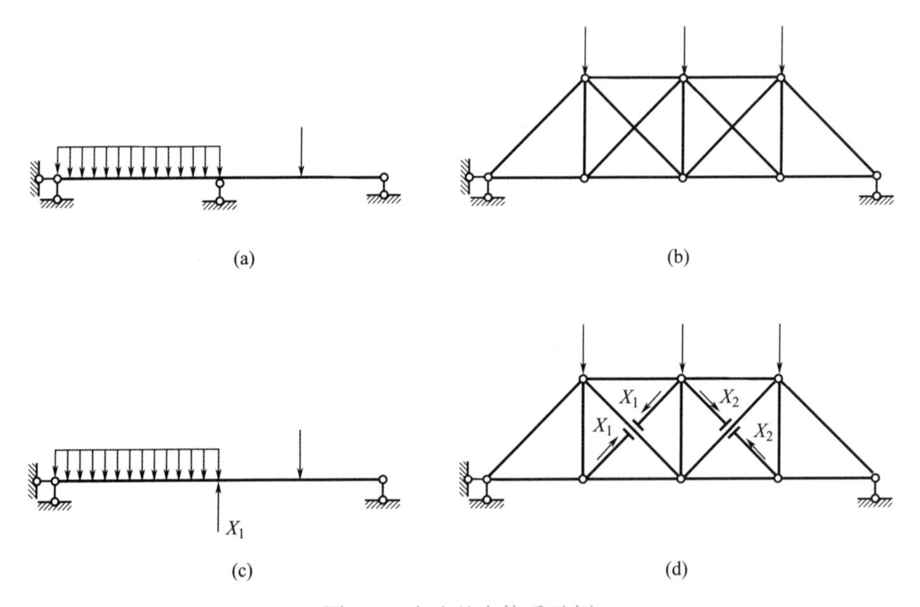

图 9-2 力法基本体系示例

力法基本结构或基本体系的选取，尚需注意以下两点：

1）不能将必要约束当作多余约束解除掉，因此有必要始终保证解除约束后的剩余体系几何不变。

2）不可先更改原结构的约束，甚至在原结构上添加约束后，再解除约束，而只能从原结构中解除约束，来达成将原结构转变为基本结构的目的。

9.2.3　力法的基本原理

如前所述，力法的思路是令基本体系与原结构相等效，从而设法求出多余约束力，若采用的基本结构选为静定结构，则原超静定结构的求解问题转化为静定基本体系的求解问题，下面举例说明这一过程。

1. 1次超静定结构的力法原理

图9-3（a）所示的单跨超静定梁跨中受竖向集中力 F 作用，其超静定次数 $n=1$。选取基本结构为图9-3（b）所示的悬臂梁，则基本体系如图9-3（c）所示。

因基本体系应与原结构在受力和变形上完全等效，故应保证基本体系 B 端的竖向位移 Δ_1 应与原结构 B 端的竖向位移 Δ_B 一样，即 $\Delta_1=\Delta_B=0$，此条件就是求解 X_1 所需的变形协调条件。这里需要注意基本体系中，X_1 与 Δ_1 之间存在广义位移和广义力的对应关系。

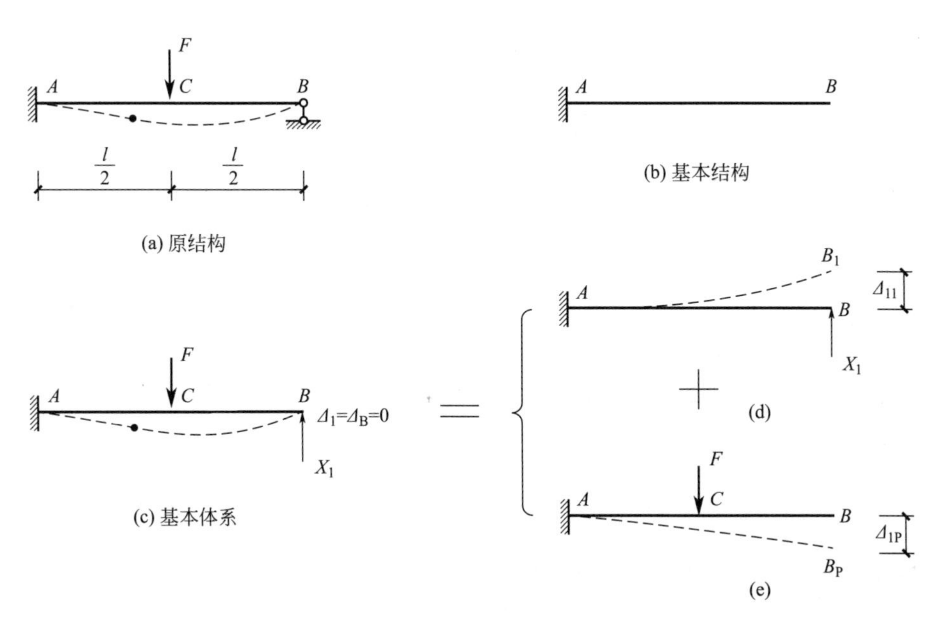

图9-3　1次超静定结构的力法原理

接下来，具体分析 Δ_1。将基本体系中的 X_1 和 F 分别单独作用在基本结构上，可得出 B 处的两个竖向位移 Δ_{11} 和 Δ_{1P}，分别如图9-3（d）和（e）所示。由于结构为线弹性结构，可使用叠加法。在受力上，图9-3（d）和（e）叠加后等效于基本体系，而在位移上也对应有

$$\Delta_1=\Delta_{11}+\Delta_{1P} \tag{a}$$

式中，Δ_{11} 代表由 X_1 单独作用在基本结构上引起的 X_1 方向上的位移；Δ_{1P} 代表由荷载 F 单独作用在基本结构上引起的 X_1 方向上的位移。

根据线弹性条件可知 Δ_{11} 与 X_1 呈正比关系，即

$$\Delta_{11}=\delta_{11}X_1 \tag{b}$$

这里，δ_{11} 代表将 X_1 视作单位荷载单独作用在基本结构上，所引起的 X_1 方向上的位移。将式（b）代入式（a），并考虑到 $\Delta_1=0$，即得显含基本未知量 X_1 的变形协调方程

$$\delta_{11}X_1+\Delta_{1P}=0 \tag{9-1}$$

该方程即为一次超静定结构的**力法基本方程**（或**力法典型方程**），其中的 δ_{11} 和 Δ_{1P} 分别称为力法的**系数**和**自由项**。

力法基本方程中的系数和自由项，实质都是基本结构中的位移。根据单位荷载法中虚设力状态与实际位移状态间的关系，可得 δ_{11} 和 Δ_{1P} 的求取方法，具体为：将 X_1 令为单位荷载作用于基本结构，绘出单位荷载弯矩图（$\overline{M}_1$ 图），如图 9-4（a）所示；再将外荷载单独作用在基本结构上，绘出荷载弯矩图（M_P 图），如图 9-4（b）所示；将 $\overline{M}_1$ 图“自乘”（即用 $\overline{M}_1$ 图的面积乘以 $\overline{M}_1$ 图形心上的竖标）可得 δ_{11}，将 $\overline{M}_1$ 图与 M_P 图互乘可得 Δ_{1P}。图乘结果为

$$\delta_{11}=\sum\int\frac{\overline{M}_1^2}{EI}\mathrm{d}s=\frac{1}{EI}\left(\frac{1}{2}\times l\times l\right)\times\frac{2}{3}l=\frac{l^3}{3EI}$$

$$\Delta_{1P}=\sum\int\frac{\overline{M}_1M_P}{EI}\mathrm{d}s=-\frac{1}{EI}\left(\frac{1}{2}\times\frac{l}{2}\times\frac{Fl}{2}\right)\times\frac{5}{6}l=-\frac{5Fl^3}{48EI}$$

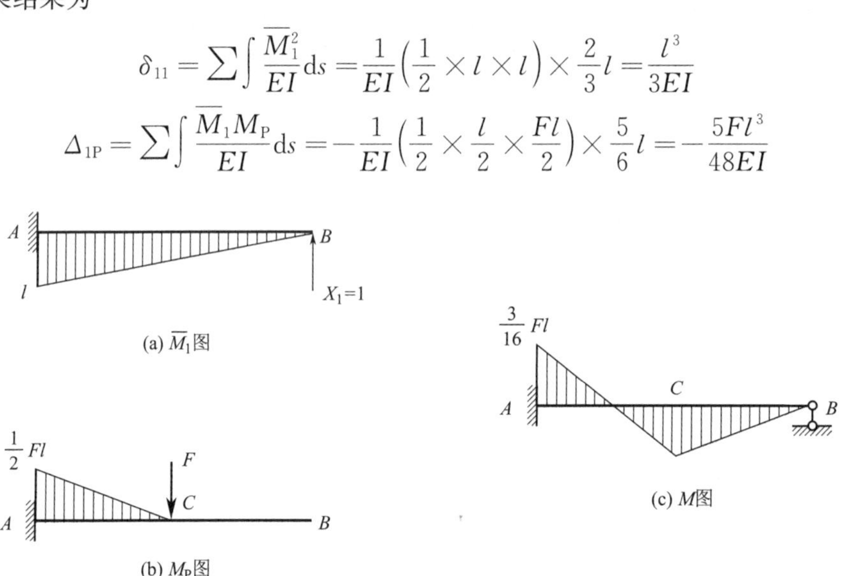

图 9-4　1 次超静定结构的力法原理（续）

将求得的系数和自由项代回基本方程中，解得

$$X_1=-\frac{\Delta_{1P}}{\delta_{11}}=\frac{5}{16}F(\uparrow)$$

这里 X_1 为正值，说明基本体系中所设的 X_1 方向与实际方向相同，即向上。

一旦多余未知力被解出，基本结构中剩余反力和内力的求解，便转化为静定问题。比如，为求出基本体系的最终弯矩图 M，可再次利用叠加法

$$M=\overline{M}_1X_1+M_P \tag{9-2}$$

也就是将 $\overline{M}_1$ 图的竖标乘以 X_1 倍后，再与 M_P 图对应位置处的竖标叠加，即得基本体系在 X_1 和 F 共同作用下的弯矩图。这里以求截面 A 的弯矩 M_A 为例，不妨设梁下侧受拉为正，则

$$M_A=\overline{M}_{1A}X_1+M_{PA}=l\times\frac{5}{16}F+\left(-\frac{1}{2}Fl\right)=-\frac{3}{16}Fl\text{（上侧受拉）}$$

其余各控制截面弯矩也可用式（9-2）求出，控制截面间的弯矩图则用区段叠加法补全。由于基本体系在受力上等效于原结构，此弯矩图也就是原结构的弯矩图，如图 9-4

（c）所示。

2. 2次超静定结构的力法原理

如图9-5（a）所示刚架为2次超静定结构，取图9-5（b）所示的基本体系，可知有两个多余未知力 X_1 和 X_2，为解出它们，需补充两个变形协调方程。

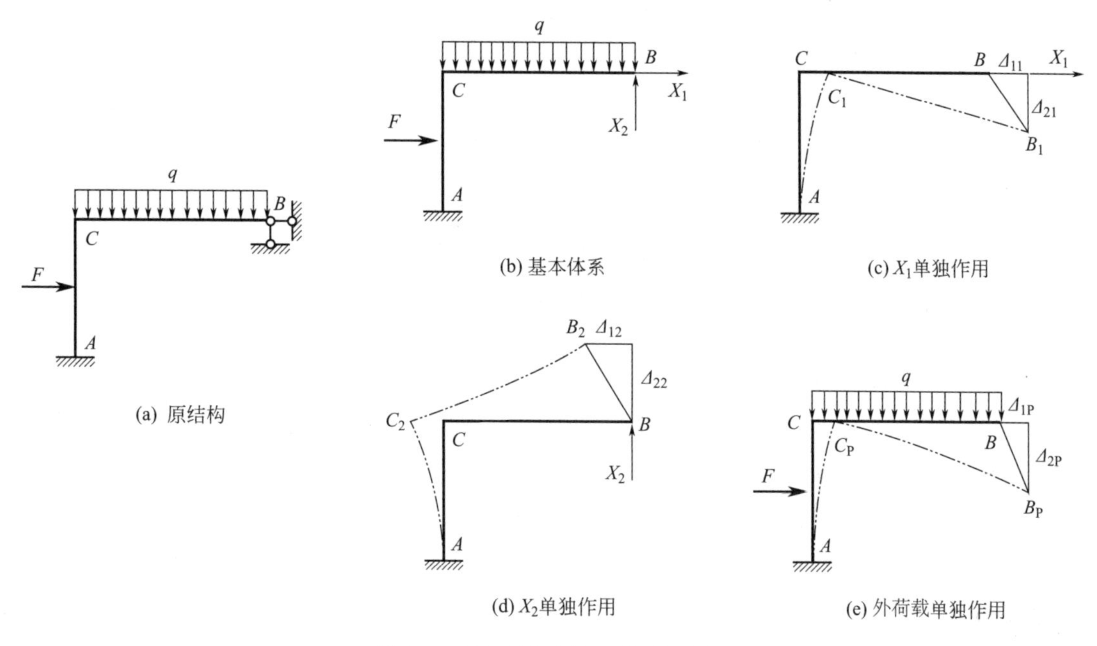

图9-5　2次超静定结构的力法原理

因基本体系在 X_1 和 X_2 方向上的位移 Δ_1 和 Δ_2，应与原结构相应位移相等，而这两个位移即原结构 B 支座的水平和竖向线位 Δ_{BH} 和 Δ_{BV}，均为零。于是可找到两个变形协调条件

$$\begin{cases}\Delta_1=\Delta_{BH}=0\\ \Delta_2=\Delta_{BV}=0\end{cases} \tag{c}$$

如图9-5（c）所示，将 X_1 单独作用于基本结构上，引起的 X_1 和 X_2 方向上的位移分别为 Δ_{11} 和 Δ_{21}；又如图9-5（d）所示，将 X_2 单独作用于基本结构上，引起的 X_1 和 X_2 方向上的位移分别为 Δ_{12} 和 Δ_{22}；再如图9-5（e）所示，将外荷载单独作用于基本结构上，引起的 X_1 和 X_2 方向上的位移分别为 Δ_{1P} 和 Δ_{2P}。将 X_1 方向上的各个位移叠加，即可得

$$\Delta_1=\Delta_{11}+\Delta_{12}+\Delta_{1P} \tag{d}$$

将 X_2 方向上的各个位移叠加，又可得

$$\Delta_2=\Delta_{21}+\Delta_{22}+\Delta_{2P} \tag{e}$$

根据线弹性条件，有

$$\begin{cases}\Delta_{11}=\delta_{11}X_1,\ \Delta_{21}=\delta_{21}X_1\\ \Delta_{12}=\delta_{12}X_2,\ \Delta_{22}=\delta_{22}X_2\end{cases} \tag{f}$$

综合式（c）到式（f），就可得此2次超静定结构的力法基本方程为

$$\begin{cases}\delta_{11}X_1+\delta_{12}X_2+\Delta_{1P}=0\\ \delta_{21}X_1+\delta_{22}X_2+\Delta_{2P}=0\end{cases} \tag{9-3}$$

为一个二元一次的线性方程组。

9.2.4 力法基本方程的一般形式

对 n 次超静定结构，则需寻找由 n 个变形协调条件构成的 n 元一次方程组

$$\begin{cases}\delta_{11}X_1+\delta_{12}X_2+\cdots+\delta_{1j}X_j+\cdots+\delta_{1n}X_n+\Delta_{1P}=\Delta_1\\ \delta_{21}X_1+\delta_{22}X_2+\cdots+\delta_{2j}X_j+\cdots+\delta_{2n}X_n+\Delta_{2P}=\Delta_2\\ \quad\vdots\\ \delta_{n1}X_1+\delta_{n2}X_2+\cdots+\delta_{nj}X_j+\cdots+\delta_{nn}X_n+\Delta_{nP}=\Delta_n\end{cases} \tag{9-4}$$

或缩写为

$$\sum_{j=1}^{n}\delta_{ij}X_j+\Delta_{iP}=\Delta_i(i=1,\ 2,\ \cdots,\ n) \tag{9-5}$$

这就是 n 次超静定结构的力法基本方程。其中，第 i 个方程的物理意义是：在全部多余未知力和外荷载的共同作用下，基本结构沿X_i 方向上的位移，应与原结构对应位移相等。通常情况下，等号右端项 $\Delta_i=0$（$i=1,\ 2,\ \cdots,\ n$），故该方程也可写成矩阵形式

$$\begin{bmatrix}\delta_{11} & \delta_{12} & \cdots & \delta_{1i} & \cdots & \delta_{1n}\\ \delta_{21} & \delta_{22} & \cdots & \delta_{2i} & \cdots & \delta_{2n}\\ & & & \vdots & & \\ \delta_{n1} & \delta_{n2} & \cdots & \delta_{ni} & \cdots & \delta_{nn}\end{bmatrix}\begin{bmatrix}X_1\\ X_2\\ \vdots\\ X_n\end{bmatrix}+\begin{bmatrix}\Delta_{1P}\\ \Delta_{2P}\\ \vdots\\ \Delta_{nP}\end{bmatrix}=0 \tag{9-6}$$

或简写为

$$\boldsymbol{\delta X}+\boldsymbol{\Delta}_P=\boldsymbol{0} \tag{9-7}$$

其中，$\boldsymbol{\delta}$ 为系数矩阵，$\boldsymbol{X}$ 为多余未知力（或基本未知量）列阵，$\boldsymbol{\Delta}_P$ 为自由项列阵。

系数 δ_{ij} 代表将 X_j 视作单位荷载单独作用在基本结构上，引起的 X_i 方向上的位移。$\boldsymbol{\delta}$ 中主对角线上的系数 δ_{ii}（$i=1,\ 2,\ \cdots,\ n$），称为主系数，其值恒为正；其他系数 δ_{ij}（$i\neq j$）称为副系数。根据位移互等定理，可知$\delta_{ij}=\delta_{ji}$，即副系数关于 $\boldsymbol{\delta}$ 的主对角线对称。自由项 Δ_{iP} 代表将外荷载单独作用在基本结构上，引起的 X_i 方向上的位移。

由于系数 δ_{ij} 反映了结构的变形能力，其大小与刚度成反比，因此又常称之为柔度系数，而表示变形协调条件的力法基本方程也可称为柔度方程，力法又被称作柔度法。

可见，力法是以多余未知力 X_i 为求解目标，通过基本体系与原结构在 X_i 方向上的位移应相等的变形协调条件，获得力法基本方程，从而解出 X_i，实现超静定问题向静定问题的转化。

9.2.5 力法的计算步骤

（1）确定超静定次数 n；

（2）选定力法基本体系；

（3）写出力法基本方程；

（4）计算系数和自由项；

（5）解基本方程，求出多余未知力；

（6）绘制内力图。

9.2.6　力法计算荷载作用下的超静定梁和刚架

用单位荷载法计算梁和刚架的位移时，忽略了梁式杆的轴向变形和剪切变形对位移的影响，因此超静定梁和刚架的系数和自由项的计算式分别为

$$\delta_{ij}=\sum\frac{\overline{M}_i\overline{M}_j}{EI}\mathrm{d}x \tag{9-8}$$

$$\Delta_{iP}=\sum\int\frac{\overline{M}_iM_P}{EI}\mathrm{d}x \tag{9-9}$$

若超静定梁或刚架均由等直杆构成，可使用图乘法计算 δ_{ij} 和 Δ_{iP}。先绘出基本结构上单位荷载弯矩图 $\overline{M}_i$ 图和 $\overline{M}_j$ 图，及荷载弯矩图 M_P 图；然后图乘 $\overline{M}_i$ 图与 $\overline{M}_j$ 图可得 δ_{ij}，图乘 $\overline{M}_i$ 图与 M_P 图可得 Δ_{iP}。为减低计算工作量，可在选取基本体系时应用如下技巧：

（1）对高次超静定结构，可采取解除结点、断开梁式杆等方式，尽量使基本结构由多个彼此无联系的静定部分构成；

（2）对低次超静定的梁和刚架，可按表 9-1 最后一列的方式，暴露弯矩或反力矩作为基本未知量 X_i。

上述技巧可以减少基本结构中各部分或各杆段之间内力的相互传递影响，使内力图变得简单，从而简化系数和自由项的计算。其中，第 1 条适用于所有结构，应优先保证，然后再考虑第 2 条。

绘制超静定梁或刚架的弯矩图，可用弯矩叠加公式

$$M=\sum_{i=1}^{n}\overline{M}_iX_i+M_P \tag{9-10}$$

得到弯矩图后，再结合荷载情况，利用平衡条件绘制剪力图和轴力图。

【例 9-1】试用力法计算图 9-6（a）所示超静定梁，并作出弯矩图。EI 为常数。

解：（1）确定超静定次数

$$n=1$$

（2）选择力法基本体系，如图 9-6（b）所示。

（3）写出力法基本方程

$$\delta_{11}X_1+\Delta_{1P}=0$$

该方程代表基本体系中铰 B 左截面和右截面的相对转角，应与原结构 B 处一样为零。

（4）计算系数和自由项

绘制 $\overline{M}_1$ 图和 M_P 图，分别如图 9-6（c）和（d）所示，图乘可得

$$\delta_{11}=\frac{20}{3EI},\ \Delta_{1P}=\frac{320}{3EI}$$

（5）解基本方程，得

$$X_1=-\frac{\Delta_{1P}}{\delta_{11}}=-16\mathrm{kN}\cdot\mathrm{m}(⟩⟨)$$

（6）利用叠加公式 $M=\overline{M}_1X_1+M_P$，绘弯矩图，如图 9-6（e）所示。

【例 9-2】试用力法计算图 9-7（a）所示刚架，并作出弯矩图。各杆抗弯刚度均为 EI。

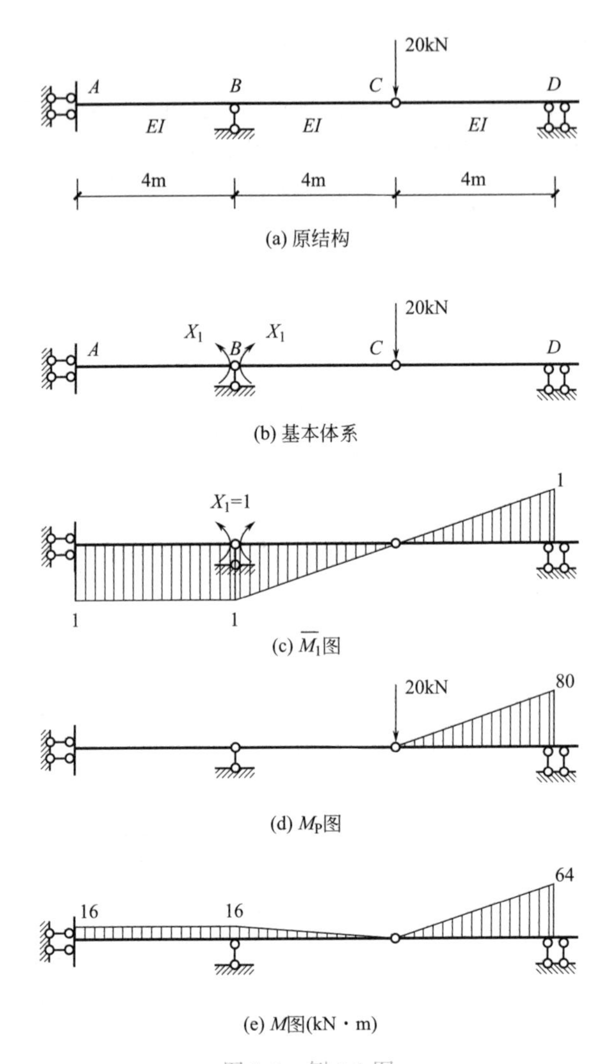

图 9-6　例 9-1 图

解：（1）确定超静定次数

$$n=1$$

（2）选择力法基本体系，如图 9-7（b）所示。

（3）写出力法基本方程

$$\delta_{11}X_1+\Delta_{1P}=0$$

该方程代表基本体系的截面 D 不应有竖向线位移。

（4）计算系数和自由项

绘制 $\overline{M}_1$ 图和 M_P 图，分别如图 9-7（c）和（d）所示，图乘可得

$$\delta_{11}=\frac{360}{EI}，\Delta_{1P}=-\frac{1440}{EI}$$

（5）解基本方程，得

$$X_1=-\frac{\Delta_{1P}}{\delta_{11}}=4\text{kN}(\uparrow)$$

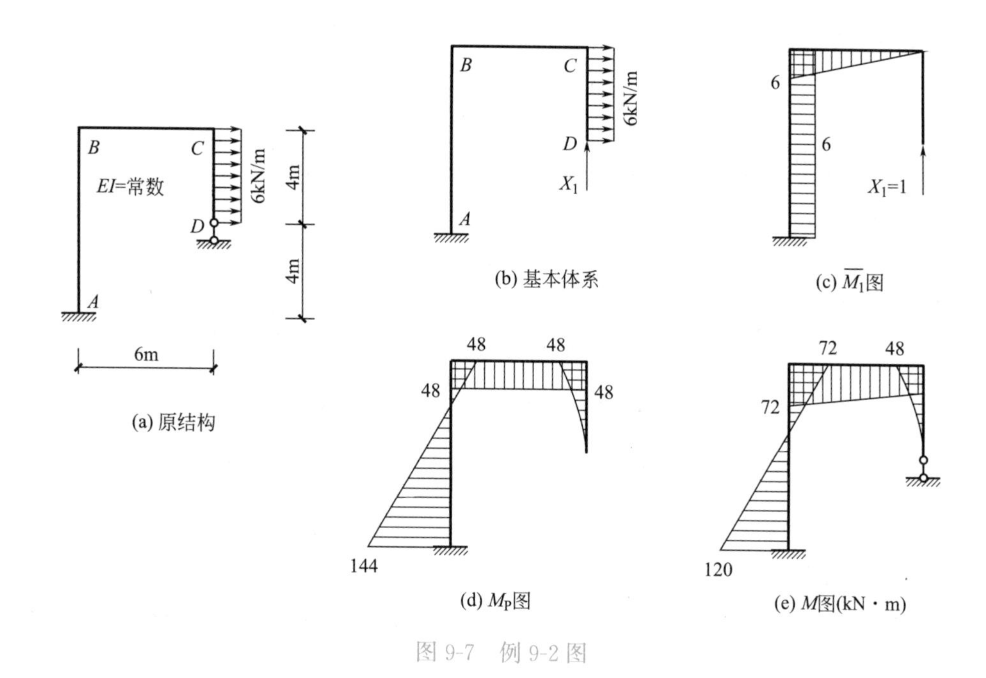

图 9-7　例 9-2 图

（6）利用叠加公式 $M=\overline{M}_1X_1+M_P$ 绘弯矩图，如图 9-7（e）所示。

【例 9-3】试用力法计算图 9-8（a）所示刚架，并作出弯矩图。EI 为常数。

解：（1）确定超静定次数

$$n=2$$

（2）选择力法基本体系

如图 9-8（b）所示，将复刚结点 B 解除多余约束变为复铰结点，暴露出两对未知弯矩 X_1 和 X_2。其中，X_1 代表在结点 B 左右两端之间传递的弯矩，而 X_2 代表在结点 B 右端和下端之间的弯矩。

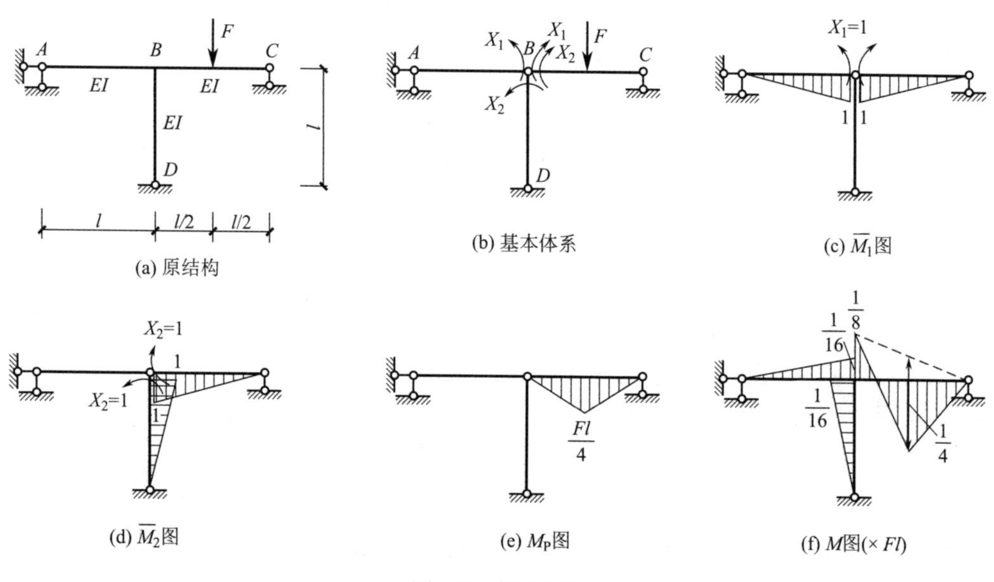

图 9-8　例 9-3 图

（3）写出力法基本方程

$$\begin{cases}\delta_{11}X_1+\delta_{12}X_2+\Delta_{1P}=0\\ \delta_{21}X_1+\delta_{22}X_2+\Delta_{2P}=0\end{cases}$$

其中，第一个方程代表基本体系中结点 B 的左右两端不应有相对转角；第二个方程代表基本体系结点 B 的右端和下端不应有相对转角。或者说，基本体系中全铰结点 B 在结构变形后，应表现得如同原结构中此处的刚结点 B 一样，各杆之间不能发生相对转动。

（4）计算系数和自由项

绘制 $\overline{M}_1$ 图、$\overline{M}_2$ 图和 M_P 图，分别如图 9-8（c）、（d）和（e）所示，图乘可得

$$\delta_{11}=\delta_{22}=\frac{2l}{3EI},\ \delta_{12}=\delta_{21}=\frac{l}{3EI},\ \Delta_{1P}=\Delta_{2P}=\frac{Fl^2}{16EI}$$

（5）解基本方程，得

$$X_1=X_2=-\frac{Fl}{16}(\curvearrowright)(\curvearrowleft)$$

（6）利用叠加公式 $M=\overline{M}_1X_1+\overline{M}_2X_2+M_P$ 绘弯矩图，如图 9-8（f）所示。

读者可自行尝试选取上述几例的其他力法基本体系进行求解，并参考第 5 章的方法补绘剪力图和轴力图。

9.2.7 力法计算超静定桁架、超静定组合结构和铰结排架

1. 力法计算超静定桁架

由于超静定桁架中的杆件都是二力杆，故只计其轴向变形对力法基本方程中系数和自由项的影响项，因此超静定桁架的系数和自由项的计算式分别为

$$\delta_{ij}=\sum\frac{\overline{F}_{Ni}\overline{F}_{Nj}}{EA}l \tag{9-11}$$

$$\Delta_{iP}=\sum\frac{\overline{F}_{Ni}F_{NP}}{EA}l \tag{9-12}$$

内力叠加公式为

$$F_N=\sum_{i=1}^{n}\overline{F}_{Ni}X_i+F_{NP} \tag{9-13}$$

【例 9-4】试用力法计算图 9-9（a）所示超静定桁架，并求各杆轴力。各杆抗拉刚度均为常数 EA。

解：（1）确定超静定次数

$$n=2$$

（2）选择力法基本体系

如图 9-9（b）所示，将上弦两杆断开，暴露出两对未知轴力 X_1 和 X_2。

（3）写出力法基本方程

$$\begin{cases}\delta_{11}X_1+\delta_{12}X_2+\Delta_{1P}=0\\ \delta_{21}X_1+\delta_{22}X_2+\Delta_{2P}=0\end{cases}$$

第一个和第二个方程分别代表杆 AB 和 BC 在各自截口处不应有轴向相对线位移。或者说，截口两侧截面原本为同一截面，不应沿轴向发生交叠或断裂。

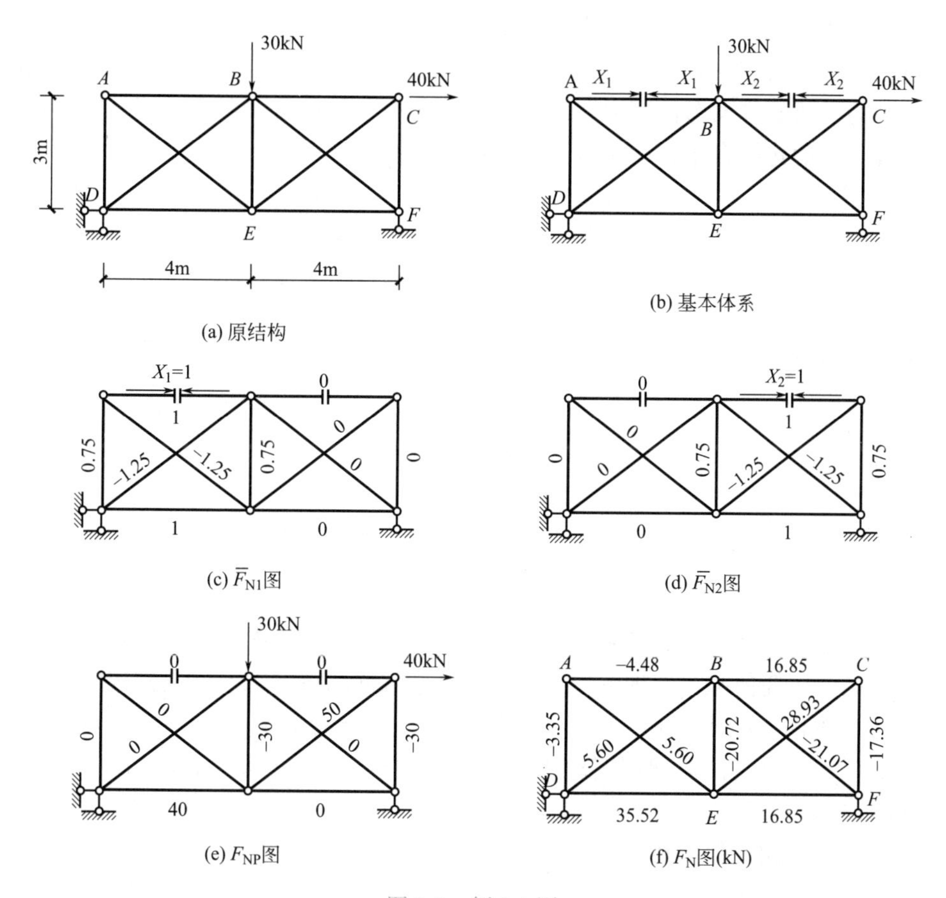

图 9-9　例 9-4 图

（4）计算系数和自由项

绘制 $\overline{F}_{N1}$ 图、$\overline{F}_{N2}$ 图和 F_{NP} 图，分别如图 9-9（c）、（d）和（e）所示，按静定桁架的位移计算方法，计算各系数和自由项，得

$$\delta_{11}=\delta_{22}=\frac{2}{EA}[1\times1\times4+0.75\times0.75\times3+(-1.25)\times(-1.25)\times5]=\frac{27}{EA}$$

$$\delta_{12}=\delta_{21}=\frac{1}{EA}[0.75\times0.75\times3]=\frac{27}{16EA}$$

$$\Delta_{1P}=\frac{1}{EA}[40\times1\times4+(-30)\times0.75\times3]=\frac{185}{2EA}$$

$$\Delta_{2P}=\frac{1}{EA}[(-30)\times0.75\times3+50\times(-1.25)\times5+(-30)\times0.75\times3]=-\frac{895}{2EA}$$

（5）解基本方程，得

$$X_1=-4.48\text{kN(压)}，X_2=16.85\text{kN(拉)}$$

（6）利用叠加公式 $F_N=\overline{F}_{N1}X_1+\overline{F}_{N2}X_2+F_{NP}$，求出各杆轴力，如图 9-9（f）所示。例如，杆 BE 的轴力

$$F_{NBE}=\overline{F}_{N1,BE}X_1+\overline{F}_{N2,BE}X_2+F_{NP,BE}=0.75\times(-4.48)+0.75\times16.85+(-30)$$
$$=-20.72\text{kN(压)}$$

2. 力法计算超静定组合结构和铰结排架

超静定组合结构中既有二力杆又有梁式杆，常选择断开二力杆暴露其内传递的轴力作为多余未知力。梁式杆的弯曲变形和二力杆的轴向变形对系数和自由项都有影响，应进行叠加。因此，超静定组合结构的系数和自由项的计算式分别为

$$\delta_{ij}=\sum_{\text{梁式杆}}\int\frac{\overline{M}_i\overline{M}_j}{EI}\mathrm{d}x+\sum_{\text{二力杆}}\frac{\overline{F}_{\mathrm{N}i}\overline{F}_{\mathrm{N}j}}{EA}l \tag{9-14}$$

$$\Delta_{i\mathrm{P}}=\sum_{\text{梁式杆}}\int\frac{\overline{M}_iM_{\mathrm{P}}}{EI}\mathrm{d}x+\sum_{\text{二力杆}}\frac{\overline{F}_{\mathrm{N}i}F_{\mathrm{NP}}}{EA}l \tag{9-15}$$

内力叠加公式为

$$\begin{cases}\underset{(\text{梁式杆})}{M}=\sum\limits_{i=1}^{n}\overline{M}_iX_i+M_{\mathrm{P}}\\ \underset{(\text{二力杆})}{F_{\mathrm{N}}}=\sum\limits_{i=1}^{n}\overline{F}_{\mathrm{N}i}X_i+F_{\mathrm{NP}}\end{cases} \tag{9-16}$$

需注意的是，断开二力杆并非完全将之截断，而只是将其中传递轴力的轴向约束断开，但保留传递弯矩和剪力的其余约束。表 9-1 中第一种解除内约束的方式绘成完全截断二力杆，只是为了简便起见，理解时仍需按仅断开轴向约束考虑，后文亦按此方式表示。

【例 9-5】试用力法计算图 9-10（a）所示超静定组合结构，并求梁式杆弯矩图和各桁杆的轴力。已知：梁式杆抗弯刚度均为 EI，二力杆抗拉刚度均为 EA，EI、EA 均为常数，且 $I=2A$（m^2）。

解：（1）确定超静定次数

$$n=1$$

（2）选择力法基本体系，如图 9-10（b）所示。

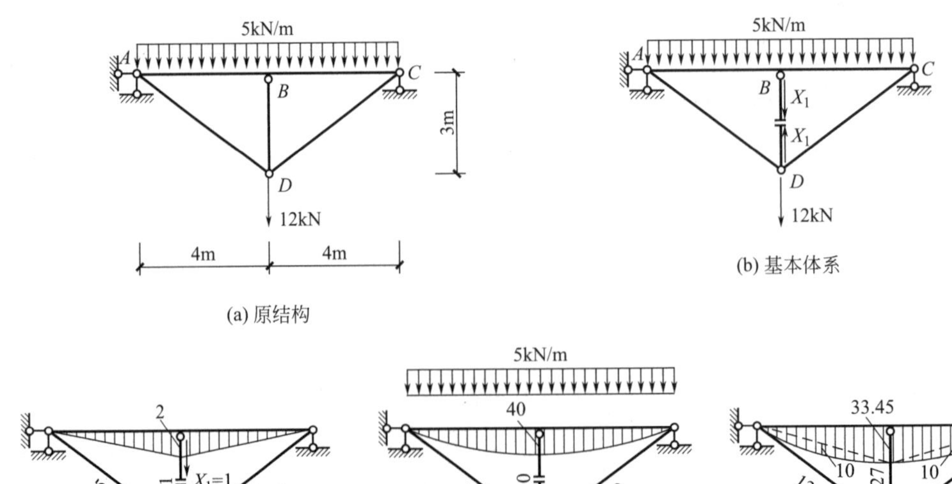

图 9-10　例 9-5 图

（3）写出力法基本方程

$$\delta_{11}X_1+\Delta_{1P}=0$$

该方程代表二力杆 BD 在截口处不应有轴向相对线位移。

（4）计算系数和自由项

绘制 $\overline{M}_1$ 和 $\overline{F}_{N1}$ 图，及 M_P 和 F_{NP} 图，分别如图 9-10（c）和（d）所示，按式（9-14）和式（9-15），计算系数和自由项，得

$$\delta_{11}=\frac{2}{EI}\left[\left(\frac{1}{2}\times2\times4\right)\times\left(\frac{2}{3}\times2\right)\right]_{梁式杆}+\frac{1}{EA}\left[2\times\left(-\frac{5}{6}\right)^2\times5+1^2\times3\right]_{二力杆}$$

$$=\frac{32}{3EI}+\frac{179}{18EA}=\frac{275}{18EA}$$

$$\Delta_{1P}=\frac{2}{EI}\left[\left(\frac{2}{3}\times40\times4\right)\times\left(\frac{5}{8}\times2\right)\right]_{梁式杆}+\frac{2}{EA}\left[10\times\left(-\frac{5}{6}\right)\times5\right]_{二力杆}=\frac{800}{3EI}-\frac{250}{3EA}=\frac{50}{EA}$$

（5）解基本方程，得

$$X_1=-\frac{\Delta_{1P}}{\delta_{11}}=-\frac{36}{11}=-3.27\text{kN(压)}$$

（6）利用叠加公式（9-16），求出梁式杆弯矩和二力杆轴力，如图 9-10（e）所示。

【例 9-6】试用力法计算图 9-11（a）所示超静定铰结排架，并绘弯矩图。EI 为常数。

解：（1）确定超静定次数

$$n=1$$

（2）选择力法基本体系

断开连接排架柱顶的刚性二力杆，以其轴力作为基本未知量，如图 9-11（b）所示。

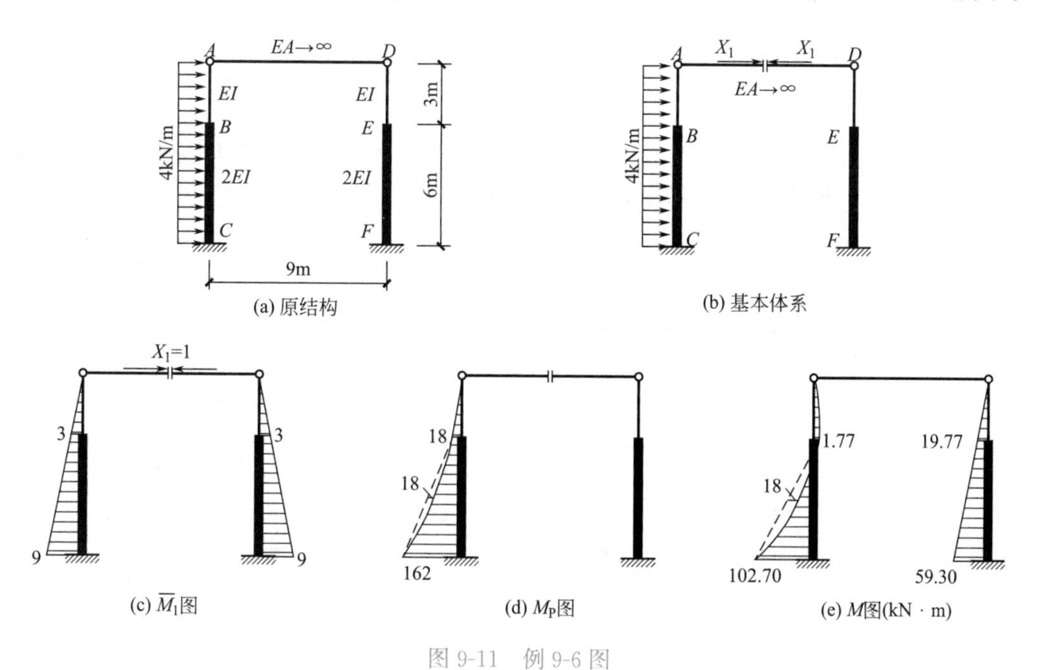

图 9-11　例 9-6 图

（3）写出力法基本方程

$$\delta_{11}X_1+\Delta_{1P}=0$$

该方程代表二力杆 AD 在截口处不应有轴向相对线位移。

（4）计算系数和自由项

唯一的二力杆轴向刚度 EA 无穷大，不产生变形，对系数和自由项无贡献，因此不必求 $\overline{F}_{N1}$ 和 F_{NP}。绘制 $\overline{M}_1$ 图和 M_P 图，分别如图 9-11（c）和（d）所示，按图乘法计算系数和自由项

$$\delta_{11}=\frac{2}{EI}\left[\left(\frac{1}{2}\times3\times3\right)\times\left(\frac{2}{3}\times3\right)\right]+\frac{2}{2EI}\left[\left(\frac{1}{2}\times3\times6\right)\times\left(\frac{2}{3}\times3+\frac{1}{3}\times9\right)+\left(\frac{1}{2}\times9\times6\right)\times\left(\frac{2}{3}\times9+\frac{1}{3}\times3\right)\right]=\frac{252}{EI}$$

$$\Delta_{1P}=\frac{1}{EI}\left[\left(\frac{1}{3}\times18\times3\right)\times\left(\frac{3}{4}\times3\right)\right]+\frac{1}{2EI}\left[\left(\frac{1}{2}\times18\times6\right)\times\left(\frac{2}{3}\times3+\frac{1}{3}\times9\right)+\left(\frac{1}{2}\times162\times6\right)\times\left(\frac{2}{3}\times9+\frac{1}{3}\times3\right)-\left(\frac{2}{3}\times18\times6\right)\times\frac{3+9}{2}\right]=\frac{3321}{2EI}$$

（5）解基本方程，得

$$X_1=-\frac{\Delta_{1P}}{\delta_{11}}=-\frac{369}{56}=-6.59\text{kN(压)}$$

（6）利用叠加公式 $M=\overline{M}_1X_1+M_P$ 绘弯矩图，如图 9-11（e）所示。

*9.2.8 对称结构的简化计算

1. 结构的对称性

构件几何尺寸和刚度，及约束（含结点和支座）情况均关于一轴或多轴对称的结构，称为对称结构，例如图 9-12 中两结构均具有对称性。要利用对称性对结构进行简化计算，应首先保证结构是对称的。

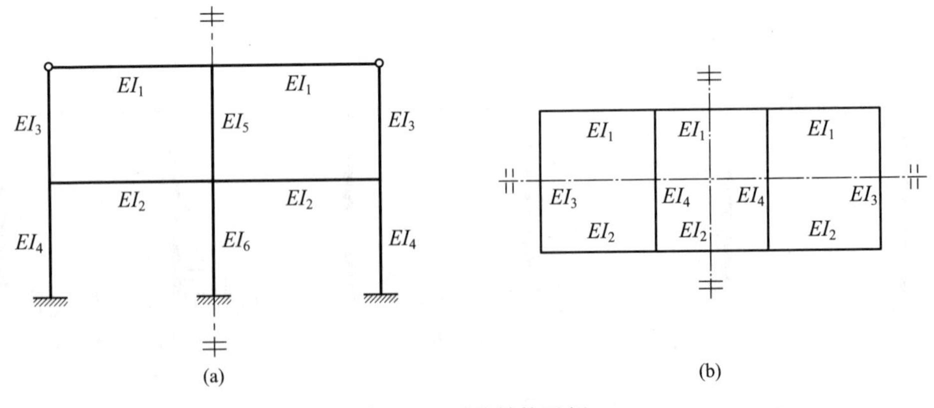

图 9-12　对称结构示例

* 选学内容。

2. 力和位移矢量的对称性

一组矢量（如力或位移）可具备对称性或反对称性。如果沿对称轴对折后，对称轴一侧的力（或位移）在大小、方向和作用位置上，与另一侧相应力（或位移）完全一致，则称这组力（或位移）为对称力（或对称位移）。如果沿对称轴对折后，对称轴一侧的力（或位移）在大小和作用位置上与另一侧相应力（或位移）一致，但在方向上正好相反，则称这组力（或位移）为反对称力（或反对称位移）。例如，图 9-13（a）所示的一组荷载就是对称荷载，而图 9-13（b）所示的一组荷载则是反对称荷载。又如，图 9-14（a）所示连续梁两截面 D 和 E 的竖向线位移是对称线位移，图 9-14（b）所示连续梁两端截面 A 和 C 的转角是反对称角位移。这里为与力矢量相区别，约定图中均用带双短线的箭头表示位移矢量，后同。

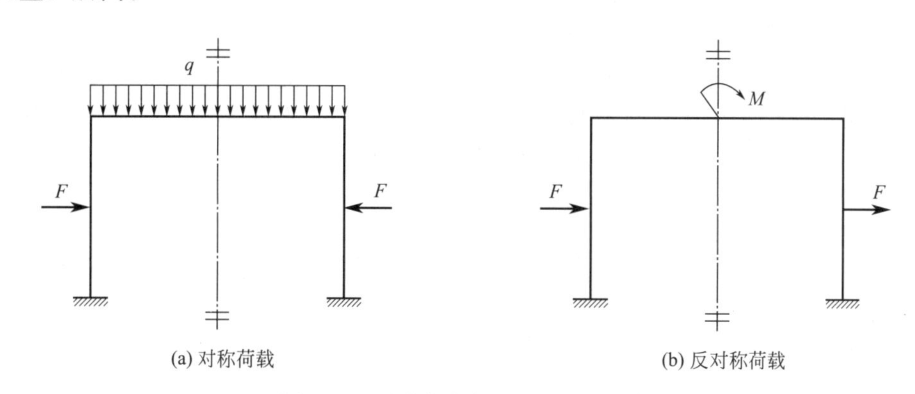

图 9-13　对称荷载与反对称荷载示例

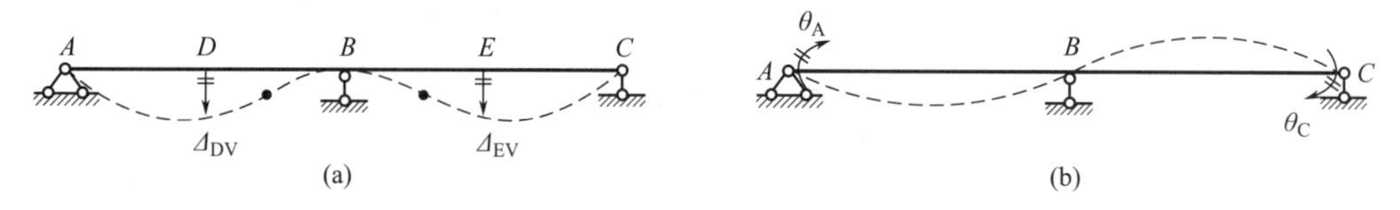

图 9-14　对称位移与反对称位移示例

3. 对称结构的力学特性

对称或反对称荷载作用于对称结构时，结构将表现出如下的静力特性：

1）承受对称荷载的对称结构，其内力、变形和位移均具有对称性，反对称的内力和位移为零。

2）承受反对称荷载的对称结构，其内力、变形和位移均具有反对称性，对称的内力和位移为零。

这两条重要结论可用力法证明，证明过程读者可参考相关《结构力学》教材，本处从略。

4. 利用结构对称性简化计算的半结构法

利用对称性简化结构计算时，通常采取截面法截断对称轴经过的截面，并研究此截面上的位移和内力是对称还是反对称矢量。然后，根据上述结论判断其中为零者，并将具有相同约束效果的支座添加在对称轴经过截面上，从而获得原结构的等效半结构。因此，有必要先讨论对称轴经过截面上位移和内力的性质。

如图 9-15（b）所示，将图 9-15（a）所示某对称结构在对称轴经过截面 C 处断开后，原单一截面 C 断开成为 C 左和 C 右两截面（各位移矢量的正方向不妨设为图中所示）。为保证两截面与原 C 截面在位移情况上表现一致，应存在

$$u_{C左}=u_{C右}=u_C$$
$$v_{C左}=v_{C右}=v_C$$
$$\theta_{C左}=\theta_{C右}=\theta_C$$

这组关系称为对称轴经过截面的位移相容条件，分别代表 C 左和 C 右两截面不可能在垂直于对称轴的方向或沿对称轴发生交叠或裂开，及二者转动后亦不能交叠或裂开。再根据前述对矢量对称性的定义，容易判断出垂直于对称轴的一对线位移 $u_{C左}$ 和 $u_{C右}$ 具有反对称性，沿对称轴的一对线位移 $v_{C左}$ 和 $v_{C右}$ 具有对称性，角位移 $\theta_{C左}$ 和 $\theta_{C右}$ 具有反对称性。

类似地，再参考图 9-15（c）分析对称轴经过截面上内力的性质。该图中已按 C 左和 C 右两截面内力应为作用力与反作用力的关系，标明了三对内力及其方向。根据矢量对称性的定义，可判断出垂直于对称轴的一对内力 $F_{NC左}$ 和 $F_{NC右}$ 具有对称性，沿对称轴的一对内力 $F_{SC左}$ 和 $F_{SC右}$ 具有反对称性，一对弯矩 $M_{C左}$ 和 $M_{C右}$ 具有对称性。

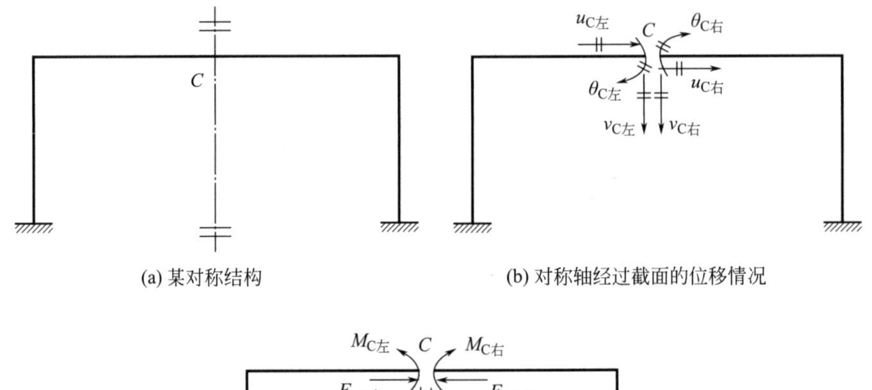

(a) 某对称结构　　(b) 对称轴经过截面的位移情况

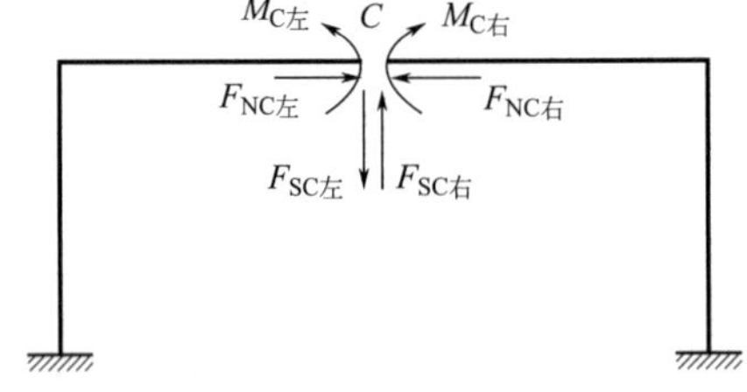

(c) 对称轴经过截面的内力情况

图 9-15　对称轴经过截面的位移和内力情况

表 9-2 总结了对称轴经过截面用截面断开后，其上位移和内力的性质，可见具有广义位移与广义力匹配关系的两组矢量间，存在一组对称则另一组反对称的特点。

对称轴经过截面断开后的位移和内力性质　　表 9-2

对称轴经过截面	方向			由何种关系保障
	垂直于对称轴	沿对称轴	转动	
位移	反对称	对称	反对称	位移相容
内力	对称	反对称	对称	作用力与反作用力

【例 9-7】试利用对称性简化图 9-16 所示奇数跨对称结构（这里以单跨为例），确定其受对称和反对称荷载作用时的等效半结构。

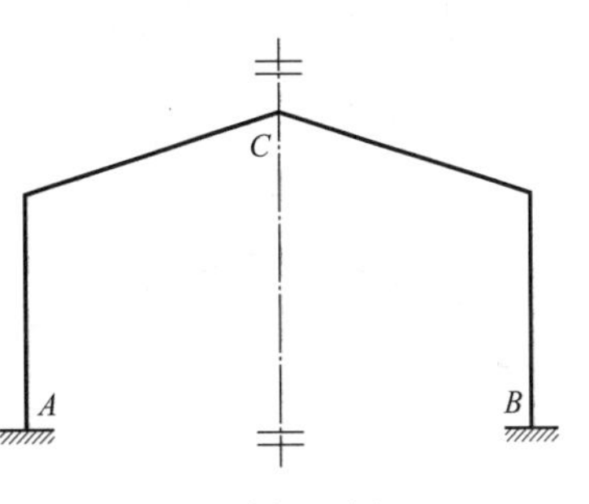

图 9-16　例 9-7 图（一）

解：（1）如图 9-17（a）所示，对称荷载作用时，截断对称轴经过的截面 C 后，位移相容关系为：C 左和 C 右两截面应只产生对称的位移，而反对称的位移为零，即

$$u_{C左}=u_{C右}=0=u_C,\ \theta_{C左}=\theta_{C右}=0=\theta_C$$
$$v_{C左}=v_{C右}=v_C$$

因变形和内力具有对称性，可只取原结构一半进行分析，比如取左半如图 9-17（b）所示。尚需为此半体系的 C 左截面添加适当支座，才能形成等效半结构。考虑到 C 左截面无垂直于对称轴的线位移 u_C 及转角 θ_C，因此在 C 左截面处添加垂直于对称轴支承的定向支座，该支座的约束效果恰能保证 C 左截面仅产生沿对称轴的线位移 v_C。

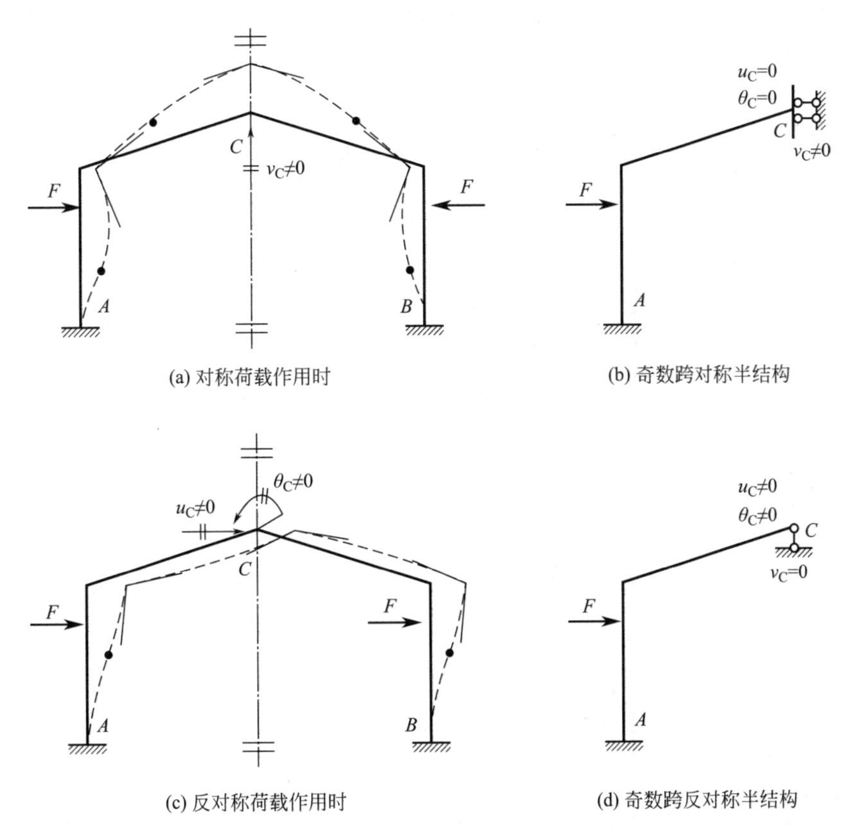

(a) 对称荷载作用时　(b) 奇数跨对称半结构

(c) 反对称荷载作用时　(d) 奇数跨反对称半结构

图 9-17　例 9-7 图（二）

（2）如图 9-17（c）所示，反对称荷载作用时，截断对称轴经过的截面 C 后，位移相容关系为：C 左和 C 右两截面应只产生反对称的位移，而对称的位移为零，即

$$u_{C左}=u_{C右}=u_C,\ \theta_{C左}=\theta_{C右}=\theta_C$$
$$v_{C左}=v_{C右}=0=v_C$$

此时结构的变形和内力具有反对称性。仍按前述分析方法，可知应在左半体系的 C 左

截面处添加沿对称轴支承的活动铰支座，其约束效果恰能保证 C 左截面产生垂直对称轴的线位移 u_C 及转角 θ_C，且不产生沿对称轴的线位移 v_C，所得等效半结构如图 9-17（d）所示。

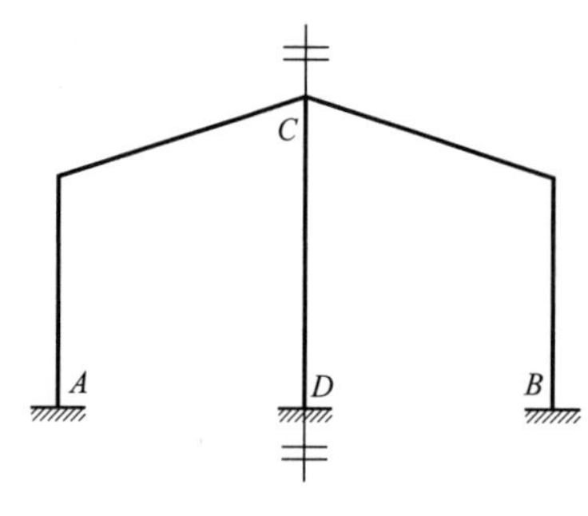

图 9-18　例 9-8 图（一）

【例 9-8】 试利用对称性简化图 9-18 所示偶数跨对称结构（这里以两跨为例），受对称和反对称荷载作用时的等效半结构。

解：（1）如图 9-19（a）所示，先考虑对称荷载作用时的位移相容条件，有

$$u_{C左}=u_{C右}=0=u_C，\theta_{C左}=\theta_{C右}=0=\theta_C$$

再考虑中柱 CD 可能的变形及其对截面 C 位移的限制。中柱杆轴重合于对称轴，在对称荷载作用下，中柱若产生凸向左侧的弯曲，则根据变形应对称的结论，也应同时产生凸向右侧的弯曲，这对同一根杆件来说显然不可能，故中柱只能产生轴向（即沿对称轴方向）的伸缩。又注意到中柱是梁式杆，其 $EA\to\infty$（这是由于计算梁式杆位移时，将轴向变形贡献项忽略导致的），所以中柱也不可能伸缩，因此有

$$v_{C左}=v_{C右}=0=v_C$$

既然截面 C 无法产生任何位移，故可在等效半体系 C 处添加固定支座，等效半结构如图 9-19（b）所示。

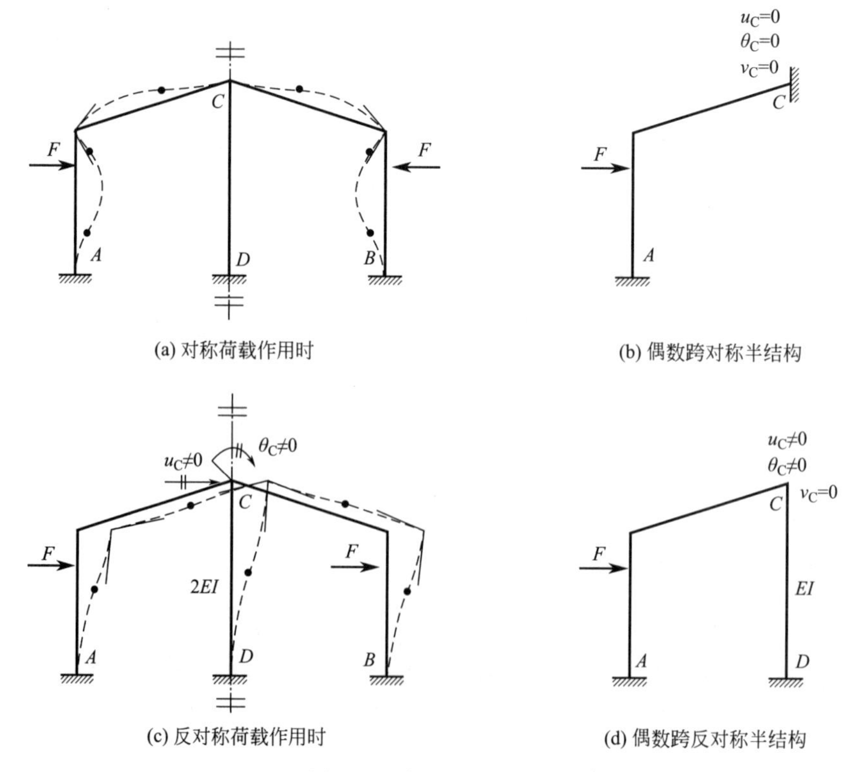

图 9-19　例 9-8 图（二）

（2）如图 9-19（c）所示，反对称荷载作用时，位移相容条件类似奇数跨的情况，仍有

$$u_{C左}=u_{C右}=u_C,\ \theta_{C左}=\theta_{C右}=\theta_C$$

$$v_{C左}=v_{C右}=0=v_C$$（此条件亦同时满足中柱 $EA\rightarrow\infty$ 的假设）

再分析中柱，其左半和右半可产生相容的变形。比如左半柱向右凸出时，按变形应反对称的结论，右半柱亦应向右凸出相同的量，此时左右两半柱的共有面（即对称轴截过的中柱正中截面）在变形后仍紧贴在一起，保持了变形协调，中柱不会沿对称轴裂解为两根变形不一致的柱子。考虑到半柱在变形上与原柱一致，故取等效半结构时，可直接取原结构的一半。需要注意的是，因中柱只取了一半，等效半结构中其刚度也应折半，如图 9-17（d）所示。

例 9-7 和例 9-8 通过对位移和变形的分析，展示了奇数跨和偶数跨对称结构承受对称或反对称荷载作用时，等效半结构的取法。读者还可以参考相关《结构力学》教材自学如何通过对对称轴经过截面内力的分析，获取等效半结构。不论是从位移和变形的角度，还是从内力的角度进行分析，同一对称结构的等效半结构取法都是一致的。

等效半结构的超静定次数不会超过原对称结构的超静定次数，因此用半结构法可简化超静定结构的计算。半结构的内力求得后，可先利用对称或反对称性补出另一半的内力图，再将两部分的内力图叠加，即可得原结构的内力图。

对于一般荷载作用的对称结构，总可以将该荷载分解为对称荷载和反对称荷载两组分别单独作用于对称结构，按对称性简化计算得到内力变形后，再进行叠加即可。例如，图 9-20（a）所示的对称结构，其上所受荷载就可分解为图 9-20（b）和（c）两种情况分别计算得到结果后，再叠加。

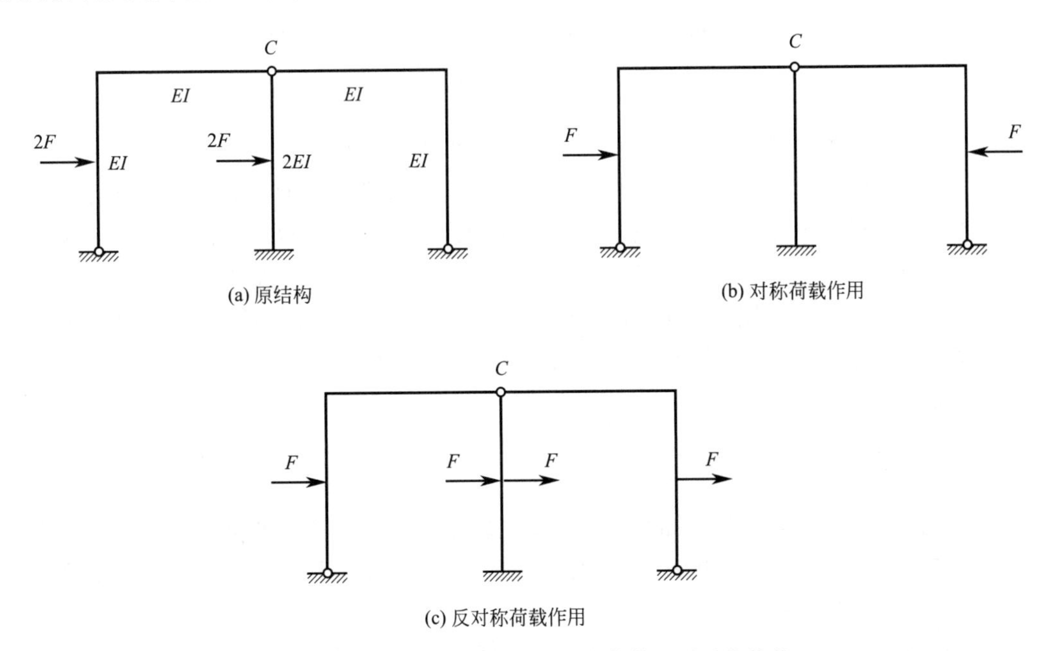

图 9-20　将一般荷载分解为对称荷载和反对称荷载

9.3 位移法计算荷载作用下的超静定结构

9.3.1 位移法概述

因为线弹性结构中的力与位移有一一对应关系，那么求解超静定问题时，既可如力法一般通过变形协调方程和位移（即力法基本方程及其中的系数和自由项）确定力（即多余未知力），也应能通过平衡方程，求出结构上的某些未知位移，这便是位移法的根本思想。位移法有三大环节，即离散化、单元分析和整体分析。

离散化是指将结构用截面断开成等截面直杆（位移法称之为单元）及结点两类隔离体。在断开截面处，结点及其所连杆端应有相同的位移，并暴露出互为作用力与反作用力的成对内力，例如图 9-21（a）所示刚架中刚结点 B 及其所连杆端的位移相容情况和内力情况分别如图 9-21（b）和（c）所示。

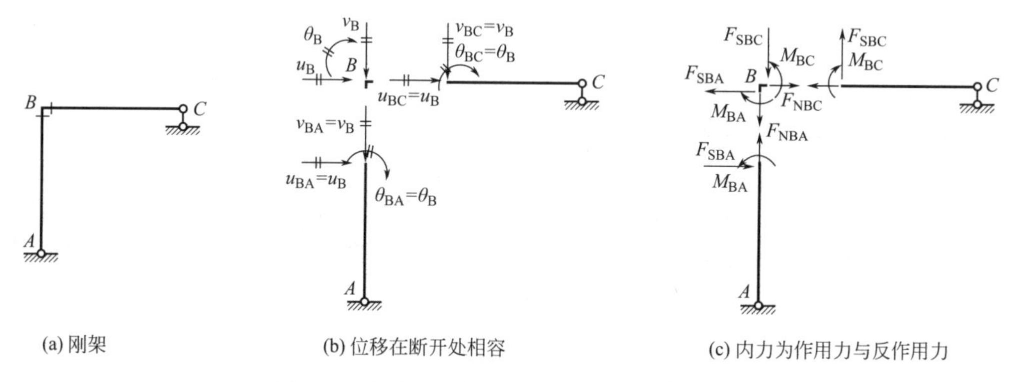

(a) 刚架 (b) 位移在断开处相容 (c) 内力为作用力与反作用力

图 9-21 结点及其所连杆端物理量之间的关系

单元分析的任务是确定单根等直杆在任意外因作用下，杆端内力与杆端位移之间的函数关系。可用力法求出各单一外因作用下的此关系后，再进行叠加，即得单元分析结果。

整体分析是指将单元分析中得到的各杆杆端内力，代入结点隔离体的平衡条件中，形成包含未知结点位移（等于所连杆端位移）的方程组，此即位移法基本方程，从而解出未知结点位移。这一步好比用结点隔离体重新将全部单元连接成原结构，因而称为整体分析。位移法有时也会使用结点隔离体外的其他隔离体，因此广义上位移法基本方程代表了隔离体平衡条件。

9.3.2 位移法的基本未知量

结构中的结点位移通常为未知量，包含结点转角和结点线位移两类。平面上，一个刚结点有转角 θ、水平线位移 u 和竖向线位移 v 三个位移量，一个铰结点有水平线位移 u 和竖向线位移 v 两个位移量。

结点被单元连接形成结构，因此部分结点位移可能因为受到单元的限制而相关起来，彼此间呈某种函数关系，此时称这些结点位移彼此不独立。比如，为满足结构力学研究的问题均为结构小变形小位移问题这一前提条件，对梁式杆的变形引入了如下两条假设：

（1）不计梁式杆的轴向变形，即梁式杆 $EA \to \infty$；

（2）假设梁式杆在发生弯曲变形后，沿原杆轴方向投影长度不变。

这两条假设保证了被梁式杆连接的结点在该杆轴向上不能相互靠近或离开。如果梁式杆正好是水平或竖直杆，那么其两端所连结点的水平或竖向线位移就应相等，这些线位移便成为相关位移量。例如，图 9-22 所示刚架中结点 C 的水平线位移因为等于结点 B 的水平线位移，而不独立，此外这两结点的竖向线位移都等于零，也是由上述两条假设保证的。

位移法的基本未知量是结构中独立的各未知结点位移，可用广义位移符号 Z_i（$i=1$，2，…，m）表示，为减少计算工作量，不独立和已知的结点位移量可不计。其中，为保证离散所得单元均为单根等直杆，结点转角未知量应取自刚结点、组合结点中的刚结部分、刚度阶变杆的阶变截面等处；而统计结点线位移未知量时，应注意排除非独立量。例如，可判定图 9-23 所示组合结构的位移法基本未知量如图中矢量箭头标示，这里约定结点转角未知量以顺时针为正，结点线位移未知量以向右或向下为正，与这些位移相应的结点广义力亦遵循此正向约定，后同。

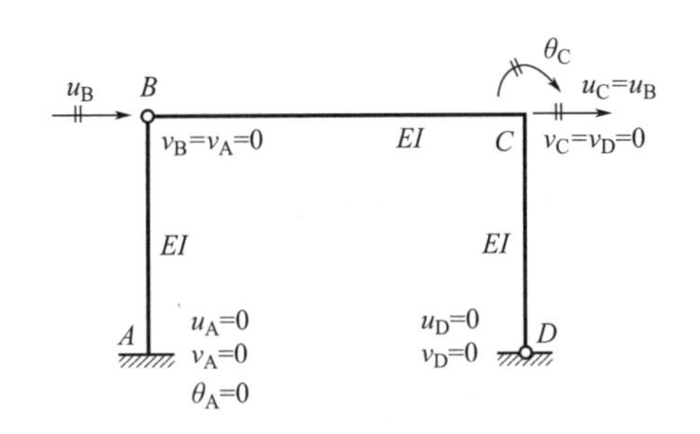

图 9-22　不独立结点线位移量示例

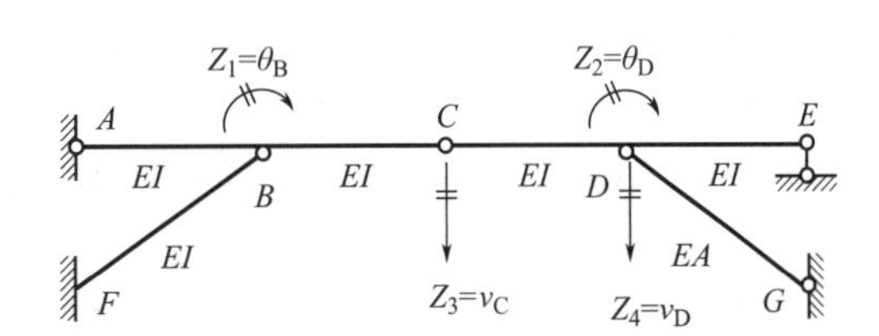

图 9-23　位移法基本未知量示例

9.3.3　单元分析及等直杆的转角位移方程

1. 位移法的基本单元

位移法引入了三类受弯等直杆作为基本单元，分别是：

第一类：两端固定的单跨超静定梁。此类中，杆两端的横向（即垂直于杆轴的方向）线位移和转角均为独立位移量，如图 9-24（a）所示。

第二类：一端固定另一端铰支的单跨超静定梁。此类中，固定端的转角和两端横向线位移通常作为独立位移量，而铰端截面的转角 θ_{BA} 不独立，如图 9-24（b）所示。

第三类：一端固定另一端沿杆轴定向支承的单跨超静定梁。此类中，两端的转角和固定端的横向线位移通常作为独立位移量，而定向端截面的横向线位移 $\overline{v}_{BA}$ 不独立，如图 9-24（c）所示。

图 9-24 中，杆端线位移符号增加上画线，以表明这些线位移以杆件的轴向和横向为参照，而非以结构的水平和竖直方向为参照。该图中各杆端位移均按约定的正向标示，而杆端内力的正向按弯矩以顺时针为正、剪力和轴力仍遵循传统正向的约定为准。

根据前述梁式杆的假设，上述三类基本单元两端的轴向线位移是彼此相等的，即两个轴向杆端位移中只有一个是独立的。此外，在考虑单元对结点的约束效果后，图 9-24（b）

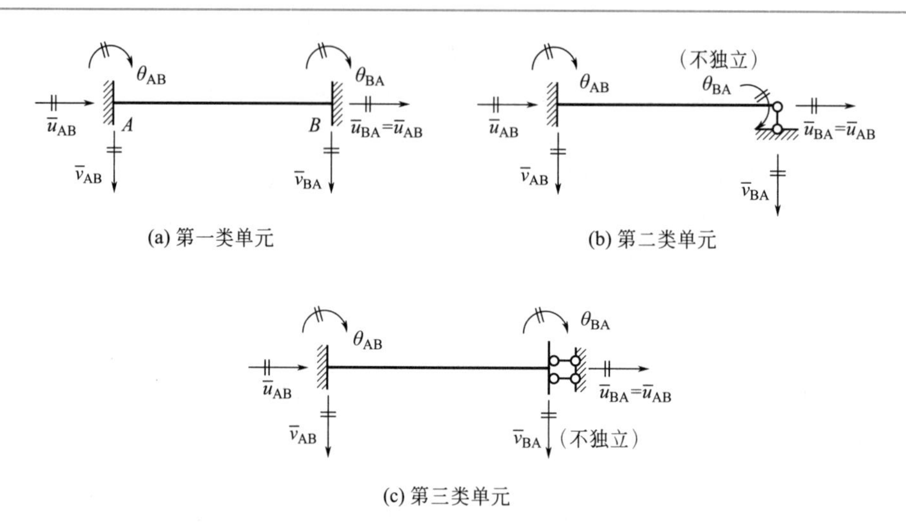

(a) 第一类单元　(b) 第二类单元

(c) 第三类单元

图 9-24　基本单元及其杆端位移

和（c）中所注第二类和第三类单元杆端的非独立位移量，通常不计作基本未知量。

2. 形常数和载常数

基本单元某一杆端的转动方向、横向或轴向单独发生单位位移（等效为添加在杆端的支座发生相应支座移动）所引起的杆端内力，称为形常数。基本单元在单个荷载等单一外因作用下产生的杆端内力，称为载常数（或固端内力）。形常数和载常数均可通过力法求得，表 9-3 和表 9-4 分别列出了部分常用的形常数和载常数。

形常数　　表 9-3

序号	计算简图及变形图	杆端弯矩 M_{AB}、M_{BA} 及弯矩图	杆端剪力 F_{SAB}	杆端剪力 F_{SBA}	单元类型
1	A，B，EI，$\theta=1$，l	$4i$，$2i$	$-\dfrac{6i}{l}$	$-\dfrac{6i}{l}$	第一类
2	A，B，EI，$\Delta=1$，l	$6i/l$ ⊖，$6i/l$ ⊖	$\dfrac{12i}{l^2}$	$\dfrac{12i}{l^2}$	第一类
3	A，B，EI，$\theta=1$，l	$3i$	$-\dfrac{3i}{l}$	$-\dfrac{3i}{l}$	第二类
4	A，B，EI，$\Delta=1$，l	$3i/l$ ⊖	$\dfrac{3i}{l^2}$	$\dfrac{3i}{l^2}$	第二类

续表

序号	计算简图及变形图	杆端弯矩 M_{AB}、M_{BA} 及弯矩图	杆端剪力 F_{SAB}	杆端剪力 F_{SBA}	单元类型
5	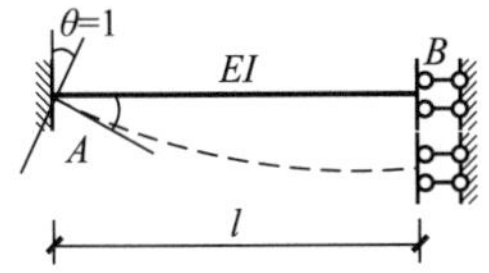 θ=1, EI, A, B, l	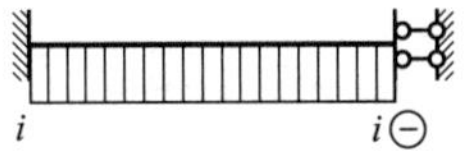 i, i⊖	0	0	第三类
6	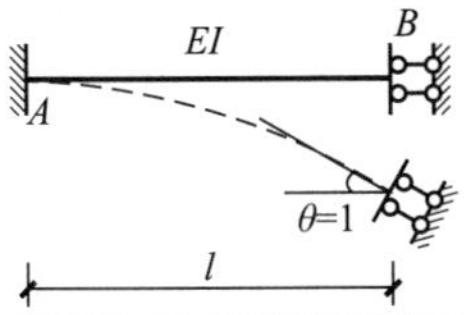 EI, A, B, θ=1, l	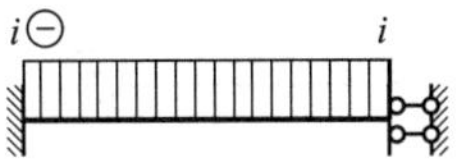 i⊖, i	0	0	第三类

注：1. 表中 $i=EI/l$，定义为杆件的线刚度。

2. 表中 $\Delta=\bar{v}_{BA}-\bar{v}_{AB}$，代表杆件两端的横向相对线位移。

3. 杆端单位转角单独作用引起的转动端弯矩称为单元杆端的转动刚度，记作 S_{ij}，包括本表第 1、3、5 行中的 M_{AB} 及第 6 行中的 M_{BA}，比如第一类单元转动端的转动刚度 $S_{AB}=M_{AB}=4i$；杆端单位横向相对线位移单独作用引起的杆端剪力 F_{SAB} 或 F_{SBA}，被称为单元杆端的侧移刚度，记作 γ_{ij}，包括本表第 2、4 行中的 F_{SAB} 和 F_{SBA}，比如第二类单元铰端的侧移刚度 $\gamma_{BA}=F_{SBA}=\dfrac{3i}{l^2}$。

4. 弯矩图竖标值后圆圈中的负号，代表竖标对应的杆端弯矩 M_{AB} 或 M_{BA} 为负（逆时针），无此标注的竖标对应的杆端弯矩则为正（顺时针），后同。

载常数　　表 9-4

序号	计算简图及变形图	固端弯矩 M^F_{AB}、M^F_{BA} 及弯矩图	固端剪力 F^F_{SAB}	固端剪力 F^F_{SBA}	单元类型
1	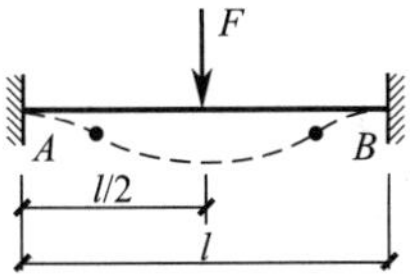 F, A, B, l/2, l	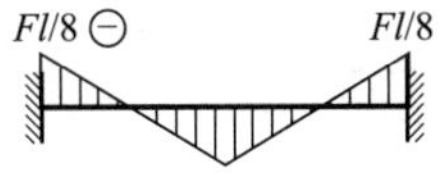 Fl/8⊖, Fl/8	$\dfrac{F}{2}$	$-\dfrac{F}{2}$	第一类
2	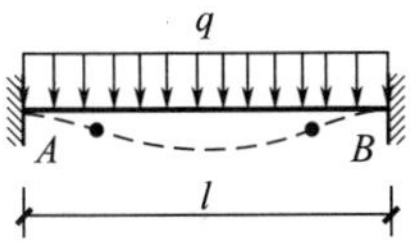 q, A, B, l	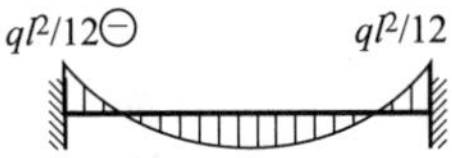 $ql^2/12$⊖, $ql^2/12$	$\dfrac{ql}{2}$	$-\dfrac{ql}{2}$	第一类
3	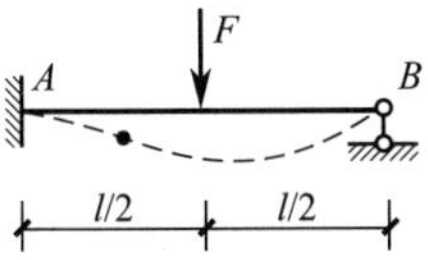 F, A, B, l/2, l/2	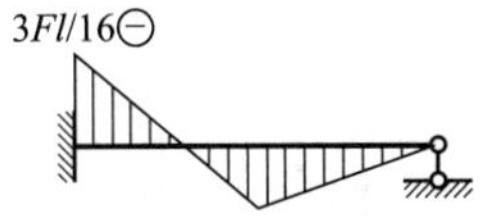 3Fl/16⊖	$\dfrac{11}{16}F$	$-\dfrac{5}{16}F$	第二类
4	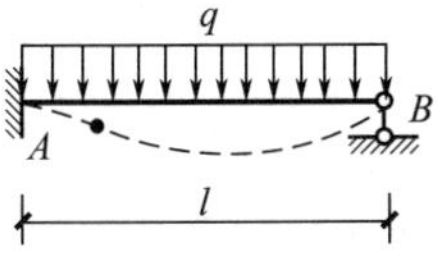 q, A, B, l	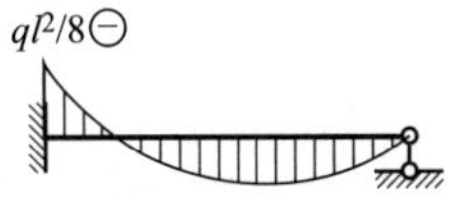 $ql^2/8$⊖	$\dfrac{5}{8}ql$	$-\dfrac{3}{8}ql$	第二类

续表

序号	计算简图及变形图	固端弯矩 M_{AB}^{F}、M_{BA}^{F} 及弯矩图	固端剪力		单元类型
			F_{SAB}^{F}	F_{SBA}^{F}	
5	M, A, B, l	M, $M/2$	$-\frac{3}{2l}M$	$-\frac{3}{2l}M$	第二类
6	F, A, B, l	$Fl/2$㊀, $Fl/2$㊀	F	$F_{SB左}=F$ $F_{SB右}=0$	第三类
7	q, A, B, l	$ql^2/3$㊀, $ql^2/6$㊀	ql	0	第三类

3. 转角位移方程

形常数和载常数体现了杆端内力与单一外因的关系，而多因素共同作用时，可用叠加法求出杆端内力与杆端位移及综合外因之间的关系（称之为**转角位移方程**），获得了转角位移方程即达成了单元分析的目的。图 9-25 展示了第一类单元求两端弯矩转角位移方程的叠加过程，以此类推可求得三类单元的转角位移方程分别为

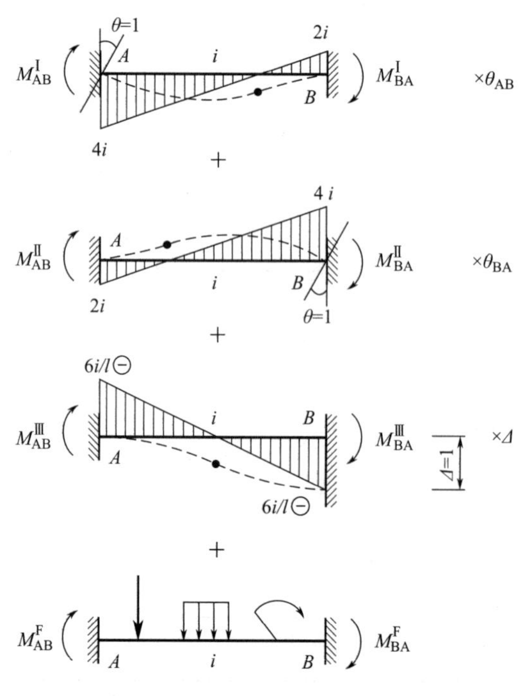

图 9-25　叠加法求弯矩转角位移方程示例

$$
\text{第一类单元}\begin{cases}M_{AB}=4i\theta_{AB}+2i\theta_{BA}-\dfrac{6i}{l}\Delta+M_{AB}^{F}\\ M_{BA}=2i\theta_{AB}+4i\theta_{BA}-\dfrac{6i}{l}\Delta+M_{BA}^{F}\\ F_{SAB}=-\dfrac{6i}{l}\theta_{AB}-\dfrac{6i}{l}\theta_{BA}+\dfrac{12i}{l^{2}}\Delta+F_{SAB}^{F}\\ F_{SBA}=-\dfrac{6i}{l}\theta_{AB}-\dfrac{6i}{l}\theta_{BA}+\dfrac{12i}{l^{2}}\Delta+F_{SBA}^{F}\end{cases}\tag{9-17}
$$

$$
\text{第二类单元}\begin{cases}M_{AB}=3i\theta_{AB}-\dfrac{3i}{l}\Delta+M_{AB}^{F}\\ M_{BA}=0\\ F_{SAB}=-\dfrac{3i}{l}\theta_{AB}+\dfrac{3i}{l^{2}}\Delta+F_{SAB}^{F}\\ F_{SBA}=-\dfrac{3i}{l}\theta_{AB}+\dfrac{3i}{l^{2}}\Delta+F_{SBA}^{F}\end{cases}\tag{9-18}
$$

$$
\text{第三类单元}\begin{cases}M_{AB}=i\theta_{AB}-i\theta_{BA}+M_{AB}^{F}\\ M_{BA}=-i\theta_{AB}+i\theta_{BA}+M_{BA}^{F}\\ F_{SAB}=F_{SAB}^{F}\\ F_{SBA}=0\end{cases}\tag{9-19}
$$

上三式中，M^{F} 和 F_{S}^{F} 分别代表除杆端位移外的其他外因（如荷载、温度变化等）共同作用下，相应单元的固端弯矩和固端剪力，可通过载常数表查出或由力法求得。

9.3.4　位移法的基本原理

1. 单个基本未知量的位移法原理

以图 9-26（a）所示的刚架为例，说明位移法的原理，其变形图如图 9-26（b）所示。

首先，分析位移法的基本未知量，可以确定此刚架仅有结点 B 的转角未知，将其作为 Z_1。在原结构结点 B 上附加刚臂（图中以黑色三角表示），以使 Z_1 可控，这种人为附加了约束的结构，称为原结构的位移法基本结构。再将基本未知量 Z_1 和外荷载共同作用于基本结构上，形成位移法基本体系，如图 9-26（c）所示，为后续计算方便图中亦标明了各杆线刚度。

接着，考虑到基本体系应与原结构在受力和变形上完全等效，而原结构不存在人为附加约束，因此刚臂上的反力矩 F_1 应为零。而 F_1 由 Z_1 和荷载共同作用引起，所以可将 Z_1 和外荷载先分别单独作用于基本结构，得到附加刚臂上的反力后，再叠加起来。

图 9-26（d）展示了 Z_1 单独作用于基本结构时产生的变形，其过程是：人为扳动刚臂使其沿假设的正向（顺时针方向）发生值为 Z_1 的转动，此时结点 B 及其所连梁和柱的 B 端亦被带动发生值为 Z_1 的转动，进而导致梁柱的弯曲变形。而要能产生这样的变形效果，必须在附加刚臂上施力，记作 F_{11}。

图 9-26（e）展示了荷载单独作用于基本结构时产生的变形，其过程是：强制锁住刚臂使其不发生任何转动，这时结点 B 及其所连梁和柱的 B 端转角均为零，两杆 B 端相当

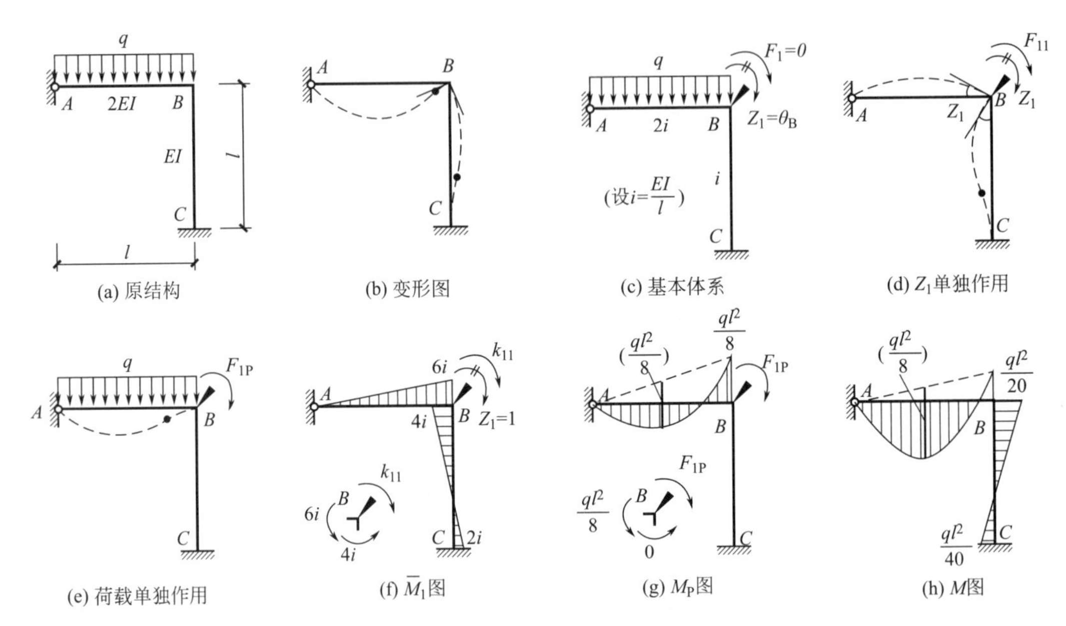

图 9-26　单个基本未知量的位移法原理

于固定端。再将荷载加上，此时刚臂上会产生反力矩 F_{1P}。

根据叠加法，有 $F_1=F_{11}+F_{1P}=0$。其中，F_{11} 由未知的 Z_1 引起。不妨令 $Z_1=1$，使其单独作用于基本结构，将产生如图 9-26（f）所示的弯矩图，记作 $\overline{M}_1$ 图，该图可根据表 9-1 中相应的形常数确定。此时刚臂上需施加的反力矩记作 k_{11}，根据线弹性结构位移与受力成比例的性质，可知 $F_{11}=k_{11}Z_1$。将此关系代入 $F_{11}+F_{1P}=0$ 中，得到

$$k_{11}Z_1+F_{1P}=0 \tag{9-20}$$

这就是单个未知量的**位移法基本方程**（或**位移法典型方程**），代表了基本体系中人为附加约束上的反力应为零的平衡条件。其中，k_{11} 称为**系数**，F_{1P} 称为**自由项**。

对于荷载单独作用产生的弯矩图 M_P 图，可通过表 9-2 中相应的载常数确定，如图 9-26（g）所示。再取两弯矩图中刚结点 B 为隔离体，由力矩平衡可求出 $k_{11}=10i$，$F_{1P}=\frac{ql^2}{8}$。

将系数和自由项代回基本方程，可解得 $Z_1=\theta_B=-\frac{F_{1P}}{k_{11}}=-\frac{ql^2}{80i}$（逆时针）。

最后，类似力法，应用内力叠加公式 $M=\overline{M}_1Z_1+M_P$，即可求出如图 9-26（h）所示的最终弯矩图。

2. 2 个基本未知量的位移法原理

下面，再以图 9-27（a）所示的刚架为例，说明 2 个基本未知量的位移法原理。

首先，分析位移法的基本未知量，可以确定此刚架结点 B 的转角和横梁 BC 的水平线位移未知，分别记作 Z_1 和 Z_2。对应 Z_1 和 Z_2 在原结构结点 B 上附加刚臂，铰 C 右侧附加支杆，得到图 9-27（b）所示的基本结构。再将基本未知量 Z_1、Z_2 和外荷载共同作用于基本结构上，形成基本体系，并标明各杆线刚度，如图 9-27（c）所示。

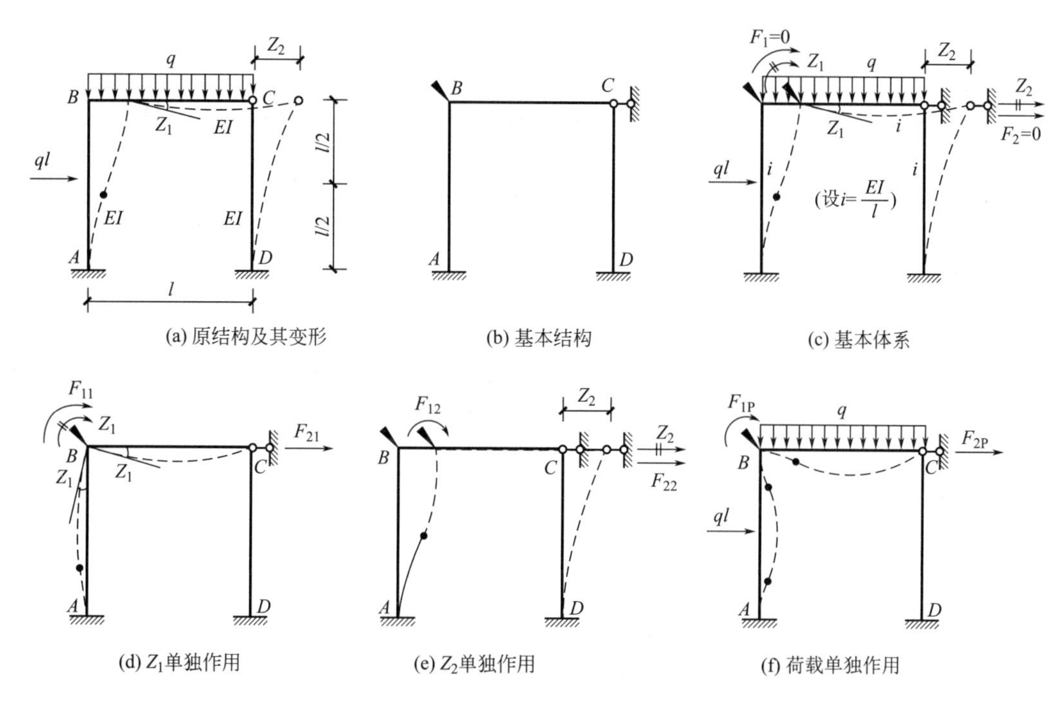

(a) 原结构及其变形　(b) 基本结构　(c) 基本体系

(d) Z_1单独作用　(e) Z_2单独作用　(f) 荷载单独作用

图 9-27　2 个基本未知量的位移法原理

基本体系与原结构的等效条件是其中的人为附加约束反力 F_1 和 F_2 都应为零。可将 Z_1、Z_2 和外荷载先分别单独作用于基本结构，以求得 F_1 和 F_2。

图 9-27（d）展示了 Z_1 单独作用于基本结构时产生的变形，此时横梁被附加支杆锁住不动，因此仅结点 B 及其所连梁和左柱的 B 端随附加刚臂被扳动 Z_1 而发生转动。这时在附加刚臂和支杆上所需施加的力，记作 F_{11} 和 F_{21}。

图 9-27（e）展示了 Z_2 单独作用于基本结构时产生的变形，此时刚结点 B 被锁住不动，因此横梁将做水平刚体移动，结点 B 和 C 及其所连柱的顶端随 Z_2 产生水平侧移。这时在附加刚臂和支杆上所需施加的力，记作 F_{12} 和 F_{22}。

图 9-27（f）展示了荷载单独作用于基本结构时产生的变形，此时附加刚臂和支杆均被锁住，梁和左柱的 B 端相当于固定端，铰结点 C 也无任何线位移。再将荷载加上，这时刚臂上会产生反力矩 F_{1P} 和 F_{2P}。

根据叠加法，有

$$\begin{cases} F_1 = F_{11} + F_{12} + F_{1P} = 0 \\ F_2 = F_{21} + F_{22} + F_{2P} = 0 \end{cases}$$

不妨分别令 $Z_1=1$ 和 $Z_2=1$ 单独作用于基本结构，产生如图 9-28（a）和（b）所示的 $\overline{M}_1$ 图和 $\overline{M}_2$ 图，这些 $\overline{M}_i$ 图均可根据表 9-1 确定。$Z_1=1$ 单独作用时刚臂和支杆上需施加的广义反力分别记作 k_{11} 和 k_{21}；$Z_1=2$ 单独作用时刚臂和支杆上的广义反力分别记作 k_{12} 和 k_{22}。将 $F_{11}=k_{11}Z_1$、$F_{21}=k_{21}Z_1$、$F_{12}=k_{12}Z_2$、$F_{22}=k_{22}Z_2$ 的关系代入前述方程中，得到

$$\begin{cases} k_{11}Z_1 + k_{12}Z_2 + F_{1P} = 0 \\ k_{21}Z_1 + k_{22}Z_2 + F_{2P} = 0 \end{cases} \tag{9-21}$$

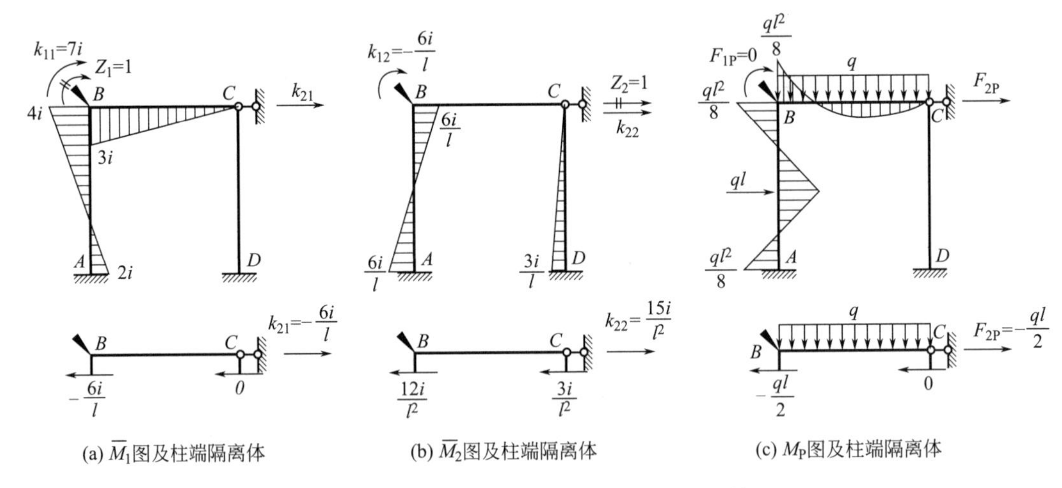

图 9-28　2 个基本未知量的位移法原理（续）

这就是两个未知量的位移法基本方程。

对于荷载单独作用产生的 M_P 图，仍通过表 9-2 确定，如图 9-28（c）所示。再取图 9-28 中刚结点 B 的力矩平衡条件，及柱顶端以上部分隔离体的水平投影平衡条件，可求出图中所示的各系数 k_{ij} 和自由项 F_{iP}。

将系数和自由项代回基本方程，联立解得 Z_1 和 Z_2（从略）。

最后，应用内力叠加公式 $M=\overline{M}_1Z_1+\overline{M}_1Z_1+M_P$，可求出最终弯矩图（从略）。

9.3.5　位移法基本方程的一般形式

对有 m 个基本未知量的超静定结构，位移法基本方程为

$$\begin{cases} k_{11}Z_1+k_{12}Z_2+\cdots+k_{1j}Z_j+\cdots+k_{1m}Z_m+F_{1P}=0 \\ k_{21}Z_1+k_{22}Z_2+\cdots+k_{2j}Z_j+\cdots+k_{2m}Z_m+F_{2P}=0 \\ \vdots \\ k_{m1}Z_1+k_{m2}Z_2+\cdots+k_{mj}Z_j+\cdots+k_{1m}Z_m+F_{mP}=0 \end{cases} \tag{9-22}$$

或缩写为

$$\sum_{j=1}^{m}k_{ij}Z_j+F_{iP}=0(i=1,2,\cdots,m) \tag{9-23}$$

这就是位移法基本方程的一般形式。其中，第 i 个方程的物理意义是：在全部结点位移未知量和外荷载的共同作用下，基本结构第 i 个附加约束上的广义反力应为零。该方程也可写成矩阵形式

$$\begin{bmatrix} k_{11} & k_{12} & \cdots & k_{1j} & \cdots & k_{1m} \\ k_{21} & k_{22} & \cdots & k_{2j} & \cdots & k_{2m} \\ & & & \vdots & & \\ k_{m1} & k_{m2} & \cdots & k_{mj} & \cdots & k_{mm} \end{bmatrix}\begin{bmatrix} Z_1 \\ Z_2 \\ \vdots \\ Z_m \end{bmatrix}+\begin{bmatrix} F_{1P} \\ F_{2P} \\ \vdots \\ F_{mP} \end{bmatrix}=0 \tag{9-24}$$

或简写为

$$\boldsymbol{KZ}+\boldsymbol{F}_P=\boldsymbol{0} \tag{9-25}$$

其中，$\boldsymbol{K}$ 为系数矩阵，$\boldsymbol{Z}$ 为基本未知量列阵，$\boldsymbol{F}_{\mathrm{P}}$ 为自由项列阵。

系数 k_{ij} 代表令 Z_j 为单位位移单独作用在基本结构上，引起的 Z_i 所在附加约束上的反力。$\boldsymbol{K}$ 中主对角线上的系数 k_{ii}（$i=1, 2, \cdots, m$），称为主系数，其值恒为正；其他系数 k_{ij}（$i \neq j$）称为副系数。根据反力互等定理，可知 $k_{ij}=k_{ji}$，即副系数关于 $\boldsymbol{K}$ 的主对角线对称。自由项 $F_{i\mathrm{P}}$ 代表将外荷载单独作用在基本结构上，引起的 Z_i 所在附加约束上的反力。

由于系数 k_{ij} 反映了结构抵抗变形的能力，体现了结构的刚度，因此又常称之为刚度系数，而表示平衡条件的位移法基本方程也可称为刚度方程，位移法又被称作刚度法。

可见，位移法是以结点未知位移 Z_i 为求解目标，通过基本体系中 Z_i 所在附加约束上的相应反力应为零的平衡条件，获得位移法基本方程，从而解出 Z_i。

9.3.6　位移法的计算步骤

（1）确定基本未知量；

（2）确定位移法基本体系，并求出各杆线刚度；

（3）写出位移法基本方程；

（4）计算系数和自由项；

（5）解基本方程，求出基本未知量；

（6）绘制内力图。

9.3.7　位移法计算荷载作用下的梁和刚架

【例 9-9】试用位移法计算图 9-29（a）所示连续梁，并绘其弯矩图。

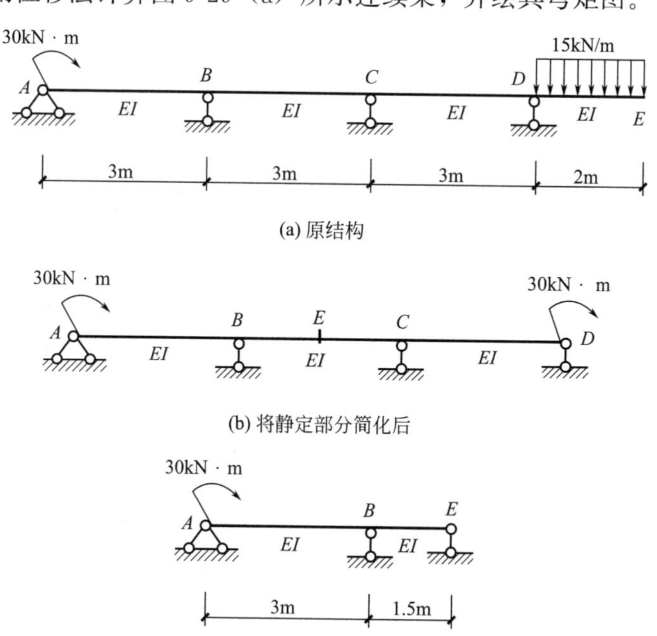

图 9-29　例 9-9 图

解：原结构 DE 部分为伸臂段，属于静定的附属部分，可先利用平衡条件直接算清其 D 端的弯矩和剪力，再将之反作用于基本部分 AD 的 D 端，其中剪力将被支座 D 直接承受，不引起基本部分任何内力，故计算简图中未再绘制，简化后的结构如图 9-29（b）所示。又注意到支座 A 的水平反力为零，且左三跨刚度和尺寸相同，故可再利用对称性，进一步取等效半结构，如图 9-29（c）所示，后续只需利用位移法计算等效半结构。

（1）确定基本未知量。为结点 B 的转角，即 $Z_1=\theta_B$。

（2）确定位移法基本体系，并标注各杆线刚度（设 $i=EI/3$）如图 9-30（a）所示。

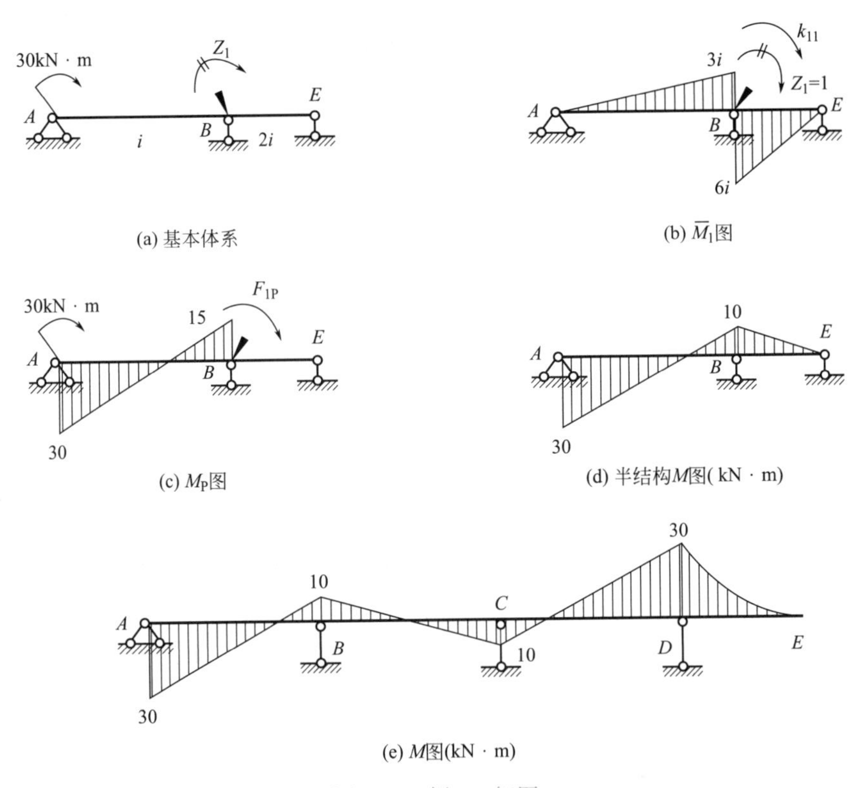

图 9-30　例 9-9 解图

（3）写出位移法基本方程

$$k_{11}Z_1+F_{1P}=0$$

（4）计算系数和自由项

绘制 $\overline{M}_1$ 图和 M_P 图，分别如图 9-30（b）和（c）所示，取刚结点 B 的力矩平衡条件，可得 $k_{11}=9i$，$F_{1P}=15$。

（5）解基本方程，得

$$Z_1=\theta_B=-\frac{F_{1P}}{k_{11}}=-\frac{5}{3i}(\text{逆时针})$$

（6）利用叠加公式 $M=\overline{M}_1Z_1+M_P$，绘出半结构弯矩图如图 9-30（d）所示，再补全为原结构弯矩图，如图 9-30（e）所示。

根据表 9-1 可知，例 9-9 的半结构中杆 AB 的 B 端转动刚度 $S_{BA}=3i$，杆 BE 的 B

端转动刚度 $S_{BE}=6i$，而主系数 $k_{11}=S_{BA}+S_{BE}=\sum_{(i)} S_{Bi}$，可称之为结点 B 的转动刚度，记作 S_B，推广到一般情况则有：结点的转动刚度等于其所连各杆在该结点端的转动刚度之和。

【例 9-10】试用位移法计算图 9-31（a）所示楼层结构，并绘其弯矩图。

解：在计算水平荷载作用下的楼层结构时，常将梁及楼板部分视作刚度无穷大的全刚性水平杆，如本例中的 BE 和 CF 两杆，以着重考察柱因荷载作用而产生的侧移和内力。

（1）确定基本未知量

由于柱子全部平行，且全刚性杆 BE 和 CF 不会产生任何变形，故可判定各楼层的全刚性杆都只能发生水平方向的平动，结点亦只会随该层全刚性杆发生与之相等的水平侧移，刚结点无转角，因此不妨设 $Z_1=u_B=u_E$，$Z_2=u_C=u_F$。

（2）确定位移法基本体系

用水平支杆约束全刚性杆的侧移，如图 9-31（b）所示。设各杆线刚度 $i=EI/h$ 并标注。

（3）写出位移法基本方程

$$\begin{cases} k_{11}Z_1+k_{12}Z_2+F_{1P}=0 \\ k_{21}Z_1+k_{22}Z_2+F_{2P}=0 \end{cases}$$

（4）计算系数和自由项

绘制 $\overline{M}_1$ 图、$\overline{M}_2$ 图和 M_P 图，分别如图 9-31（c）、（d）和（e）所示，其中刚性杆端的弯矩是根据相应形常数和载常数先求出柱端弯矩，再通过刚结点的力矩平衡条件求得的。

利用各楼层柱端隔离体的水平投影平衡条件，可得图中标注的各刚度系数和自由项。

（5）解基本方程，得

$$\begin{cases} Z_1=u_B=u_E=\dfrac{qh^3}{10i}(\rightarrow) \\ Z_2=u_C=u_F=\dfrac{2qh^3}{15i}(\rightarrow) \end{cases}$$

（6）利用叠加公式 $M=\overline{M}_1Z_1+\overline{M}_2Z_2+M_P$，绘出弯矩图如图 9-31（f）所示。

根据表 9-1 可知，例 9-10 中各柱的侧移刚度分别为 $\gamma_{BA}=\gamma_{BC}=\gamma_{CB}=\dfrac{12i}{h^2}$、$\gamma_{ED}=\gamma_{EF}=\gamma_{FE}=\dfrac{3i}{h^2}$，而主系数 $k_{11}=\gamma_{BA}+\gamma_{BC}+\gamma_{ED}+\gamma_{EF}=\sum\gamma^{(1)}$、$k_{22}=\gamma_{CB}+\gamma_{FE}=\sum\gamma^{(2)}$，可将 k_{11} 和 k_{22} 分别称为第 1 层和第 2 层的侧移刚度，记作 η_i，推广到一般情况则有：楼层侧移刚度等于该层所连各柱侧移刚度之和。此外，还常用到层间侧移刚度的概念，是指将某一层单独拿出并使其发生单位侧移时，在侧移方向上所需施加的力，例如本例第 1 层的层间侧移刚度 $\gamma_1=\gamma_{BA}+\gamma_{ED}=\dfrac{15i}{h^2}$，第 2 层的 $\gamma_2=\gamma_{CB}+\gamma_{FE}=\dfrac{15i}{h^2}$，层间侧移刚度体现了楼层之间发生相对侧移时的刚度属性，对本例有 $k_{11}=\gamma_1+\gamma_2$，$k_{21}=k_{12}=-\gamma_2$，$k_{22}=\gamma_2$。

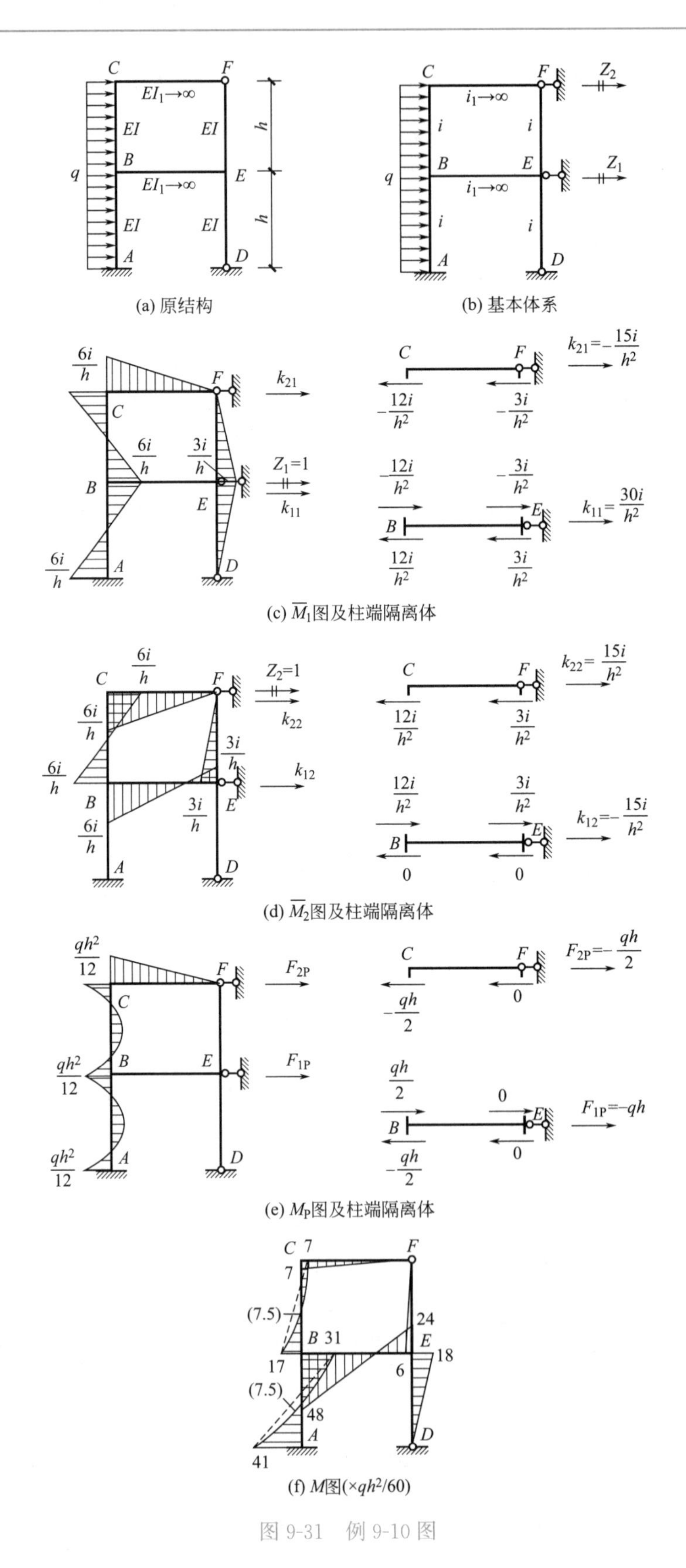
(a) 原结构
(b) 基本体系
(c) $\overline{M}_1$图及柱端隔离体
(d) $\overline{M}_2$图及柱端隔离体
(e) M_P图及柱端隔离体
(f) M图($\times qh^2/60$)

图 9-31 例 9-10 图

9.4　超静定结构的一般特性

9.4.1　超静定结构内力解答的性质

超静定结构因具备多余约束，故不能仅由平衡条件确定其内力解答。超静定结构唯一真实的内力解，由平衡条件和变形协调条件共同决定。其中，变形协调条件是确定多余约束内力的关键。例如，力法的基本方程代表的便是其基本体系应与原结构相应位移相等的变形协调条件；而位移法基本方程虽为平衡方程，但在单元分析和考虑杆端与结点和支座的位移相容时，仍引入了变形协调条件。

9.4.2　超静定结构具有较高的防护性能

由于超静定结构中存在多余约束，如果外因作用仅导致部分或全部多余约束破坏，则最多使得原超静定结构变成低次超静定结构或静定结构，其几何不变性仍能维持，不致骤然垮塌，这使得超静定结构在诸如地震、战争等重大灾祸发生时，仍具备一定的抵御余量，能较好地保障生命财产的安全。

9.4.3　超静定结构在非荷载因素作用时将产生自内力

多余约束具备限制结构自由发生变形和位移的能力，因此非荷载因素（如支座移动、温度变化、材料胀缩、制造误差等）作用于超静定结构时产生的相应截面位移，若正好位于多余约束所限定的方向，则将被多余约束通过产生约束内力或反力而限制，进而导致超静定结构的整体或局部产生内力，这类由非荷载因素导致的结构内力被称为自内力。

9.4.4　超静定结构的内力分布与构件的刚度相关

超静定结构的内力求解涉及变形协调条件，而此条件与构件的刚度相关，因此超静定结构的内力分布与构件的刚度相关。

当超静定结构仅受荷载作用时，其内力分布与各构件刚度的相对比值有关。例如，前述各节所举的仅受荷载作用的各例题，最终内力中均不显含杆件刚度 EI、EA、GA 的具体值，但若改变结构中部分杆件的刚度，则内力将发生变化；而超静定结构受非荷载因素作用引起的自内力，则与 EI、EA、GA 的具体值相关。

9.4.5　超静定结构的内力和变形分布更均匀

多余约束有助于将超静定结构局部的内力传递、分散到结构中更多的部分上去，因此相比受荷相同、形式相近的静定结构而言，超静定结构将动用更多构件承受相同的荷载，从而使其内力峰值和变形幅度减小，内力分布更趋均匀且影响范围更大。

思考题

9-1　请从基本未知量、基本结构和基本体系、基本方程及其含义、系数和自由项的含义及计算方法、计算步骤、适于求解的超静定结构等方面，比对力法与位移法。

9-2　试确定图 9-20（a）所示结构的四种力法基本结构，及其位移法基本结构。

9-3　力法和位移法都可以求解静定结构。这种说法对吗？为什么？

9-4　力法必须以静定结构作为其基本结构。这种说法对吗？为什么？

9-5　若将例 9-10 结构中第 2 层两柱的刚度改为 $2EI$，试比对弯矩与原刚度情况时产生的变化。

9-6　若超静定结构仅受荷载作用，且荷载保持不变，则其中构件内力的大小受到哪些因素的影响？

习题

9-1　确定如图 9-32 所示超静定结构的超静定次数和多余未知力 X_i，及位移法基本结构和基本未知量 Z_i。（提示：若结构中包含静定部分，可先简化掉。）

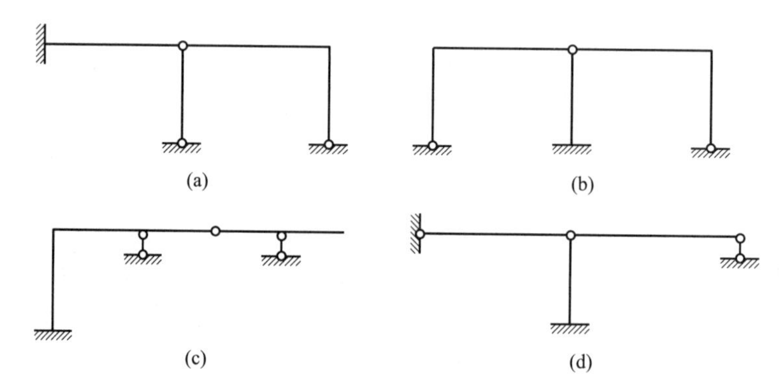

图 9-32　题 9-1 图

9-2　用力法计算如图 9-33 所示梁，并绘弯矩图。已知 EI 为常数。

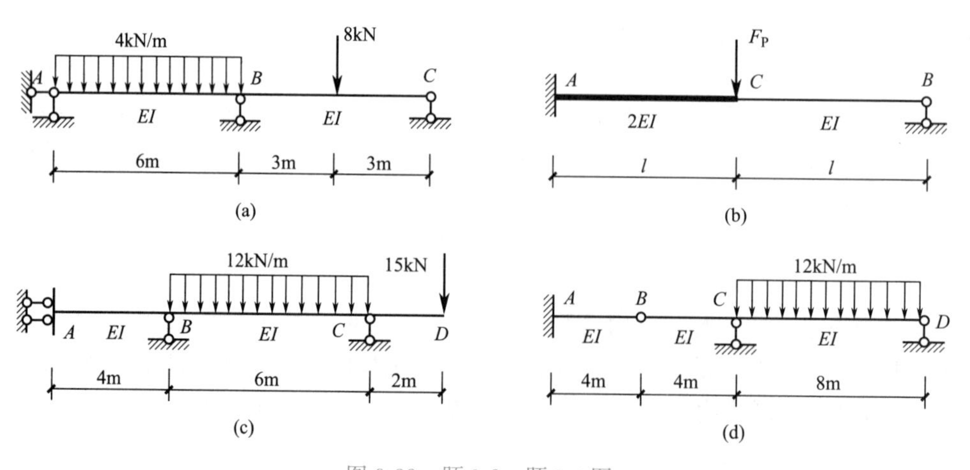

图 9-33　题 9-2、题 9-4 图

9-3　用力法计算如图 9-34 所示刚架，并绘弯矩图。已知 EI 为常数。

9-4　用位移法重算如图 9-33 所示梁，并绘弯矩图。已知 EI 为常数。

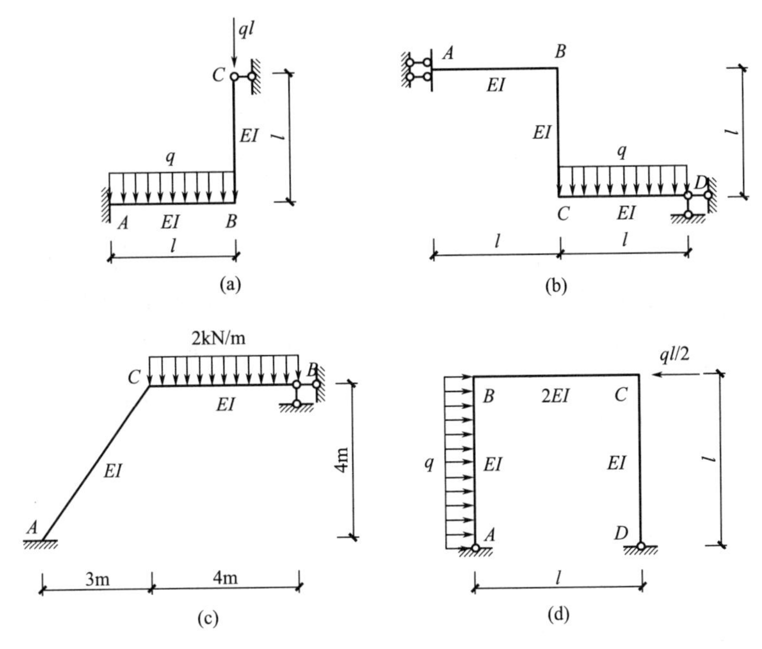

图 9-34　题 9-3 图

9-5　用位移法计算如图 9-35 所示刚架，并绘弯矩图。已知 EI 为常数。

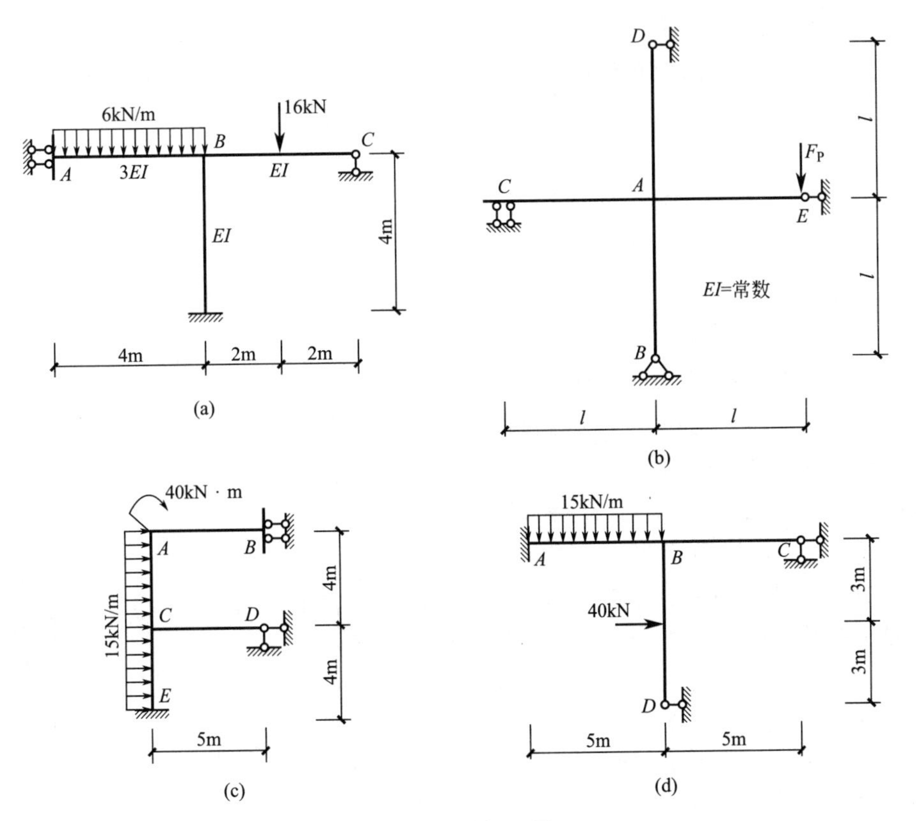

图 9-35　题 9-5 图

第 10 章　压杆稳定

• 本章教学的基本要求：了解理想压杆的稳定性、分叉点失稳、极值点失稳；掌握两端铰支细长压杆的临界力公式；掌握杆端约束对临界力的影响，长度系数及计算长度；掌握临界应力、欧拉公式的适用范围；掌握安全因数法计算压杆的稳定性；掌握提高压杆稳定性的措施。

• 本章教学内容的重点：细长压杆的临界力公式及应用；细长压杆的临界应力公式及应用。

• 本章教学内容的难点：欧拉临界力公式及应用。

• 本章内容简介：

10.1　压杆稳定的概念
10.2　两端铰支细长压杆的临界力
10.3　杆端约束的影响
10.4　临界应力曲线
10.5　压杆的稳定计算
10.6　提高压杆稳定性的措施

10.1　压杆稳定的概念

10.1.1　理想压杆的稳定性

理想压杆是理论研究中一种抽象化的理想模型，满足“轴心受压、均质、等截面直杆”的假定。在无扰动（如微小横向干扰力）时，理想压杆将只产生轴向压缩变形，而且保持直线状态的平衡。但是其平衡状态有稳定和不稳定之分。如图 10-1（a）所示两端球铰支承的理想压杆，在微小的横向干扰力 Q 作用后，压杆将产生弯曲变形。当轴心压力 F 较小时，干扰力 Q 去除后压杆将恢复到原来的直线平衡状态，这说明压杆在直线状态的平衡是稳定的。当 F 较大时，Q 去除后压杆继续弯曲到一个有变形的位置而平衡，则压杆在直线状态的平衡是不稳定的。理想压杆由稳

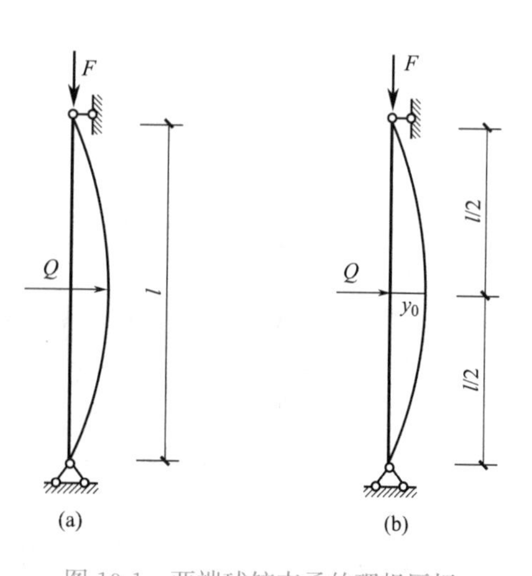

图 10-1　两端球铰支承的理想压杆

定的平衡状态过渡到不稳定的平衡状态过程中，有一临界状态：当轴心外力 F 达到一定数值时，施加干扰力 Q 后压杆将在一个微弯状态保持平衡，而 Q 去除后压杆既不能回到原来的直线平衡状态，弯曲变形也不增大。则压杆在直线状态的平衡是临界平衡或中性平衡，此时压杆上所作用的轴向外力称为压杆的临界力或临界荷载，用 F_{cr} 表示。工程上将临界平衡状态也纳入不稳定的平衡状态。

由此可以看出，理想压杆的稳定性（stability）是指压杆保持直线平衡状态的稳定性。而理想压杆是否处于稳定平衡状态取决于轴向压力 F 是否达到或超过临界力 F_{cr}。当 $F < F_{cr}$ 时，压杆处于稳定的平衡状态；当 $F \geqslant F_{cr}$ 时，压杆处于不稳定的平衡状态。

对于理想压杆，当轴向压力 $F \geqslant F_{cr}$ 时，外界的微小扰动将使压杆产生弯曲变形，而且扰动去除后压杆不能回到原来的直线平衡状态，这一现象称为理想压杆的失稳或屈曲。和强度、刚度问题一样，失稳也是构件失效的形式之一。

须指出的是，理想压杆的失稳形式除了弯曲屈曲以外，视截面、长度等因素不同，还可能发生扭转屈曲和弯扭屈曲。

10.1.2　分叉点失稳和极值点失稳

1. 分叉点失稳

设图 10-1（b）所示理想压杆的轴向压力为 F，干扰力 Q 去除后中点挠度为 y_0，在 y_0OF 坐标系下，F-y_0 关系曲线如图 10-2（a）所示。可见，当 $F < F_{cr}$ 时，$y_0 = 0$；当 $F = F_{cr}$ 时，y_0 取值视干扰力大小而定，在 AB 间变化，但 AB 是微量。图中 AB' 代表反向干扰时的情况。当 $F \geqslant F_{cr}$ 时，F-y_0 关系曲线如图 10-2（b）中 OAC 所示，其中 AC 曲线是根据大挠度理论计算出的。曲线 AC 表示 $F > F_{cr}$ 而失稳时理想压杆不能在微弯状态平衡，如 $F = F_D$ 时，中点挠度 y_0 为 AC 曲线上 E 点对应的横坐标。

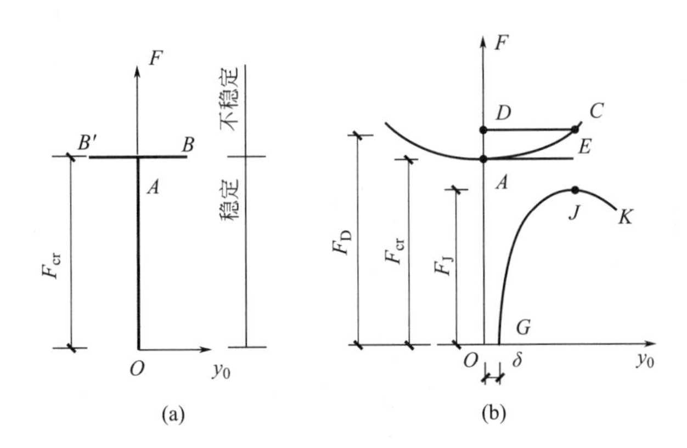

图 10-2　分叉点失稳和极值点失稳

可见，对于理想压杆，当 $F < F_{cr}$ 时，F-y_0 曲线为直线 OA；当 $F \geqslant F_{cr}$ 时，AD 对应无干扰时的直线位置平衡状态，而 AC 对应有干扰时的平衡状态。A 点称为分叉点，F_{cr} 又称为分叉点荷载。OAC 曲线所描写的失稳模型也称为分叉点失稳。

本章将主要讨论理想压杆的失稳，即分叉点失稳。

2. 极值点失稳

与理想压杆相比，实际压杆总是有缺陷的，如初始曲率、初始应力、荷载偏心等，其

F-y_0 曲线如图 10-2（b）中 GJK 所示（其中，δ 为实际压杆的初始挠度）。该曲线的特点是外力 F 达到 F_J 后，曲线出现了下降段 JK，其含义是：压杆急剧弯曲而它能承担的外力 F 不断降低。这实际上代表了压杆的"压溃"现象。曲线 GJK 所描写的失稳模型称为极值点失稳，而将曲线顶点所对应的荷载 F_J 称为极值点荷载。

10.2 两端铰支细长压杆的临界力

对于理想细长压杆而言，当轴向力 F 小于临界力 F_{cr} 时，其直线状态的平衡是稳定的。所以，确定其临界力 F_{cr} 是至关重要的。本节研究的压杆模型是：理想细长压杆，两端球铰支承，临界力 F_{cr} 作用，横向干扰力 Q 去除后保持微弯平衡状态，失稳后材料仍保持线弹性状态（图 10-3a）。

从微弯平衡状态的压杆中取分离体如图 10-3（b）所示，在 x 截面上的弯矩为

$$M(x)=F_A y(x)=F_{cr}y(x) \tag{a}$$

在小变形条件下，梁挠曲线的近似微分方程为

$$M(x)=-EIy'' \tag{b}$$

式（a）代入式（b），可得

$$EIy''+F_{cr}y=0 \tag{c}$$

此式即为压杆微弯弹性曲线的微分方程。令

$$k^2=\frac{F_{cr}}{EI} \tag{d}$$

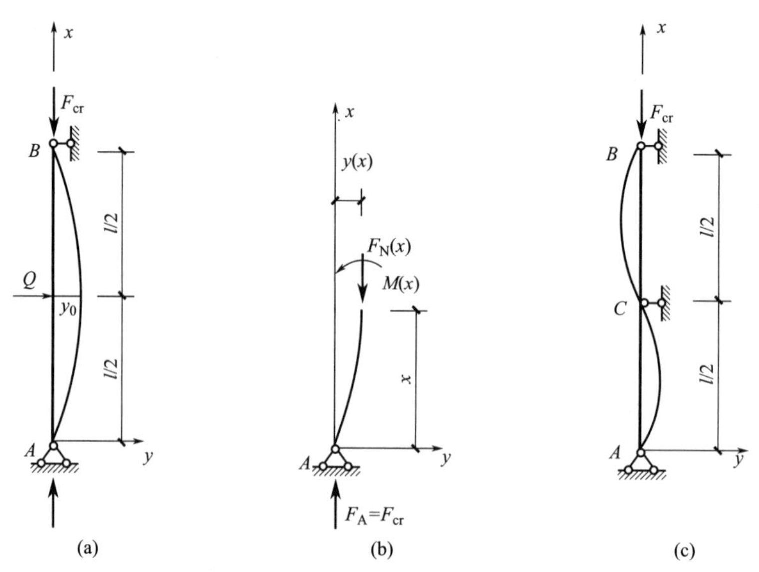

图 10-3　两端铰支细长压杆的临界力

式（c）可写为

$$y''+k^2y=0 \tag{e}$$

这是一个二阶常系数线性齐次微分方程，其通解为

$$y=A\sin kx+B\cos kx \tag{f}$$

式中的积分常数 A、B 可以根据位移边界条件确定

$$x=0 \text{ 处，} y=0$$
$$x=l \text{ 处，} y=0$$

代入式（f）可得线性方程组

$$\left.\begin{aligned} A\times 0+B\times 1=0 \\ A\sin kl+B\cos kl=0 \end{aligned}\right\} \tag{g}$$

显然方程组（g）有零解，即 $A=B=0$，但由式（f）可得此时的 $y\equiv 0$，这和前面的假设条件不符。所以，方程组（g）必有非零解，其系数行列式等于零，即

$$\begin{vmatrix} 0 & 1 \\ \sin kl & \cos kl \end{vmatrix}=0$$

解得

$$\sin kl=0 \tag{h}$$

则

$$kl=\pm n\pi \quad (n=0,\ 1,\ 2,\ 3\cdots)$$

结合式（d），可得

$$F_{cr}=k^2EI=\frac{n^2\pi^2EI}{l^2} \quad (n=0,\ 1,\ 2,\ 3\cdots) \tag{i}$$

可见 F_{cr} 是一系列的理论取值，但是使压杆保持微弯平衡状态的最小压力才是临界力，所以式（i）中的 n 应取 1，于是

$$F_{cr}=\frac{\pi^2EI}{l^2} \tag{10-1}$$

式中，E 为材料的弹性模量；当压杆端部各个方向的约束相同时，I 取为压杆横截面的最小形心主惯性矩。由式（g）的第一式可得 $B=0$，又 $k=\pm\frac{\pi}{l}$，所以 $y=\pm A\sin\frac{\pi x}{l}$。再假设压杆中点处的最大挠度为 δ，可得弹性失稳挠曲线方程为

$$y=\delta\sin\frac{\pi x}{l} \tag{j}$$

可见，两端铰支细长压杆在临界力作用下失稳时，其挠曲线为半波正弦曲线。式（j）中的 δ 不能确定，是式（b）的近似性造成的。

式（10-1）是瑞士科学家欧拉于 1774 年提出的，所以该式称为临界力的欧拉公式，而 π^2EI/l^2 称为欧拉临界力。

须指出的是，式（i）中的 $n=2$ 时，对应的情况是图 10-3（c）所示中部有支承时的压杆，其失稳挠曲线是两个半波正弦曲线。同理，当 $n=3$、4…时可以依此类推。

【例 10-1】用 3 号钢制成的细长杆件，长 1m，截面是 8mm×20mm 的矩形，两端为铰支座。材料的屈服极限为 $\sigma_s=240$MPa，弹性模量 $E=210$GPa，试按强度观点和稳定性观点分别计算其屈服荷载 F_s 及临界荷载 F_{cr}，并加以比较。

解：杆的横截面面积为

$$A=8\times 20\text{mm}^2=160\text{mm}^2$$

横截面的最小惯性矩为

$$I_{min}=\frac{1}{12}\times20\times8^3\text{mm}^4=853.3\text{mm}^4$$

所以

$$F_s=A\sigma_s=160\text{mm}^2\times240\text{MPa}=38.4\text{kN}$$

$$F_{cr}=\frac{\pi^2EI}{l^2}=\frac{\pi^2\times210\times10^3\text{MPa}\times853.3\text{mm}^4}{1000^2\text{mm}^2}=1.768\text{kN}$$

两者之比为

$$F_{cr}:F_s=1.768:38.4=1:21.72$$

可见对细长杆的承载能力起控制作用的是稳定问题。

【例 10-2】两端铰支的中心受压细长压杆，长 1m，材料的弹性模量 $E=200\text{GPa}$，考虑采用三种不同截面，如图 10-4 所示（图中尺寸单位为 mm）。试比较这三种截面的压杆的稳定性。

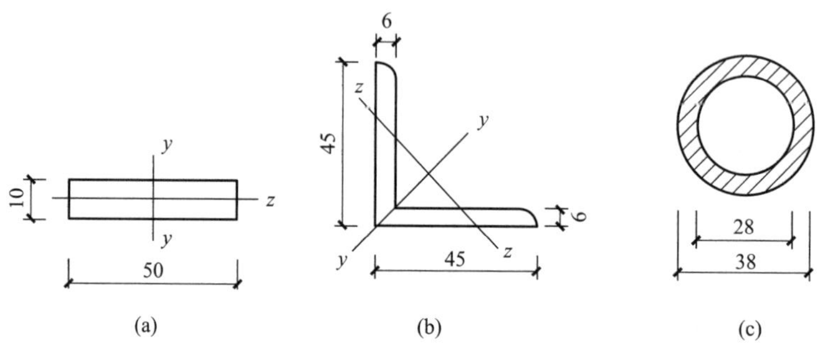

图 10-4　例 10-2 图

解：（1）矩形截面

$$I_{min,1}=I_z=\frac{1}{12}\times50\text{mm}\times10^3\text{mm}^3=4166.6\text{mm}^4$$

$$F_{cr,1}=\frac{\pi^2EI}{l^2}=\pi^2\times200\times10^3\text{MPa}\times4166.6\text{mm}^4/1000^2\text{mm}^2=8.255\text{kN}$$

（2）等边角钢∟ 45×6

$$I_{min,2}=I_z=3.89\text{cm}^4=3.89\times10^4\text{mm}^4$$

$$F_{cr,2}=\frac{\pi^2EI}{l^2}=\pi^2\times200\times10^3\text{MPa}\times(3.89\times10^4\text{mm}^4)/1000^2\text{mm}^2=76.79\text{kN}$$

（3）圆管截面

$$I_{min,3}=\frac{\pi}{64}(D^4-d^4)=\frac{\pi}{64}(38^4-28^4)\text{mm}^4=72182\text{mm}^4$$

$$F_{cr,3}=\frac{\pi^2EI}{l^2}=\pi^2\times200\times10^3\text{MPa}\times72182\text{mm}^4/1000^2\text{mm}^2=142.48\text{kN}$$

讨论：三种截面的面积依次为

$$A_1=500\text{mm}^2,\ A_2=507.6\text{mm}^2,\ A_3=\frac{\pi}{4}(38^2-28^2)=518.4\text{mm}^2$$

$$A_1:A_2:A_3=1:1.02:1.04$$

所以，三根压杆所用材料的量相差无几，但是

$$F_{cr,1}:F_{cr,2}:F_{cr,3}=I_{min,1}:I_{min,2}:I_{min,3}=1:9.34:17.32$$

由此可见，当端部各个方向的约束均相同时，对用同样多的材料制成的压杆，要提高其临界力就要设法提高 I_{min} 的值，不要让 I_{max} 和 I_{min} 的差太大。因为对稳定而言，I_{max} 再大也无益，最好让 $I_{max}=I_{min}$。从这方面看，圆管截面是最合理的截面。但须注意，应避免为使材料尽量远离中性轴而把圆管直径定得太大，因为在材料消耗量不变的情况下会使管壁太薄，从而可能发生杆的轴线不弯曲，但管壁突然出现皱痕的局部失稳现象。

10.3　杆端约束的影响

由上一节欧拉临界力的推导过程可以看出，当理想压杆的杆端约束不同时，其临界力一般也不同。与两端铰支细长压杆的临界力推导过程相似，可以求出几种常见杆端约束下压杆的临界力，如图 10-5 所示，并用统一形式表达为

$$F_{cr}=\frac{\pi^2 EI}{l_0^2}=\frac{\pi^2 EI}{(\mu l)^2} \tag{10-2}$$

式中

$$l_0=\mu l \tag{10-3}$$

l_0 称为压杆的计算长度或有效长度。l 是压杆的实际长度，μ 称为长度系数。

从图 10-5 可以看出，不同杆端约束压杆可以比拟为两端铰支压杆，其计算长度 l_0 相当于失稳挠曲线中一个半波正弦曲线段所对应的轴向长度。例如，图 10-5（b）所示一端固定、一端自由的压杆，其失稳挠曲线假想沿支承面延长一倍即为一个半波正弦曲线，所以 $l_0=2l$ 即 $\mu=2$；又如图 10-5（c）所示一端固定、一端夹支（可上、下移动，但不能左、右移动及转动）的压杆，失稳后在距上、下支座为 $l/4$ 处（图中 A、B 截面）弯矩为零（称 A、B 截面所在位置为拐点或反弯点），而且两个反弯点之间的挠曲线为一个半波正弦曲线，所以 $l_0=0.5l$ 即 $\mu=0.5$。其他常见约束下压杆的反弯点和失稳挠曲线见图 10-5（d）和（e）所示。

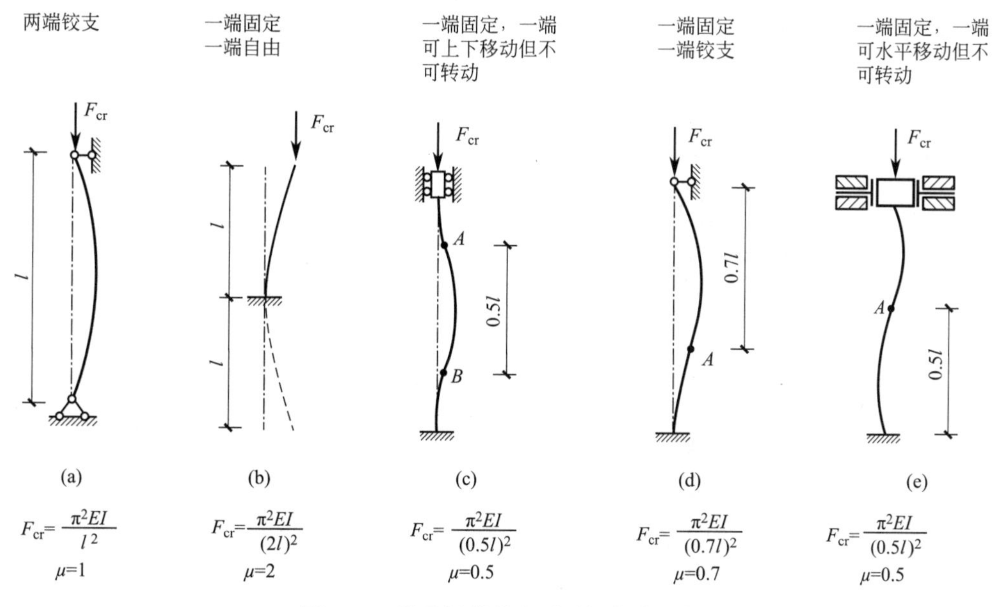

图 10-5　常见杆端约束下压杆的临界力

【例 10-3】图 10-6（a）所示一细长压杆，截面为 $b\times h$ 的矩形，就 xy 平面内的弹性曲线而言它是两端铰支，就 xz 平面内的弹性曲线而言它是两端固定，问 b 和 h 的比例应等于多少才合理？

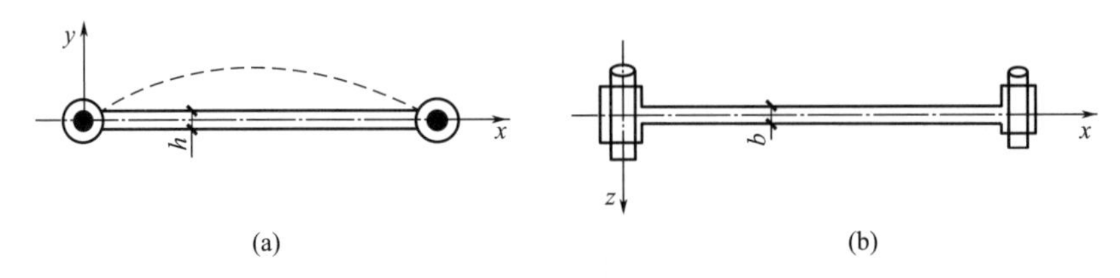

图 10-6　例 10-3 图

解：在 x-y 平面内弯曲时，因两端铰支，所以 $l_0=l$。弯曲的中性轴为 z 轴，惯性矩应取 I_z

$$(F_{cr})_{xy}=\frac{\pi^2 EI_z}{l_0^2}=\frac{\pi^2 E}{l^2}\cdot\frac{bh^3}{12}$$

在 x-z 平面内弯曲时，因两端固定，所以 $l_0=l/2$。弯曲的中性轴为 y 轴，所以惯性矩应取 I_y

$$(F_{cr})_{xz}=\frac{\pi^2 EI_y}{(l/2)^2}=\frac{\pi^2 E}{l^2}\cdot 4(\frac{hb^3}{12})$$

令 $(F_{cr})_{xy}=(F_{cr})_{xz}$（这样最合理），得

$$h^2=4b^2$$

所以

$$h=2b$$

【例 10-4】试求图 10-7（a）所示一端铰支，一端夹支（可上、下移动，但不能转动）的细长理想压杆的临界力 F_{cr}。

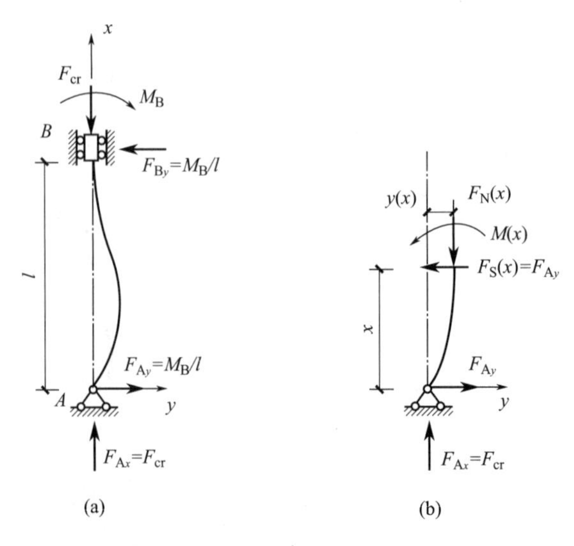

图 10-7　例 10-4 图

解：首先求出压杆在临界平衡状态下两端约束处的反力。设上端支反力偶矩为 M_B，则 $F_{By}=F_{Ay}=M_B/l$，$F_{Ax}=F_{cr}$，如图 10-7（a）所示。取分离体如图 10-7（b）所示，可得任意截面的弯矩为

$$M(x)=F_{cr}y-\frac{M_B}{l}x$$

代入挠曲线近似微分方程 $M=-EIy''$，得

$$EIy''+F_{cr}y=\frac{M_B}{l}x \tag{a}$$

令

$$k^2=\frac{F_{cr}}{EI}$$

式（a）成为

$$y''+k^2y=\frac{M_B}{EIl}x$$

其通解是

$$y=A\sin kx+B\cos kx+\frac{M_Bx}{F_{cr}l} \tag{b}$$

考虑位移边界条件

$$x=0\text{ 处，}y=0 \tag{c}$$

$$x=l\text{ 处，}\theta=\frac{dy}{dx}=0 \tag{d}$$

$$x=l\text{ 处，}y=0 \tag{e}$$

将式（c）代入式（b），可得 $B=0$。将式（d）代入式（b），可得 $A=-\dfrac{M_B}{F_{cr}kl\cos kl}$。最后由式（e），得

$$\tan kl=kl$$

其最小非零解为

$$kl=4.493$$

所以该压杆的临界力为

$$F_{cr}=k^2EI=\frac{20.2EI}{l^2}=\frac{\pi^2EI}{(0.7l)^2}$$

10.4　临界应力曲线

当中心压杆所受压力等于临界力而仍旧直立时，其横截面上的压应力称为临界应力，以记号 σ_{cr} 表示，设横截面面积为 A，则

$$\sigma_{cr}=\frac{F_{cr}}{A}=\frac{\pi^2E}{l_0^2}\cdot\frac{I}{A} \tag{10-4}$$

又 $I/A=i^2$，i 是截面的回转半径，于是得

$$\sigma_{cr}=\frac{\pi^2 E i^2}{l_0^2}$$

令

$$l_0/i=\lambda \tag{10-5}$$

称 λ 为压杆的长细比或柔度，于是有

$$\sigma_{cr}=\frac{\pi^2 E}{\lambda^2} \tag{10-6}$$

对同一材料而言，$\pi^2 E$ 是一常数。因此，λ 值决定着 σ_{cr} 的大小，长细比 λ 越大，临界应力 σ_{cr} 越小。式（10-6）是欧拉公式的另一形式。

欧拉公式适用范围：

若压杆的临界力已超过比例极限 σ_p，胡克定律不成立，这时式 $M(x)=EI/\rho$ 不能成立。所以欧拉公式的适用范围是临界应力不超过材料的比例极限。即

$$\sigma_{cr}\leqslant\sigma_p \tag{10-7}$$

对于某一压杆，当临界力未算出时，不能判断式（10-7）是否满足；能否在计算临界力之前，预先判断哪一类压杆的临界应力不会超过比例极限，哪一类压杆的临界点应力将超过比例极限，哪一类压杆不会发生失稳而只有强度问题？回答是肯定的。

若用 λ_p 表示可用欧拉公式的最小柔度，则欧拉公式的适用范围可表示为

$$\lambda\geqslant\sqrt{\frac{\pi^2 E}{\sigma_p}}=\lambda_p \tag{10-8}$$

λ_p 与压杆的材料有关，对于 3 号钢：$E\approx210\text{GPa}$，$\sigma_p\approx200\text{MPa}$，则

$$\lambda_p=\sqrt{\frac{\pi^2 E}{\sigma_p}}=\sqrt{\frac{\pi^2(210\times10^3)}{200}}=102$$

而镍钢（含镍 3.5%）：$E\approx2.15\times10^5\text{MPa}$，$\sigma_p\approx490\text{MPa}$，则

$$\lambda_p=\sqrt{\frac{\pi^2(2.15\times10^5)}{490}}=65.8$$

以 λ 为横坐标轴，σ_{cr} 为纵坐标轴，则欧拉公式（10-6）的图像是一条双曲线，如图 10-8（a）所示，其中只有实线部分适用，虚线部分表示中柔度压杆，这类压杆横截面上的应力已经超过比例极限，故称为非弹性屈曲。

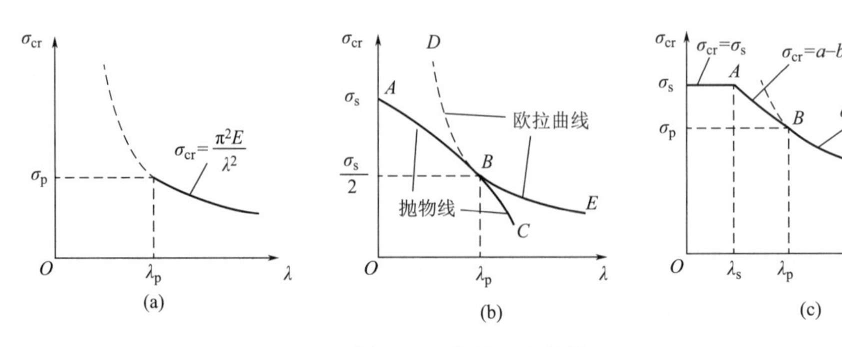

图 10-8　临界应力曲线

对于中长杆与粗短压杆，目前在设计中多采用经验公式计算其临界应力。下面介绍几

种常用工程材料压杆的设计公式。

1. 结构钢

1）对于细长压杆，由欧拉公式得到的结果

$$\sigma_{cr}=\frac{\pi^2E}{\lambda^2}\quad(\lambda\geqslant\lambda_p)\tag{10-9}$$

2）对于中长压杆与粗短压杆，由抛物线公式得到的结果

$$\sigma_{cr}=\sigma_0-k\lambda^2\quad(\lambda\leqslant\lambda_p)\tag{10-10}$$

在 $\lambda O\sigma_{cr}$ 坐标中作出式（10-9）和式（10-10）所表示 σ_{cr}-λ 的关系曲线如图 10-8（b）所示，称为**临界应力曲线**或**临界应力总图**。式（10-10）中的 σ_0 和 k 可以由图 10-8（b）所示抛物线端点 A、B 的坐标值确定。

2. 铸铁、铝合金与木材

1）对于细长压杆，临界应力仍然采用由欧拉公式得到的结果，即

$$\sigma_{cr}=\frac{\pi^2E}{\lambda^2}\quad(\lambda\geqslant\lambda_p)\tag{10-11}$$

2）对于粗短压杆，临界应力为

$$\sigma_{cr}=\sigma_s\quad 或\quad \sigma_{cr}=\sigma_b\quad(\lambda\leqslant\lambda_s)\tag{10-12}$$

3）对于中长压杆，采用直线经验公式

$$\sigma_{cr}=a-b\lambda\quad(\lambda_s\leqslant\lambda\leqslant\lambda_p)\tag{10-13}$$

由上述三式所确定的 σ_{cr}-λ 曲线如图 10-8（c）所示。与 λ_p、λ_s 对应的临界应力值分别为比例极限和屈服极限（或强度极限 σ_b）。据此，不难确定各种材料的 λ_p 和 λ_s 值。

此外，式（10-13）中常数 a 与 b 均与材料有关。表 10-1 中列出了三种材料的 a、b 值。

直线经验公式中常数值　　　　表 10-1

材料	a(MPa)	b(MPa)
铸铁	332.3	1.454
铝合金	373	2.15
木材	28.7	0.19

【例 10-5】 图 10-9 所示两端铰支（球形铰）的圆截面压杆，该杆用 3 号钢制成，$E=210\text{GPa}$，$\sigma_p=200\text{MPa}$，已知杆的直径 $d=100\text{mm}$，问：杆长 l 为多大时，方可用欧拉公式计算该杆的临界力？

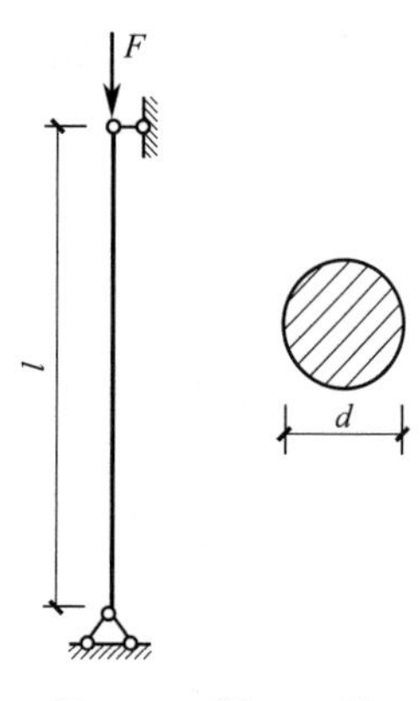

图 10-9　例 10-5 图

解： 当 $\lambda\geqslant\lambda_p$ 时，才能用欧拉公式计算该杆的临界力

$$\lambda=l_0/i=\frac{\mu l}{\sqrt{\frac{I}{A}}}=\frac{1\times l}{\frac{d}{4}}=\frac{4l}{d}$$

$$\lambda_p=\sqrt{\frac{\pi^2E}{\sigma_p}}=\sqrt{\frac{\pi^2\times210\times10^3}{200}}=102$$

由 $\lambda=\dfrac{4l}{d}\geqslant\lambda_p=102$ 得

$$l \geqslant \frac{102}{4}d = 2550\text{mm} = 2.55\text{m}$$

即当该杆的长度大于 2.55m 时，才能用欧拉公式计算临界力。

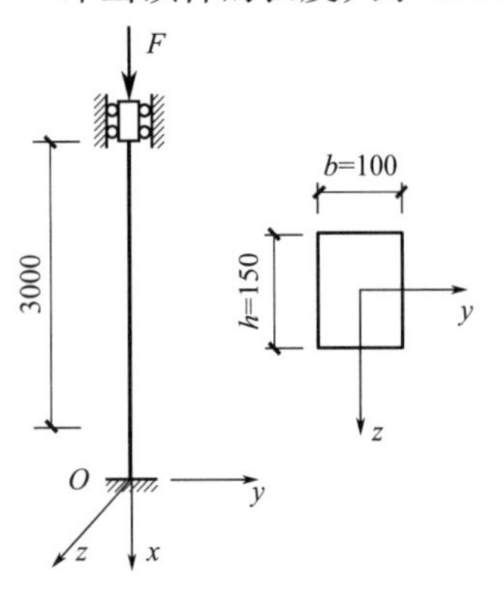

图 10-10　例 10-6 图

【例 10-6】图 10-10 所示钢压杆（图中尺寸单位为 mm），材料的弹性模量 $E=200\text{GPa}$，比例极限 $\sigma_p=265\text{MPa}$，其两端约束分别为：下端固定；上端：在 xOy 平面内为夹支，在 xOz 平面内为自由端。(1) 计算该压杆的临界力；(2) 从该压杆的稳定角度（在满足 $\lambda \geqslant \lambda_p$ 情况下），b 与 h 的比值应等于多少才合理？

解：(1) 计算临界力

在 x-y 平面内弯曲时，因一端固定，一端夹支，所以 $l_{01}=0.5l=1500\text{mm}$；因弯曲的中性轴为 z 轴，惯性矩应取 I_z，惯性半径取 i_z

$$(\lambda)_{xy} = \frac{l_{01}}{i_z} = \frac{l_{01}}{\sqrt{I_z/(bh)}} = \frac{l_{01}}{b\sqrt{1/12}} = 52$$

在 x-z 平面内弯曲时，因一端固定，一端自由，所以 $l_{02}=2l=6000\text{mm}$，因弯曲的中性轴为 y 轴，惯性矩应取 I_y，惯性半径取 i_y

$$(\lambda)_{xz} = \frac{l_{02}}{i_y} = \frac{l_{02}}{\sqrt{I_y/(bh)}} = \frac{l_{02}}{h\sqrt{1/12}} = 138.56 > (\lambda)_{xy}$$

所以 $(\lambda)_{xz}$ 起决定作用，由

$$\lambda_p = \sqrt{\frac{\pi^2 E}{\sigma_p}} = \sqrt{\frac{\pi^2 \times 200 \times 10^3}{265}} = 86.31 < (\lambda)_{xz}$$

欧拉公式成立，所以

$$F_{cr} = (F_{cr})_{xz} = \frac{\pi^2 EI}{(l_{02})^2} = \frac{\pi^2 \times 200 \times 10^3\text{MPa} \times \frac{1}{12} \times 100\text{mm} \times 150^3\text{mm}^3}{6000^2\text{mm}^2}$$

$$= 1.54 \times 10^6\text{N} = 1.54 \times 10^3\text{kN}$$

(2) 确定合理的 b 与 h 比值

在满足 $\lambda \geqslant \lambda_p$ 情况下，合理的截面应为

$$(F_{cr})_{xy} = (F_{cr})_{xz} \quad \text{或} \quad (\lambda)_{xy} = (\lambda)_{xz}，\text{即} \frac{l_{01}}{i_z} = \frac{l_{02}}{i_y}$$

$$\text{得} \frac{1500}{b\sqrt{1/12}} = \frac{6000}{h\sqrt{1/12}}$$

所以　　$h/b = 6000/1500 = 4$

10.5　压杆的稳定计算

10.5.1　安全系数法

前几节中我们学习了理想压杆的临界力 F_{cr} 及临界应力 σ_{cr} 的求解方法，但是对于实际

压杆，如以 F_{cr} 作为轴向外力的控制值，这显然是不安全的。所以，为安全起见，使实际压杆具有足够的稳定性，应该考虑一定的安全储备，稳定条件为

$$F \leqslant \frac{F_{cr}}{n_{st}} \tag{10-14}$$

或

$$F \leqslant \frac{\sigma_{cr} A}{n_{st}} \tag{10-15}$$

式中，F 为压杆的轴向外力，F_{cr} 为压杆的临界力，σ_{cr} 为压杆的临界应力，A 为压杆的横截面面积。

式（10-14）和式（10-15）中的 n_{st} 为规定的稳定安全系数，可以从设计规范或设计手册中查到。一般来说，n_{st} 取值比强度安全系数略高，这是因为实际压杆与理想压杆相比存在有诸多缺陷。以钢压杆为例，其缺陷可以归纳为三种：初弯曲、荷载偏心和残余应力（压杆截面上存在的自相平衡的初始应力），这些缺陷都会降低压杆的临界力。

【例 10-7】三角架受力如图 10-11（a）所示，其中 BC 杆为 10 号工字钢。其弹性模量 $E=200\text{GPa}$，比例极限 $\sigma_p=200\text{MPa}$，若稳定安全系数 $n_{st}=2.2$，试从 BC 杆的稳定考虑，求结构许用荷载［F］。

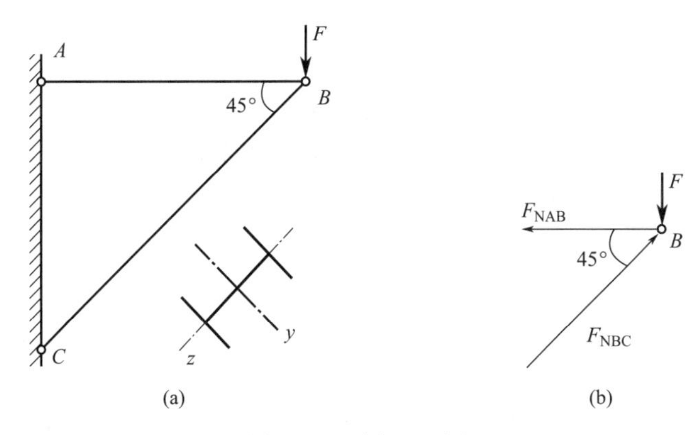

图 10-11　例 10-7 图

解：考察 BC 杆，其 λ_p 为：

$$\lambda_p=\sqrt{\frac{\pi^2 E}{\sigma_p}}=\sqrt{\frac{\pi^2\times 200\times 10^3\text{MPa}}{200\text{MPa}}}=99.3$$

其截面为 10 号工字钢，查型钢表得

$$i_{min}=i_z=1.52\text{cm}=15.2\text{mm}$$

$$A=14.345\text{cm}^2=1434.5\text{mm}^2$$

其杆端约束为两端铰支，长细比 λ 为

$$\lambda=\frac{l_0}{i_z}=\frac{1\times l}{i_z}=\frac{1\times\sqrt{2}\times 1.5\times 10^3\text{mm}}{15.2\text{mm}}=139.6$$

$\lambda>\lambda_p$，可以用欧拉公式计算其临界力，故

$$[F_{NBC}]=\frac{F_{cr}}{n_{st}}=\frac{\pi^2 EA}{\lambda^2 n_{st}}=\frac{\pi^2\times 200\times 10^3\text{MPa}\times 1434.5\text{mm}^2}{139.6^2\times 2.2}=66\text{kN}$$

最后考察结点 B 的平衡，如图 10-11（b）所示，可得

$$F=\frac{\sqrt{2}}{2}F_{NBC}$$

所以

$$[F]=\frac{\sqrt{2}}{2}[F_{NBC}]=46.7\text{kN}$$

10.5.2 稳定系数法

对于轴向受压的压杆，由式（10-15）可得

$$\frac{F}{A}\leqslant\frac{\sigma_{cr}}{n_{st}}$$

在桥梁、木结构、钢结构和起重机械的设计中，常将上式中的 σ_{cr}/n_{st} 用材料的许用应力 $[\sigma]$ 乘以一个折减系数的方式来表示，即

$$\frac{\sigma_{cr}}{n_{st}}=\varphi[\sigma]$$

式中的 φ 称为**压杆的稳定系数**或**折减系数**，且 $\varphi<1$。这样，压杆的稳定条件为

$$\frac{F}{A}\leqslant\varphi[\sigma]\quad\text{或}\quad\frac{F}{A\varphi}\leqslant[\sigma]\tag{10-16}$$

稳定系数 φ 是由压杆的材料、长度、横截面形状和尺寸、杆端约束形式等因素决定的，λ 越大则 φ 越小。φ 可由设计规范中的稳定系数表查得。

10.6 提高压杆稳定性的措施

由压杆的临界力及临界应力公式即 $F_{cr}=\frac{\pi^2EI}{(\mu l)^2}$、$\sigma_{cr}=\frac{\pi^2E}{\lambda^2}$ 或 $\sigma_{cr}=a-b\lambda$ 可知，压杆的稳定性取决于以下因素：长度、横截面形状与尺寸、约束情况和材料的力学性能。所以，提高压杆稳定性的主要措施可以从以下几方面考虑：

1. 合理选择截面形状

压杆的临界力 F_{cr} 或临界应力 σ_{cr} 与形心主惯性矩 I 成正比，因此采用 I 值较大的截面可以提高压杆的稳定性。从例 10-2 也可以看出，圆管截面比矩形、等边角钢更合理。同理，相同面积的箱形截面比矩形截面更合理。再如，建筑施工中的脚手架就是由空心圆管搭接而成的，钢结构中的轴向受压格构柱常采用的截面形式如图 10-12 所示。

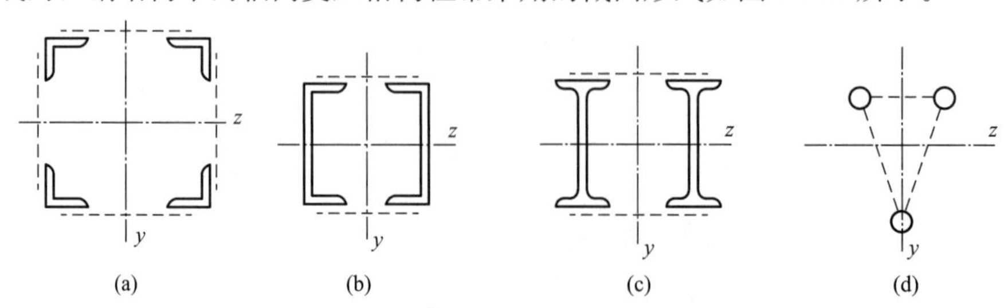

图 10-12 常用的格构柱截面形式

此外，压杆的截面形状设计中，应尽量实现对两个形心主轴的等稳定性。例如，当压杆的杆端约束沿各方向相同时，应使 $I_y=I_z$，则满足 $\lambda_y=\lambda_z$（图 10-12a）。当压杆的杆端约束沿两个形心主惯性平面的约束不同时，可以采用图 10-12（b）、（c）所示截面形式，通过调整 z 方向的尺寸以满足 $\lambda_y=\lambda_z$。

2. 加强压杆的约束

压杆的杆端约束刚性越强，则长度系数 μ 越小，其临界力越大。因此，应尽可能加强杆端约束的刚性，提高压杆的稳定性。例如框架柱中，刚接柱脚比铰接柱脚的约束更强一些。

3. 减小压杆的长度

压杆的长度越小，其临界力越大，所以应可能减小压杆的长度以提高稳定性。当长度无法改变时，可以在压杆的中部增加横向约束，如脚手架与墙体的连接即是提高其稳定性的举措之一。

4. 合理选择材料

压杆的临界力与材料的弹性模量 E 成正比，E 越大，压杆的稳定性越好。但须注意，各种钢材的 E 区别不大，但是对于中、小柔度压杆，高强钢在一定程度上可以提高临界应力。

思考题

10-1　一张硬纸片，用如图 10-13 所示三种方式竖放在桌面上，试比较三者的稳定性，并说明理由。

10-2　对于理想细长压杆，稳定的平衡、临界平衡及不稳定的平衡如何区分？其特点分别是什么？

10-3　欧拉公式 $F_{cr}=\dfrac{\pi^2 EI}{l^2}$ 中，I 的含义是什么？I 如何取值？对于两端球铰约束的细长压杆，截面分别为如图 10-14 所示三种情况，则 I 如何取值？

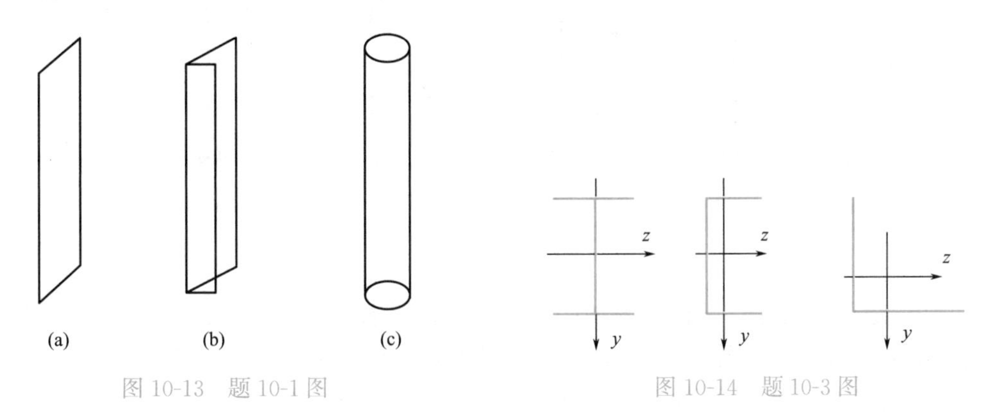

图 10-13　题 10-1 图　　　图 10-14　题 10-3 图

10-4　为何压杆的 $\lambda \geqslant \lambda_p$ 时，该杆为细长杆即可以用欧拉公式？$\lambda \geqslant \lambda_p$ 代表的本质含义是什么？

10-5　如图 10-15 所示两根直径均为 d 的细长立柱，下端固定于底座上，上端与一刚性板刚结，并承受竖向力 F 作用，试分析其可能的失稳形式，并求临界力。

10-6　试从受压杆的稳定角度比较如图 10-16 所示两种桁架结构的承载力，并分析承载力大的结构采用了何种措施来提高其受压构件的稳定性。

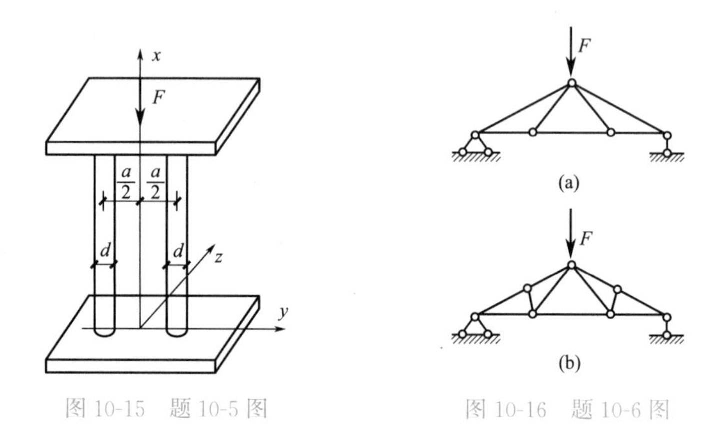

图 10-15　题 10-5 图　　图 10-16　题 10-6 图

习题

10-1　如图 10-17 所示诸细长压杆的材料相同，截面也相同，但长度和支承不同，试比较它们的临界力的大小，并从大到小排出顺序（只考虑压杆在纸平面内的稳定性）。

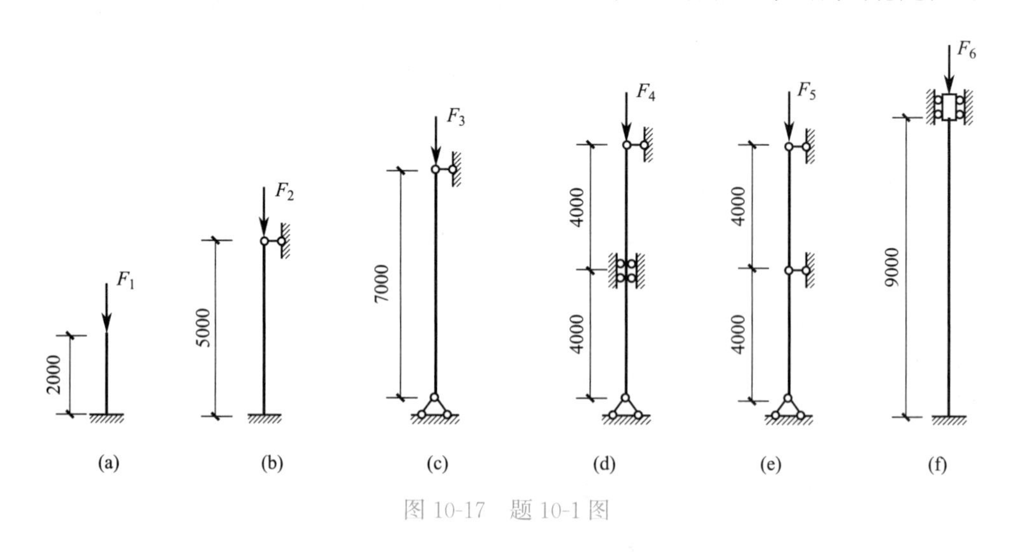

图 10-17　题 10-1 图

10-2　矩形截面细长压杆如图 10-18 所示，其两端约束情况为：在纸平面内为两端铰支，在出平面内一端固定、一端夹支（不能水平移动与转动）。已知 $b=2.5a$，试问 F 逐渐增加时，压杆将于哪个平面内失稳？试分析其横截面高度 b 和宽度 a 的合理比值。

10-3　五杆相互铰接组成一个正方形和一条对角线的结构如图 10-19 所示，设五杆材料相同、截面相同，对角线 BD 长度为 l，求图示两种加载情况下 F 的临界值。

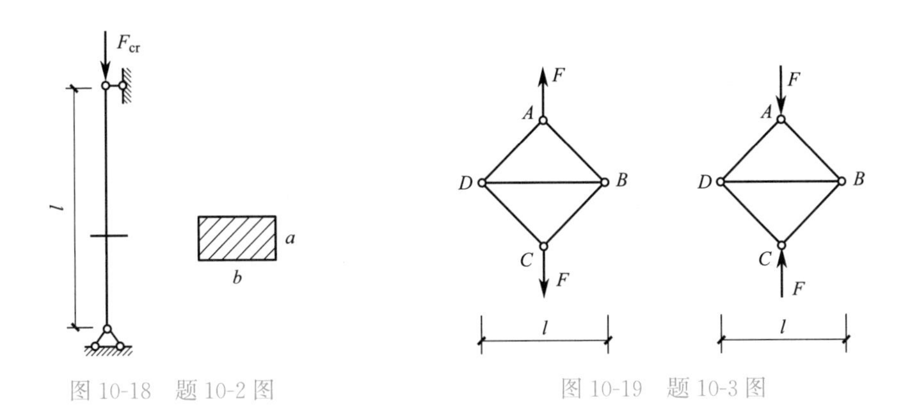

图 10-18　题 10-2 图　　　　图 10-19　题 10-3 图

10-4　一木柱长 3m，两端铰支截面直径 d＝100mm，弹性模量 E＝10GPa，比例极限 σ_p＝20MPa，求其可用欧拉公式计算临界力的最小长细比 λ_p，及临界力 F_{cr}。

10-5　一两端铰支压杆长 4m，用工字钢 I20a 制成，材料的比例极限 σ_p＝200MPa，弹性模量 E＝200GPa，求其临界应力和临界荷载。

10-6　如图 10-20 所示，支架中压杆 AB 的长度为 1m，直径 28mm，材料是 3 号钢，E＝200GPa，σ_p＝200MPa。试求其临界轴力及相应荷载 F。

10-7　两端铰支（球铰）的压杆是由两个 18a 号槽钢组成，槽钢按图 10-21 中（a）、（b）两种方式布置，已知 l＝7.2m，材料的弹性模量 E＝200GPa，比例极限 σ_p＝200MPa。试：(1) 从稳定考虑，分析（a）、（b）两种布置中哪种布置合理；(2) 求合理布置下该杆的临界力。

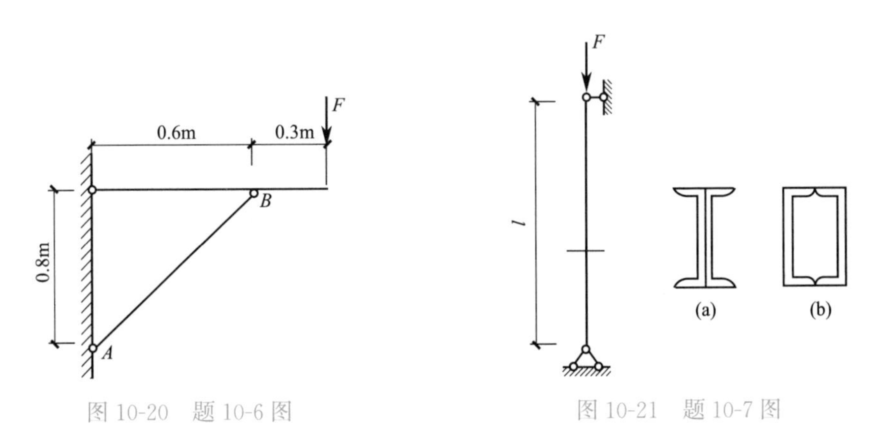

图 10-20　题 10-6 图　　　　图 10-21　题 10-7 图

10-8　圆形截面铰支（球铰）压杆如图 10-22 所示，已知杆长 l＝1m，直径 d＝26mm，材料的弹性模量 E＝200GPa，比例极限 σ_p＝200MPa。如稳定安全系数 n_{st}＝2，试求该杆的许用荷载 [F]。

10-9　某自制简易起重机如图 10-23 所示，其 BD 杆为 20 号槽钢，材料为 Q235 钢，E＝200GPa，σ_p＝200MPa。起重机最大起吊重量是 F＝40kN。若规定稳定安全系数 n_{st}＝5，试校核 BD 杆的稳定性。

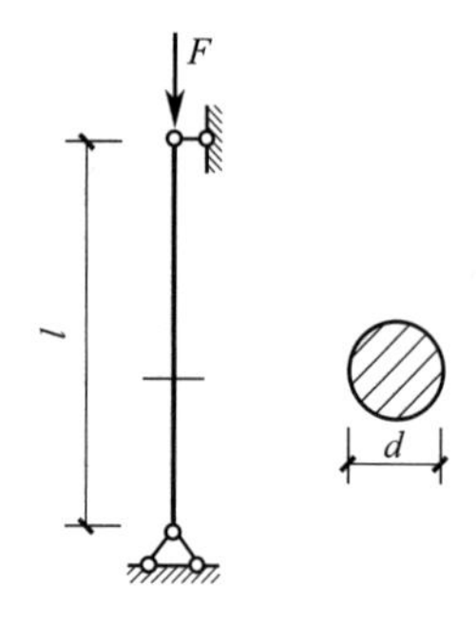

图 10-22　题 10-8 图

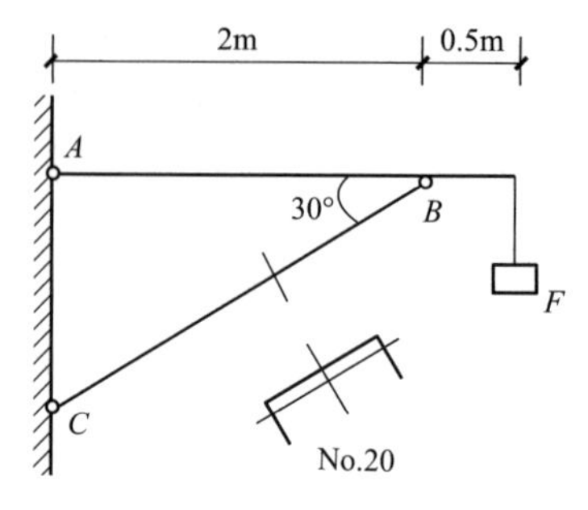

图 10-23　题 10-9 图

第 11 章　结构的动力计算

- 本章教学的基本要求：了解结构动力计算任务、特点和动力荷载的分类；掌握单自由度体系的运动方程、自由振动、无阻尼受迫振动及共振；掌握阻尼对结构振动的影响；了解两自由度体系的自由度。
- 本章教学内容的重点：单自由度体系的运动方程建立和计算；单自由度无阻尼受迫振动及共振基本概念和分析。
- 本章教学内容的难点：如何灵活应用刚度法和柔度法建立单自由度体系的运动方程。
- 本章内容简介：

11.1　概述
11.2　单自由度体系的运动方程
11.3　单自由度体系的无阻尼自由振动
11.4　单自由度体系的无阻尼受迫振动及共振
11.5　阻尼对振动的影响
11.6　两自由度体系的自由振动

11.1　概述

11.1.1　结构动力计算的任务

1. 基本任务

1）结构静力学——主要研究结构在静力荷载作用下的静力反应

a）静内力；

b）静位移。

2）结构动力学——主要研究结构在动力荷载作用下（即强迫振动）的动力反应

a）动内力→最大动内力→进行强度设计，使之满足强度要求；

b）动位移→最大动位移→进行刚度设计；

c）其他（速度和加速度）→最大速度和加速度→不超过其允许值。

2. 研究动力反应的前提和基础

须先分析结构的自由振动，求得结构本身的动力特性：

1）自振频率（2π 秒内振动的次数）；

2）自振周期（振动一次所需的时间）；

3）自振形式（对应于每个自振频率，结构自身所保持的不变的振动形式）；

4）阻尼常数（反映阻尼情况的基本参数；阻尼：使振动衰减的因素）。

3. 土木工程中常见结构振动计算问题

1）高层建筑、高耸结构和大跨度桥梁的风振分析；

2）各类工程结构的抗地震设计；

3）多层厂房中由于动力机器引起的楼面振动计算；

4）高速行驶的车辆对桥梁结构的振动影响；

5）动力设备基础上的振动计算和减振隔振设计等。

11.1.2 结构动力计算的特点（三个方面）

1. 动力荷载的特点

1）静力荷载：荷载（大小、方向、作用位置）不随时间而变化，或随时间极其缓慢地变化（质点被近似地视为在常力作用下作匀速运动，适用于惯性定律，即牛顿第二定律），以致所引起的结构质量的加速度（$\ddot{y}$）及其惯性力（$F_I=-m\ddot{y}$）可以忽略不计。

2）动力荷载（也称干扰力）：荷载（大小、方向、作用位置）随时间而明显变化，以致所引起的结构质量的加速度（$\ddot{y}$）及其惯性力（$F_I=-m\ddot{y}$）是不可忽略的。所谓荷载随时间变化的“快”和“慢”，是以结构的自振动周期（T）来量度的。一般徐徐加于结构的荷载，其变化周期大于（5～6）T 者，即可视为静力荷载。

2. 动力反应的特点

动力反应与结构本身的动力特性有关。因此，在计算动力反应之前，必须先分析结构的自由振动，以确定结构的动力特性。

3. 动力计算方法的特点

一般采用动静法或惯性力法，即

$$\text{动力计算}\xrightarrow[\text{（引入附加惯性力，考虑瞬间平衡）}]{\text{根据达朗伯原理}}\text{转化为静力计算}$$

所建立的运动方程为微分方程：

1）单自由度体系：一个变量的二阶常微分方程。

2）多自由度体系：多个变量的二阶常微分方程组。

3）无限自由度体系：高阶偏微分方程。

对于冲击、突加等几种特殊形式的动力荷载作用，则可采用冲量法求解。

11.1.3 动力荷载的分类

根据动力荷载随时间变化的规律及对结构作用的特点可分为：

（1）周期荷载：随时间按周期变化的荷载。

1）简谐荷载：是周期荷载中最简单和最重要的一种。其随时间 t 的变化规律可用正弦（图 11-1a）或余弦函数表示。一般有旋转装置的设备（如水轮机、电动机、发电机等）在匀速运转时，由于转子质量的偏心，都会产生这种荷载（图 11-1b）。

2）非简谐周期荷载：凡有曲柄连杆的机器（如活塞式空气压缩机、柴油机、锯机等）在匀速运转时都会产生这种荷载。例如，船舶匀速行进时螺旋桨产生的作用于船体的推力（图 11-2）。

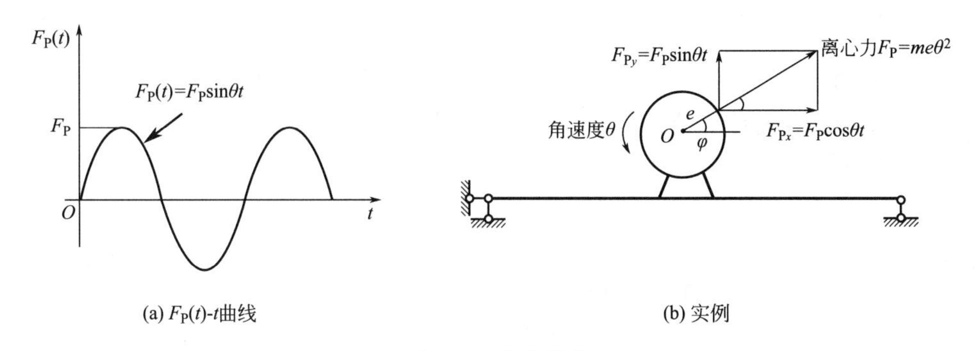

图 11-1　简谐荷载

（2）冲击荷载：在很短时间内骤然增减的集度很大的荷载。例如，各种爆炸荷载（图 11-3）以及锻锤对机器基础的冲击、桩锤对桩的冲击和车轮对轨道接头处的冲击等。

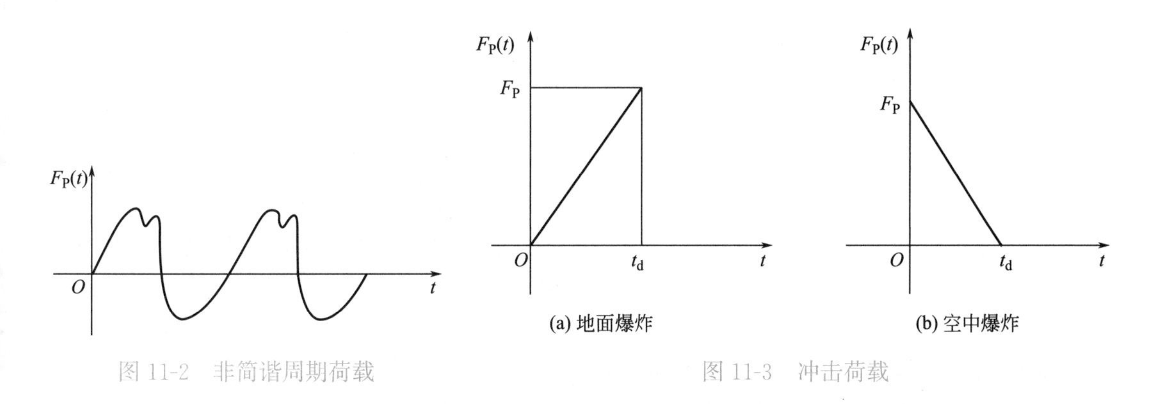

图 11-2　非简谐周期荷载

图 11-3　冲击荷载

（3）突加常量荷载：以某一恒值突然施加于结构上并在较长时间内基本保持不变的荷载（图 11-4）。例如，起重机突然起吊重物时所产生的荷载等。

（4）随机荷载：在将来任一时刻的数值无法事先确定的荷载。不能用数学式定义，但可采用概率论和数理统计的方法，从统计方面来进行定义。地震、脉冲风压和波浪所产生的荷载是其典型例子。图 11-5 表示一个实录的地震水平加速度时程曲线，是一随机变化曲线。

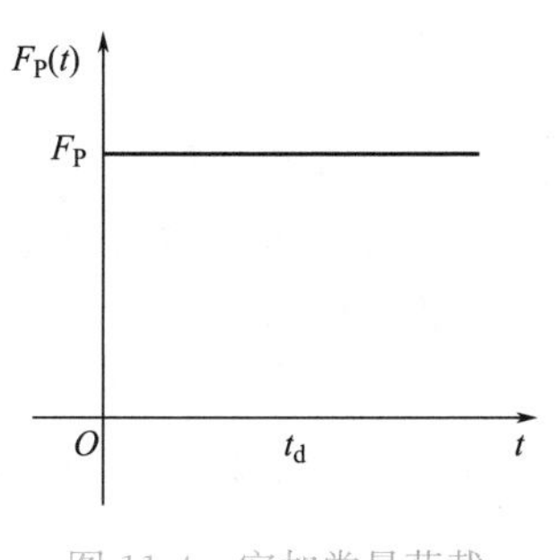

图 11-4　突加常量荷载

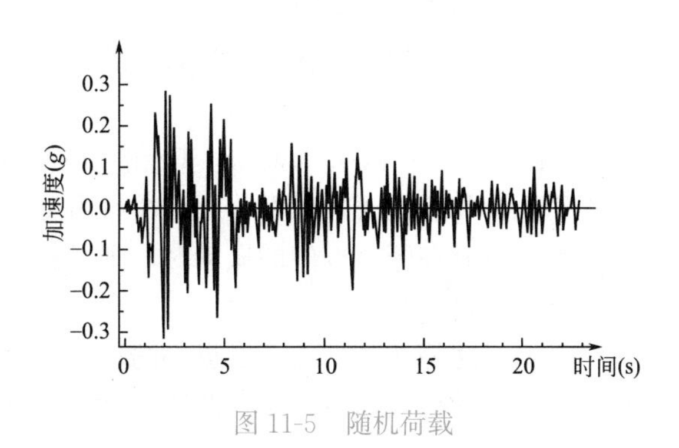

图 11-5　随机荷载

11.1.4 动力计算中体系的自由度

动力计算的主要特点是要计及惯性力的作用，而惯性力又与结构上质点运动情况有关。因此，在确定动力计算简图时，需要研究体系中质量的分布情况以及质量在运动过程中的自由度问题。

1. 动力自由度的定义

为了完全确定体系在运动过程中任一时刻质量位置所必需的独立几何参数的数目，称为体系的**动力自由度**（动力分析的基本未知量是质点的位移）。

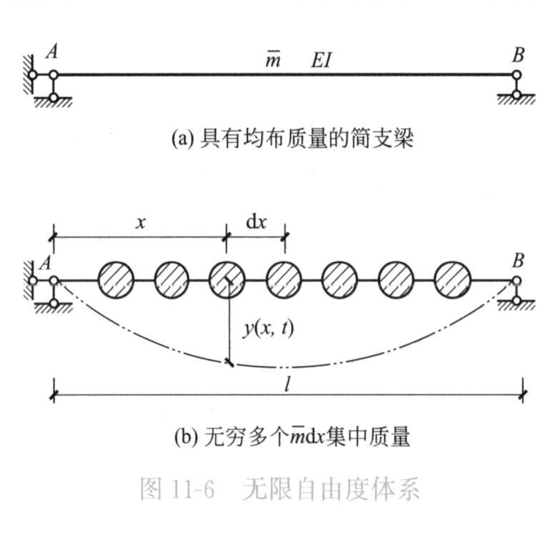

图 11-6　无限自由度体系

2. 体系动力自由度的简化

实际结构的质量都是连续分布的，具有无限多个质点，因此它们都是无限自由度体系。例如，图 11-6（a）所示单位长度的质量为 $\overline{m}$ 的简支梁，每一微段 $\mathrm{d}x$ 长度上的质量为 $\overline{m}\mathrm{d}x$（图 11-6b），在梁沿竖向振动时，各个质点的位移都是质点位置 x 和时间 t 的函数 $y(x, t)$，它是一个无限自由度体系。但如果任何结构都按无限自由度去计算，则不仅十分困难，而且没有必要。为了使计算得到简化，应从减少体系的自由度着手。常用的简化方法有下列三种。

1）集中质量法

集中质量法是从物理的角度提供的一个减少动力自由度的简化方法。该方法把连续分布的质量（根据静力等效原则）集中为几个质点（质点，无大小、几何点，但有质量），这样，就把无限自由度体系简化成有限自由度体系。下面举几个例子加以说明。

图 11-7（a）所示具有均布质量的简支梁，将它分为二等分段或三等分段，根据杠杆原理，将每段质量集中于该段的两端，这样，体系就简化为具有一个或两个自由度的体系。分段越细，计算精度越高。

图 11-7（b）所示为三层平面刚架，在水平力作用下计算刚架侧向振动时，一种常用的简化计算方法是将柱子的分布质量简化为作用于上下横梁处，因而刚架的全部质量都作用在横梁上。由于每层横梁的刚度很大，故梁上各点的水平位移彼此相等，因此每层横梁上的分布质量又可用一个集中质量来代替。最后简化为有三个水平位移自由度 y_1、y_2 和 y_3 的计算简图。

图 11-7（c）所示为一弹性地基上的设备基础，计算时可简化为一刚性质块。当考虑基础在平面内的振动时，体系共有三个自由度，包括水平位移 x、竖向位移 y 和角位移 θ。而当仅考虑基础在竖直方向的振动时，则只有一个自由度（竖向位移 y）。

2）广义坐标法

广义坐标法是从数学的角度提供的一个减少动力自由度的简化方法。例如，具有分布质量的简支梁的振动曲线（位移曲线），可近似地用三角级数表示为

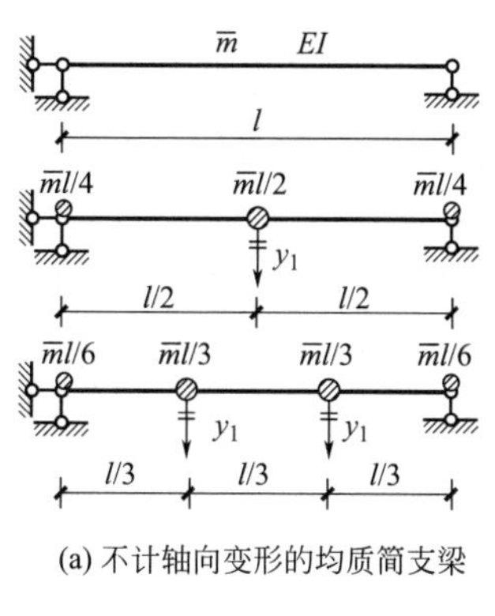

(a) 不计轴向变形的均质简支梁

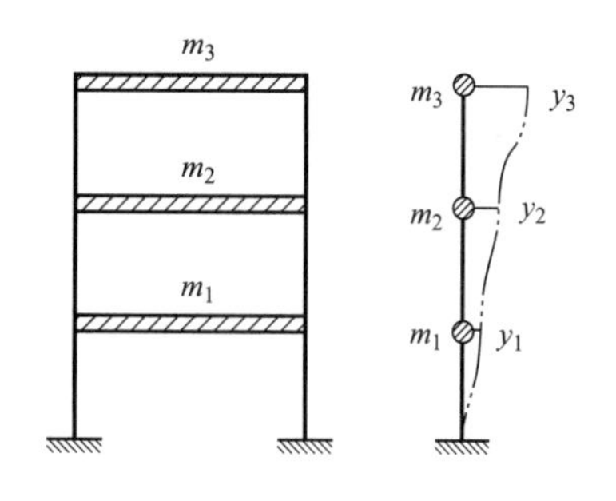

(b) 三层平面刚架在水平力作用下计算侧向振动

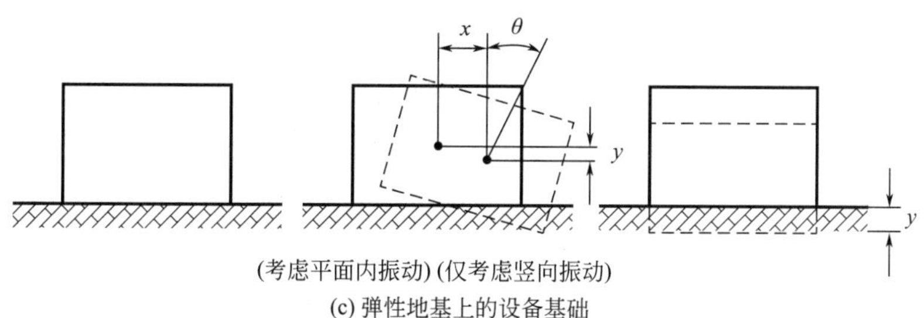

(考虑平面内振动) (仅考虑竖向振动)

(c) 弹性地基上的设备基础

图 11-7　集中质量法

$$y(x,\ t)=\sum_{k=1}^{n}a_k(t)\sin\frac{k\pi x}{l} \tag{11-1}$$

式中，$\sin(k\pi x/l)$ 是一组给定的函数，称作**位移函数**或**形状函数**，与时间无关；$a_k(t)$ 是一组待定参数，称作广义坐标，随时间而变化。因此，体系在任一时刻的位置，是由广义坐标 $a_k(t)$ 来确定的。注意：这里的形状函数只要满足位移边界条件，所选的函数形式可以是任意的连续函数。因此，式（11-1）可写成更一般的形式

$$y(x,\ t)=\sum_{k=1}^{n}a_k(t)\varphi_k(x) \tag{11-2}$$

式中，$\varphi_k(x)$ 是自动满足位移边界条件的函数集合中任意选取的 n 个函数，因此，体系简化为 n 个自由度体系。广义坐标法将应用于后面的振型叠加法和能量法。

3）有限单元法

有限单元法可看作是广义坐标法的一种应用。把体系的离散化和单元的广义坐标法二者结合起来，就构成了有限单元法的概念。

有限单元法的具体做法是（参见图 11-8）：

第一，将结构离散为有限个单元（本例为三个单元）。

第二，取**结点的位移参数** $y_k(t)$ 和 $\theta_k(t)$，即 y_1，θ_1 和 y_2，θ_2 为广义坐标。

第三，分别给出与结点的位移参数（均为 1 时）相应的形状函数 $\varphi_k(x)$，即 $\varphi_1(x)$、$\varphi_2(x)$、$\varphi_3(x)$ 和 $\varphi_4(x)$，又常称作插值函数（它们确定了指定结点位移之间的形状）。

第四，仿照公式（11-2），体系的位移曲线可用四个广义坐标及其相应的四个插值函数表示为

$$y(x,\ t)=y_1(t)\varphi_1(x)+\theta_1(t)\varphi_2(x)+y_2(t)\varphi_3(x)+\theta_2(t)\varphi_4(x) \tag{11-3}$$

$\varphi_k(x)$ 可事先给定，让其满足边界条件。这样，就把无限自由度体系简化为四个自由

度（y_1，θ_1，y_2，θ_2）体系。

须强调的是：动力分析中的自由度，一般是变形体体系中质量的动力自由度。而前面第 2 章几何组成分析中的自由度，是不考虑杆件弹性变形的体系的自由度。

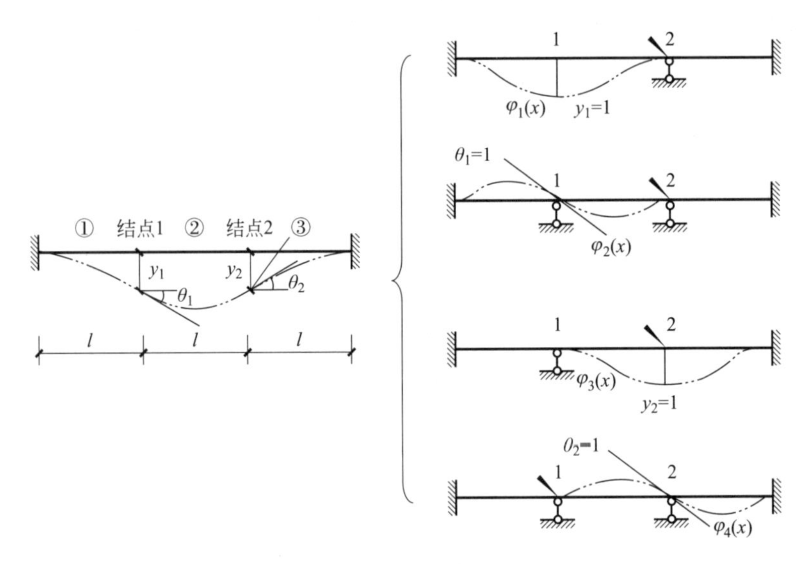

图 11-8　有限单元法

3. 动力自由度的确定

1）用广义坐标法或有限单元法将无限自由度体系简化为有限自由度体系时，体系的自由度数等于广义坐标数或独立结点位移数。

2）用集中质量法简化得到的有限自由度体系，在确定体系的自由度数目时，应注意以下两点：

a）一般受弯结构的轴向变形忽略不计。

b）动力自由度数不一定等于集中质量数，也与体系是否超静定和超静定次数无关，但它会直接影响计算精度。

确定动力自由度的方法：一般可根据定义直接确定；对于比较复杂的体系，则可用限制集中质量运动的方法（即附加支杆的方法）来确定。图 11-9 和图 11-10 中是一些示例。

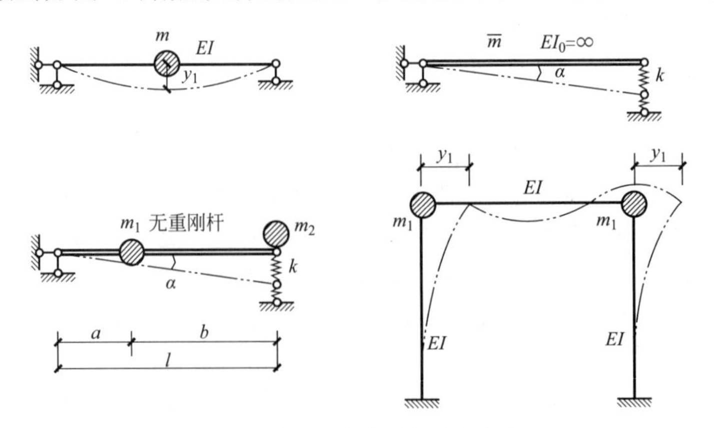

图 11-9　单自由度体系的动力自由度

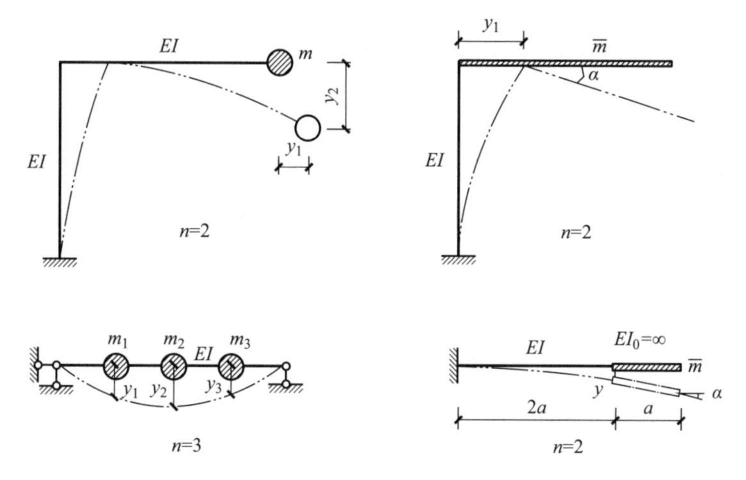

图 11-10　多自由度体系的动力自由度

11.2　单自由度体系的运动方程

动力分析是以质点的位移（时间 t 的函数）为基本未知量。为了求出动力反应，首先应建立描述体系振动时质点动位移的数学表达式，称为动力体系的运动方程（亦称振动方程）。它将具体的振动问题归结为求解微分方程的数学问题。运动方程的建立是整个动力分析过程中最重要的部分。

单自由度体系的动力分析能反映出振动的基本特性，是多个自由度体系分析的基础。本章只介绍微幅振动（线性振动）。

根据达朗伯原理建立运动方程的方法称为动静法（或惯性力法）。具体做法有两种：刚度法和柔度法。

刚度法：将力写成位移的函数，按平衡条件列出外力（包括假想作用在质量上的惯性力和阻尼力）与结构抗力（弹性恢复力）的动力平衡方程（刚度方程），类似于位移法。

柔度法：将位移写成力的函数，按位移协调条件列出位移方程（柔度方程），类似于力法。

11.2.1　按平衡条件建立运动方程——刚度法

图 11-11（a）表示单自由度体系的振动模型。该悬臂梁顶端有一个集中质量 m，梁本身质量忽略不计，但有弯曲刚度，属单自由度体系。C 为阻尼器。由于动力荷载 $F_P(t)$ 的作用，质点 m 离开了静止平衡位置，产生了振动，在任一时刻 t 的水平位移为 $y(t)$。采用刚度法按平衡条件建立质点运动方程，其主要步骤如下：

（1）取质量 m 隔离体，其上有四种力作用（图 11-11b）

1）动力荷载：　　$F_P(t)$

2）弹性恢复力：

$$F_S(t)=-k_{11}y(t) \tag{11-4}$$

弹性恢复力是在振动过程中，由杆件的弹性变形所产生的。它的大小与质量的位移 $y(t)$ 成正比，但方向相反。k_{11} 为刚度系数，是使柱顶产生单位水平位移时，在该柱顶所

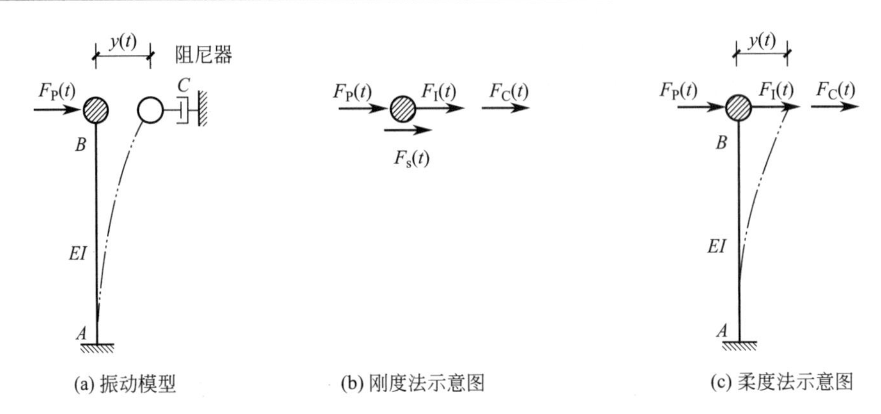

图 11-11　单自由度体系的振动模型以及刚度法、柔度法示意图

需施加的水平力。

3）阻尼力：
$$F_C(t)=-c\dot{y}(t) \tag{11-5}$$
阻尼力的大小与质量速度 $\dot{y}(t)$ 成正比，但方向相反，c 为阻尼系数（详见 11.5 节）。

4）惯性力：
$$F_I(t)=-m\ddot{y}(t) \tag{11-6}$$
惯性力的大小等于质量 m 与其加速度 $\ddot{y}(t)$ 的乘积，但方向与加速度方向相反。

（2）建立运动方程

根据达朗伯原理，对于图 11-11（b）所示质点 m 而言，由 $\sum F_x(t)=0$，得
$$F_I(t)+F_C(t)+F_S(t)+F_P(t)=0 \tag{11-7}$$
将式（11-4）～式（11-6）代入，即得
$$m\ddot{y}+c\dot{y}+k_{11}y=F_P(t) \tag{11-8}$$
这是一个二阶线性常系数微分方程。有必要说明，为了表述简明，从式（11-8）和图 11-12 起，以下各方程和各图形中的 $\ddot{y}(t)$、$\dot{y}(t)$、$y(t)$ 以及除动力荷载 $F_P(t)$ 之外的各力均省去自变量（t）。

11.2.2　按位移协调条件建立运动方程——柔度法

如图 11-11（c）所示，质量 m 所产生的水平位移 $y(t)$，可视为由动力荷载 $F_P(t)$、惯性力 $F_I(t)$ 和阻尼力 $F_C(t)$ 共同作用在悬臂梁顶端所产生的。根据叠加原理，得
$$y=\delta_{11}F_I+\delta_{11}F_C+\delta_{11}F_P \tag{11-9}$$
式中，δ_{11} 为柔度系数，表示在质量的运动方向施加单位力时，在该运动方向所产生的静力位移。

将式（11-5）和式（11-6）代入上式，即得
$$m\ddot{y}+c\dot{y}+\frac{1}{\delta_{11}}y=F_P \tag{11-10}$$
因为单自由度体系中 $1/\delta_{11}=k_{11}$（k_{11} 和 δ_{11} 互为倒数），故有
$$m\ddot{y}+c\dot{y}+k_{11}y=F_P(t) \tag{11-11}$$
与式（11-8）完全相同。

【注】当 $F_P(t)$ 不是直接作用在质量及其运动方向上时，则式（11-9）中右边第三项 $\delta_{11}F_P(t)$ 应改为 $\delta_{1P}F_P(t)$。其中 δ_{1P} 表示由于 $F_P(t)=1$ 作用下在质量运动方向所产生的位

移。相应地，式（11-10）、式（11-8）中右边项 $F_P(t)$ 应改为

$$\left(\frac{\delta_{1P}}{\delta_{11}}\right)F_P(t)\xrightarrow{\text{可记为}}F_E(t) \tag{11-12}$$

称等效动力荷载。同时，它与由于 $F_P(t)$ 作用而在质点处添加的附加约束上所产生的支座反力大小相等。

【例 11-1】试用刚度法建立图 11-12（a）所示刚架受动力荷载 F_P（t）作用的运动方程。设刚架的阻尼系数为 c。

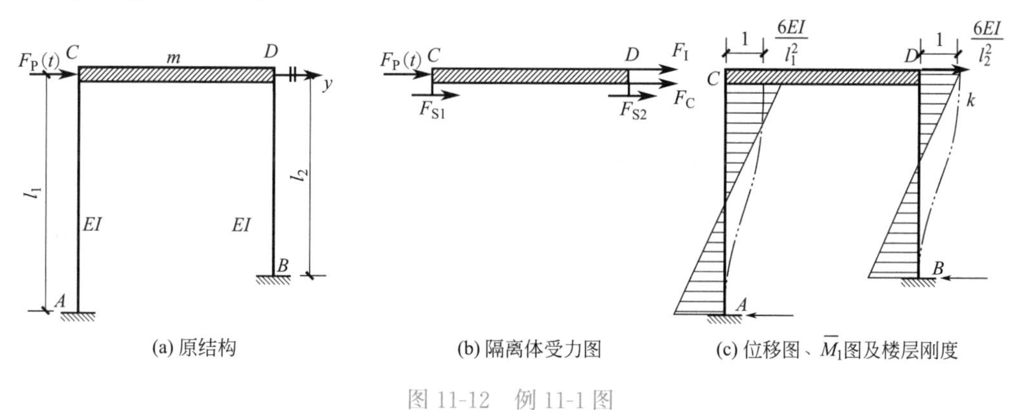

(a) 原结构　(b) 隔离体受力图　(c) 位移图、$\overline{M}_1$图及楼层刚度

图 11-12　例 11-1 图

解：（1）确定自由度（建模）：结构的质量 m 分布于刚性横梁，只能产生水平位移，属单自由度体系。

（2）确定位移参数：设刚性梁在任一时刻的位移为 y，向右为正。

（3）绘隔离体受力图：取出隔离体，如图 11-12（b）所示。图中给出了惯性力、阻尼力和弹性恢复力。各力均设沿坐标正向为正。

（4）列运动方程：按动静法列动力平衡方程，可得

$$F_P+F_I+F_C+F_{S1}+F_{S2}=0 \tag{11-13}$$

式中

$$F_I=-m\ddot{y}，F_C=-c\dot{y}，F_{S1}=-\frac{12EI}{l_1^3}y，F_{S2}=-\frac{12EI}{l_2^3}y \tag{11-14}$$

将式（11-14）代入式（11-13），经整理，可得运动方程

$$m\ddot{y}+c\dot{y}+ky=F_P \tag{11-15}$$

式中，刚度系数 $k=12EI/l_1^3+12EI/l_2^3$［这里的 k 又称为楼层刚度，系指上下楼面发生单位相对位移（$\Delta=1$）时，楼层中各柱剪力之和，如图 11-12（c）所示］。

11.2.3　刚度法的三种形式

- 整体—考虑结构整体平衡
- 切开—切取质点为隔离体
- 添加—添加附加约束

（1）**方法一**：发生位移 y 所需施加之力等于全部外力（包括 F_I 和 F_C）。由图 11-13（a）、（b），可知

$$k_{11}y=-m\ddot{y}+F_P(t) \tag{11-16}$$

上式可改写为

$$m\ddot{y}+k_{11}y=F_{\mathrm{P}}(t) \tag{11-17}$$

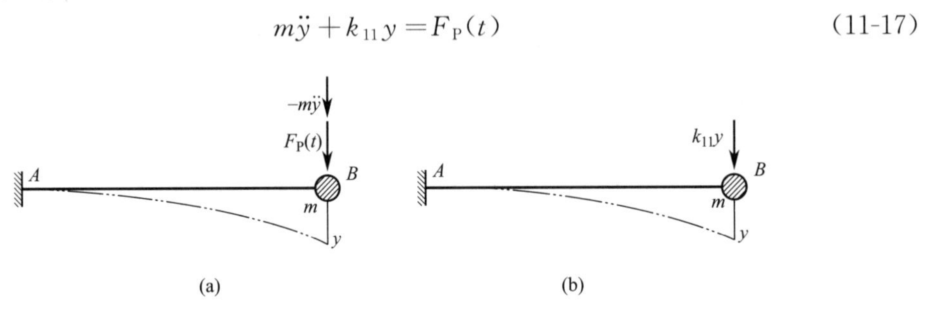

图 11-13　方法一

（2）**方法二**：取质点为隔离体，列动力平衡方程（已如前述）

$$m\ddot{y}+k_{11}y=F_{\mathrm{P}}(t) \tag{11-18}$$

（3）**方法三**：添加附加约束。其概念与静力计算中位移法相似，仅在外力中须引入惯性力，同时所有反力均假设为正。考虑到在真正的动平衡位置上，体系必然恢复自然的运动状态，因而附加约束反力 R_1 应等于零。由图 11-14（a）、（b）、（c），可得

$$R_1=k_{11}y+R_{1\mathrm{I}}+R_{1\mathrm{F}}=0 \tag{11-19}$$

亦即

$$m\ddot{y}+k_{11}y-F_{\mathrm{P}}(t)=0 \tag{11-20}$$

以上三种方法结果完全相同。

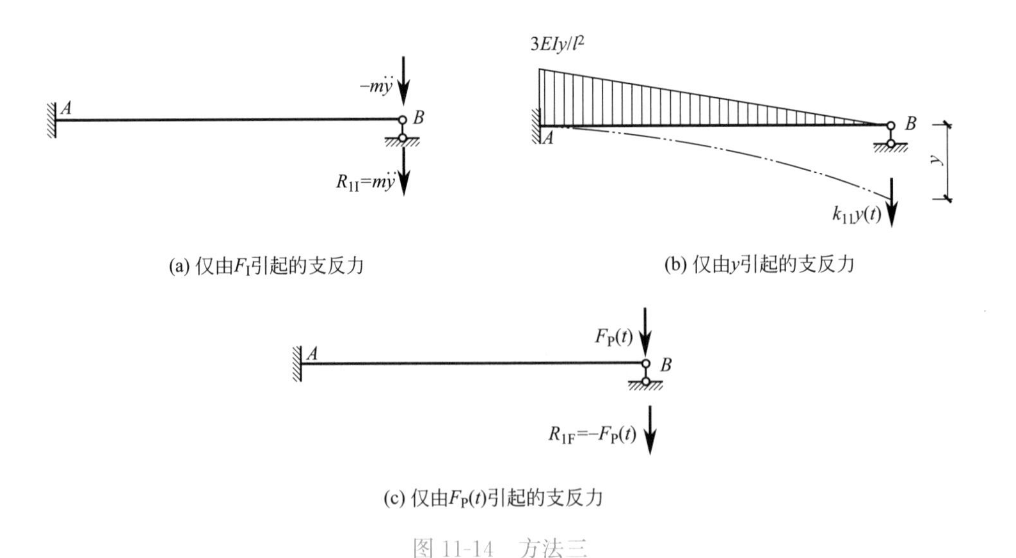

图 11-14　方法三

11.3　单自由度体系的无阻尼自由振动

11.3.1　自由振动

自由振动—由于外界的干扰，质点 m 离开静力平衡位置，而当干扰力消失后，由于

弹性恢复力的作用，质点将在静平衡位置附近作往返运动。这种在运动过程中不受干扰力的作用，而由初位移 y_0 或初速度 v_0（即 $\dot{y}_0$）或者两者共同作用下所引起的振动，称为自由振动或固有振动。

强迫振动—体系质点在外部干扰力作用下的振动，称为强迫振动。

11.3.2　运动方程的建立及求解

根据式（11-8），并令 $F_C = -c\dot{y} = 0$ 和 $F_P(t) = 0$，即得体系无阻尼自由振动方程为

$$m\ddot{y} + k_{11}y = 0，\ \ddot{y} + \frac{k_{11}}{m}y = 0 \tag{11-21}$$

令

$$\omega^2 = k_{11}/m \tag{11-22}$$

可得

$$\ddot{y} + \omega^2 y = 0 \tag{11-23}$$

其通解为

$$y = C_1\sin\omega t + C_2\cos\omega t \tag{11-24}$$

$$\dot{y} = C_1\omega\cos\omega t - C_2\omega\sin\omega t \tag{11-25}$$

其中，系数 C_1 和 C_2 可由初始条件确定：

当 $t=0$ 时，$y=y_0$（初位移），可求出 $C_2=y_0$；而 $\dot{y}=v_0$（初速度），可求出 $C_1=v_0/\omega$。故有

$$y = y_0\cos\omega t + \frac{v_0}{\omega}\sin\omega t \tag{11-26}$$

由上式可以看出，振动由两部分组成，即

第一部分：单独由 y_0 引起，质点按 $y_0\cos\omega t$ 规律振动；

第二部分：单独由 v_0 引起，质点按 $v_0\sin\omega t/\omega$ 规律振动。

只要知道 y_0 和 v_0，即可算出任何时刻 t 质点的位移 y。

为将位移方程 y 写成更简单的单项形式，引入符号 a 和 α。使之满足（参见图 11-15）

$$y_0 = a\cos\alpha \tag{11-27}$$

$$\frac{v_0}{\omega} = a\cos\alpha \tag{11-28}$$

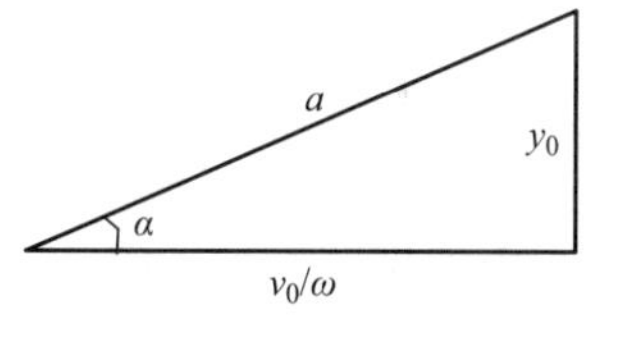

图 11-15　引入 a 和 α

代入式（11-26），得

$$y = a\sin\alpha\cos\omega t + a\cos\alpha\sin\omega t \tag{11-29}$$

即

$$y = a\sin(\omega t + \alpha) \tag{11-30}$$

由式（11-27）、式（11-28）先平方再求和，得

$$a = \sqrt{y_0^2 + \left(\frac{v_0}{\omega}\right)^2} \tag{11-31}$$

再由式（11-27）除以式（11-28），得

$$\tan\alpha = \frac{y_0\omega}{v_0}, \ \alpha = \tan^{-1}\frac{y_0\omega}{v_0} \tag{11-32}$$

为了进一步说明 ω、a 和 α 的物理意义，考查一个比拟的匀速圆周运动，如图 11-16（a）所示。设质量为 m 的质点，用刚性杆与转动轴相连，以角速度 ω 绕点 O 作匀速圆周运动，当 $t=0$ 时，杆与水平轴的夹角为 α；在任一瞬时 t，与水平轴的夹角为（$\omega t+\alpha$），如取杆长等于质点的振幅 a，则质点的竖标 $y=a\sin(\omega t+\alpha)$。由此可见，图 11-16（b）中的质点作自由振动时其位移随时间变化的规律，与图 11-16（a）中质点作匀速圆周运动时其竖标的改变规律相同。ω、a 和 α 的物理意义为：

ω——自振频率或圆频率。

a——振幅（自由振动时最大的幅度），$y_{\max}$。

α——初始相位角，标志着 $t=0$ 时质点的位置。

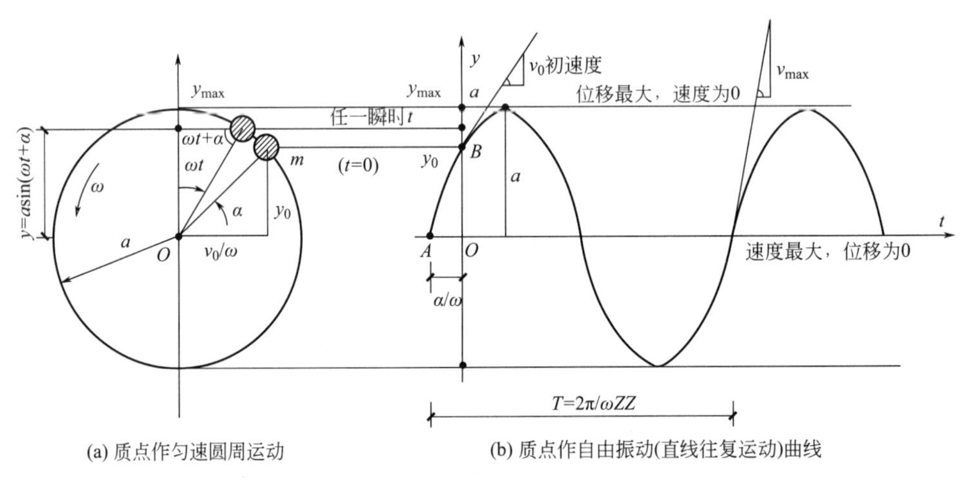

(a) 质点作匀速圆周运动　　(b) 质点作自由振动(直线往复运动)曲线

图 11-16　ω、a 和 α 的物理意义

11.3.3　自由振动中位移、速度、加速度和惯性力的变化规律

由位移 $y=a\sin(\omega t+\alpha)$，可得

$$y_{\max}=a \tag{11-33}$$

由速度 $\dot{y}=a\omega\cos(\omega t+\alpha)$，可得

$$\dot{y}_{\max}=a\omega \tag{11-34}$$

由加速度 $\ddot{y}=-a\omega^2\sin(\omega t+\alpha)$，可得

$$\ddot{y}_{\max}=-a\omega^2 \tag{11-35}$$

由惯性力 $F_I=-m\ddot{y}=ma\omega^2\sin(\omega t+\alpha)$，可得

$$F_{I\max}=ma\omega^2 \tag{11-36}$$

【注一】由式（11-35）可知最大加速度的绝对值等于振幅 a 与频率平方 ω^2 乘积，将式（11-33）与式（11-35）对照，可见 $\ddot{y}=-\omega^2 y$，即加速度与位移成比例，比例系数为 ω^2，但方向相反（负号），表示加速度永远指向平衡位置。

【注二】惯性力 $F_I=-m\ddot{y}=ma\omega^2\sin(\omega t+\alpha)=m\omega^2 y$，即 F_I 永远与位移方向一致，在数值上与位移成比例，其比例系数为 $m\omega^2$。

11.3.4 自振周期与自振频率

1. 自振周期

$y=a\sin(\omega t+\alpha)$ 右边是一个周期函数，其周期

$$T=\frac{2\pi}{\omega} \tag{11-37}$$

表示体系振动一次所需要的时间，其单位为 s（秒）。验证如下：

$$y=a\sin(\omega t+\alpha)=a\sin(\omega t+\alpha+2\pi)=a\sin\left[\omega\left(t+\frac{2\pi}{\omega}\right)+\alpha\right]=a\sin[\omega(t+T)+\alpha] \tag{11-38}$$

所以 $T=2\pi/\omega$。

2. 工程频率

$$f=\frac{1}{T}=\frac{\omega}{2\pi} \tag{11-39}$$

表示体系每秒振动的次数，其单位为 s^{-1}（1/秒）或 Hz（赫兹）。一般建筑工程用钢为 7～8 次/s，钢筋混凝土为 4 次/s，属低频；一般机器为高频。

3. 自振频率

$$\omega=2\pi f=2\pi/T \tag{11-40}$$

表示体系在 2π 秒内振动的次数，因此也称圆频率。其单位为 rad/s，也常简写为 s^{-1}。动力计算中定义［参见式（11-22）］。

$$\omega=\sqrt{k_{11}/m} \tag{11-41}$$

ω 是体系固有的非常重要的动力特性。在强迫振动中，当体系的自频 ω 与强迫干扰力的扰频 θ 很接近时（$0.75\leqslant\theta/\omega\leqslant1.25$ 区段），将会产生共振。为避免共振，就必须使 ω 与 θ 远离。

4. T 和 ω 的一些重要性质

1）T 和 ω 只与结构的 m 和 k_{11} 有关，而与外界的干扰因素无关。干扰力的大小只能影响振幅 a 的大小。

2）$T\propto\sqrt{m}$，$\omega\propto1/\sqrt{m}$，因此质量越大，则 T 越大，ω 越小；$T\propto1/\sqrt{k_{11}}$，$\omega\propto\sqrt{k_{11}}$，刚度越大，则 T 越小，ω 越大。要改变 T、ω，只有从改变结构的质量或刚度（改变截面、改变结构形式和材料）着手。

3）结构的 T、ω 是结构动力性能的很重要的数量标志。两个外表相似的结构，如果 T、ω 相差很大，则动力性能相差很大；反之，两个外表看来并不相同的结构，如果其 T、ω 相近，则在动力荷载作用下其动力性能基本一致。地震中常发现这样的现象。

【例 11-2】试求图 11-17（a）所示等截面梁的自振周期 T 和自振频率 ω。已知 $E=206\text{GPa}=206\times10^9\text{N/m}^2$，$I=245\text{cm}^4=245\times10^{-8}\text{m}^4$。

解：采用柔度法，应用图乘法（参见图 11-17b），可得

$$\delta_{11}=\frac{12}{5EI}=4.755\times10^{-6}\text{m/N} \tag{11-42}$$

由此可得

$$T=2\pi\sqrt{m\delta_{11}}=0.137\text{s} \tag{11-43}$$

$$\omega=\sqrt{\frac{1}{m\delta_{11}}}=45.86\text{s}^{-1} \tag{11-44}$$

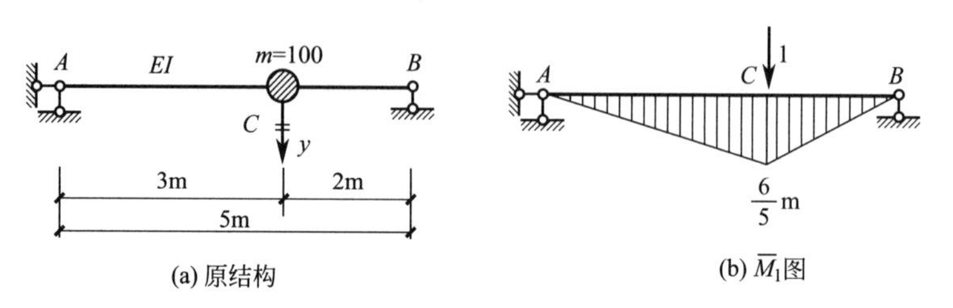

图 11-17　例 11-2 图

11.4　单自由度体系的无阻尼受迫振动及共振

结构在动力荷载（也称干扰力）作用下的振动称为强迫振动或受迫振动。本节研究无阻尼的强迫振动。

在公式 $m\ddot{y}+c\dot{y}+k_{11}y=F_P(t)$ 中，若不考虑阻尼，则得单自由度体系强迫振动的微分方程为

$$m\ddot{y}+k_{11}y=F_P(t) \tag{11-45}$$

或写成

$$\ddot{y}+\omega^2 y=\frac{F_P(t)}{m} \tag{11-46}$$

其中 $\omega=\sqrt{k_{11}/m}$。

【说明】式（11-46）中之 F_P（t）是正好作用在质点上的干扰力；当 $F_P(t)$ 不是直接作用在质点上时，如图 11-18（a）、（d）所示，可将其化为直接作用在质点上的等效动力荷载 $F_E(t)$，如图 11-18（c）、（f）所示。

如对图 11-18（b）用力法计算未知约束反力 F_{By}，可建立力法方程

$$\delta_{11}F_{By}+\delta_{1P}F_P(t)=0 \tag{11-47}$$

由此得

$$F_{By}=-\left(\frac{\delta_{1P}}{\delta_{11}}\right)F_P(t) \tag{11-48}$$

式中，δ_{11} 为单位力作用在质量 m 上竖直方向引起 m 处的竖向位移；δ_{1P} 为单位荷载 $F_P(t)=1$ 作用在 C 点时引起 m 处的竖向位移。

将 F_{By} 反号作用于图 11-18（c），并令 F_E（t）$=-F_{By}$，则

$$F_E(t)=\left(\frac{\delta_{1P}}{\delta_{11}}\right)F_P(t) \tag{11-49}$$

于是，有

$$\ddot{y}+\omega^2 y=\frac{F_E(t)}{m} \tag{11-50}$$

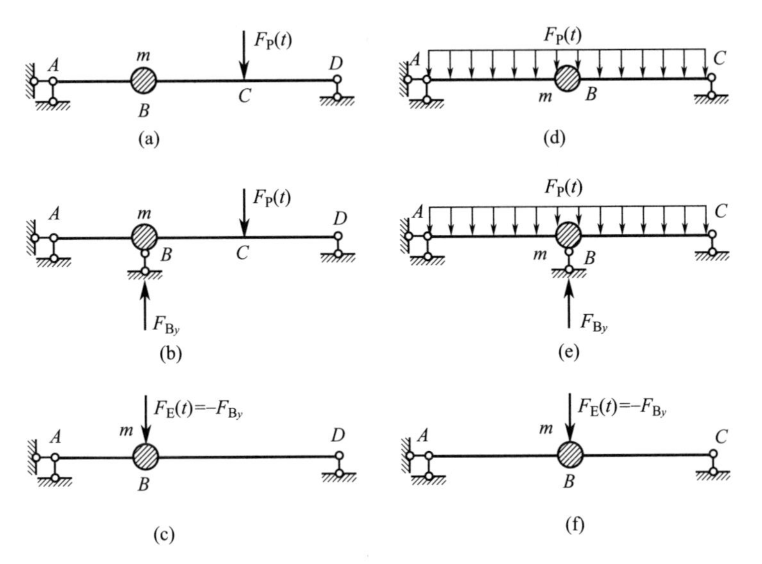

图 11-18　等效动力荷载 $F_E(t)$

等效动力荷载的幅值

$$F_E=\frac{\delta_{1P}}{\delta_{11}}F=\frac{\Delta_{1P}}{\delta_{11}}=k_{11}\Delta_{1P} \tag{11-51}$$

式中，F 为动力荷载的幅值，Δ_{1P} 为 F 作用下在质点振动方向产生的位移。

下面分别讨论几种常见动力荷载作用下的振动情况和动力性能。

11.4.1　简谐荷载作用下的动力反应

设

$$F_P(t)=F\sin\theta t \tag{11-52}$$

式中，θ 为简谐荷载的频率（干扰力的频率，简称干扰频率）；F 为荷载的最大值（动力荷载幅值）。将式（11-52）代入式（11-46），得

$$\ddot{y}+\omega^2 y=\frac{F}{m}\sin\theta t \tag{11-53}$$

1. 求解

其通解 y 由两部分组成

$$y=\overline{y}(\text{齐次解})+y^*(\text{特解}) \tag{11-54}$$

1）齐次解 $\overline{y}$（相当于体系作自由振动的解答，已于上节求出）

$$\overline{y}=C_1\sin\omega t+C_2\cos\omega t \tag{11-55}$$

2）特解 y^*（只要满足方程式的解都叫特解，要根据荷载来求解）

采用待定系数法求 y^*。观察原式（11-53）右端项（$F\sin\theta t$），设特解为

$$y^*=A\sin\theta t \tag{11-56}$$

于是有

$$\ddot{y}^*=-A\theta^2\sin\theta t \tag{11-57}$$

代入式（11-53），得

$$(\omega^2-\theta^2)A\sin\theta t=\frac{F}{m}\sin\theta t \tag{11-58}$$

由此得

$$A=\frac{F}{m(\omega^2-\theta^2)} \tag{11-59}$$

即

$$A=\frac{F}{m\omega^2}\times\frac{1}{1-\theta^2/\omega^2}=\frac{F}{k_{11}}\times\frac{1}{1-\theta^2/\omega^2}=F\delta_{11}\times\frac{1}{1-\theta^2/\omega^2} \tag{11-60}$$

令

$$y_{st}=F\delta_{11}=\frac{F}{k_{11}}=\frac{F}{m\omega^2} \tag{11-61}$$

则 y_{st} 可称为**最大“静”位移**（即把动力荷载最大值 F 当作“静荷载”作用时，结构所产生的位移）。注意区分：

y_{st}——动荷载幅值产生的位移（最大“静”位移）

$$y_{st}=\delta_{11}F \tag{11-62}$$

Δ_{st}——实际静荷载（如自重 W）产生的位移（静位移）

$$\Delta_{st}=\delta_{11}W \tag{11-63}$$

于是有

$$A=y_{st}\times\frac{1}{1-\theta^2/\omega^2} \tag{11-64}$$

故特解

$$y^*=A\sin\theta t=\left(y_{st}\times\frac{1}{1-\theta^2/\omega^2}\right)\sin\theta t \tag{11-65}$$

即

$$y^*=\left(\frac{F}{m\omega^2}\times\frac{1}{1-\theta^2/\omega^2}\right)\sin\theta t \tag{11-66}$$

3）通解

$$y=\overline{y}+y^* \tag{11-67}$$

$$y=C_1\sin\omega t+C_2\cos\omega t+A\sin\theta t \tag{11-68}$$

$$\dot{y}=C_1\omega\cos\omega t-C_2\omega\sin\omega t+A\theta\cos\theta t \tag{11-69}$$

系数 C_1 和 C_2 由初始条件确定：

设 $y(0)=y_0$，$\dot{y}(0)=v_0$

则得

$$C_1=\frac{v_0-A\theta}{\omega},\ C_2=y_0 \tag{11-70}$$

故通解为

$$y=y_0\cos\omega t+\frac{v_0-A\theta}{\omega}\sin\omega t+A\sin\theta t \tag{11-71}$$

亦即

$$y=y_0\cos\omega t+\frac{v_0}{\omega}\sin\omega t-\frac{A\theta}{\omega}\sin\omega t+A\sin\theta t \tag{11-72}$$

当 $y_0=0$ 和 $v_0=0$ 时，有

$$y=A\left(\sin\theta t-\frac{\theta}{\omega}\sin\omega t\right) \tag{11-73}$$

在式（11-72）中共四项，其中

a）$y_0\cos\omega t+\frac{v_0}{\omega}\sin\omega t$ 两项（为自由振动部分），与初始条件 y_0 和 v_0 有关。

b）$-\frac{A\theta}{\omega}\sin\omega t$ 与 y_0 和 v_0 无关，是随干扰力的出现而伴随产生的，仍属自由振动（按自频 ω 振动），称为伴生自由振动。

c）$A\sin\theta t$ 为纯强迫振动（无阻尼），按扰频 θ 振动。

过渡阶段：振动刚开始的阶段。由于阻尼力的实际存在，前三项（按自振频率 ω 振动的部分）将很快衰减。

平稳阶段：最后只余下按扰频 θ 振动的纯强迫振动部分。因此，在工程中有实际意义的是平稳阶段的 y，即

$$y=A\sin\theta t=y_{d,\max}\sin\theta t=y_{st}\frac{1}{1-\theta^2/\omega^2}\sin\theta t \tag{11-74}$$

式中，$y_{d,\max}$ 称最大动位移（即 A），为强迫振动的振幅，是控制设计的重要依据。

令动力系数

$$\beta=\frac{1}{1-\theta^2/\omega^2}=\frac{y_{d,\max}}{y_{st}} \tag{11-75}$$

则强迫振动的振幅

$$A=y_{d,\max} \tag{11-76}$$

即

$$A=\beta y_{st} \tag{11-77}$$

所以有

$$y=A\sin\theta t=\beta y_{st}\sin\theta t \tag{11-78}$$

β 的物理意义是：

表示动位移的最大值 $y_{d,\max}$（亦即振幅 A）是最大“静”位移 y_{st} 的多少倍，故称动力系数。

对于单自由度体系，当在简谐荷载作用下，且干扰力作用于质点上时，结构中内力与质点位移成比例。所以动力系数 β 既是位移的动力系数，又是内力的动力系数。

2. 讨论（关于振幅算式的分析）

强迫振动的振幅

$$A=\beta y_{st} \tag{11-79}$$

其中，动力系数

$$\beta=\frac{1}{1-\theta^2/\omega^2} \tag{11-80}$$

现对图 11-19 所示 β 与 θ/ω 的关系图分析如下：

1）$\theta/\omega\to 0$，$\beta\to 1$：这说明机器转动很慢（$\theta\ll\omega$），干扰力接近于静力。一般 $\theta/\omega<1/5$ 时，可当作静力计算（例如，当 $\theta/\omega=1/5$ 时，$\beta=1.041$）。

2）$\theta/\omega\to\infty$，$\beta\to0$：以 θ/ω 轴为渐近线。这说明机器转动非常快时（$\theta\gg\omega$，高频荷载作用于质体），质体基本上处于静止状态，即相当于没有干扰力作用（自重除外）。

3）$0<\theta/\omega<1$，β 为正，且 $\beta>1$，又 β 随 θ/ω 的增大而增大。y 与 $F_P(t)$ 同号，即质点位移与干扰力的方向每时每刻都相同（同相位）。

4）$\theta/\omega>1$，β 为负，其绝对值随 θ/ω 的增大而减小。y 与 $F_P(t)$ 异号，即质点位移与干扰力的方向相反（相位相差 π）。

【证明】关于 3）和 4）的结论证明如下：

$$y=A\sin\theta t=\beta y_{st}\sin\theta t=\beta\frac{F}{k_{11}}\sin\theta t \tag{11-81}$$

故

$$y=\frac{\beta}{k_{11}}F_P \tag{11-82}$$

由上式可见：当 β 为⊕时，y 与 $F_P(t)$ 方向一致，当 β 为⊖时，y 与 $F_P(t)$ 方向相反。这并不奇怪，如图 11-20 所示，把 F_I 考虑进去，就完全符合静力规律，即 F_I 与 $F_P(t)$ 的合力，永远与位移 y 方向一致。

5）$\theta/\omega\to1$，$\beta\to\infty$（无阻尼）：$A=\beta y_{st}\to\infty$（振幅随时间而逐渐增大），体系发生共振。

【注】由于实际上有阻尼存在，一般建筑物 $\beta=10\sim100$，其中，钢筋混凝土结构为 $10\sim20$，钢结构 $40\sim100$。$\theta/\omega=1$ 为共振点，$0.75\leqslant\theta/\omega\leqslant1.25$ 为共振区（人为划定）。为防止共振，给 θ/ω 一个人为的限值。

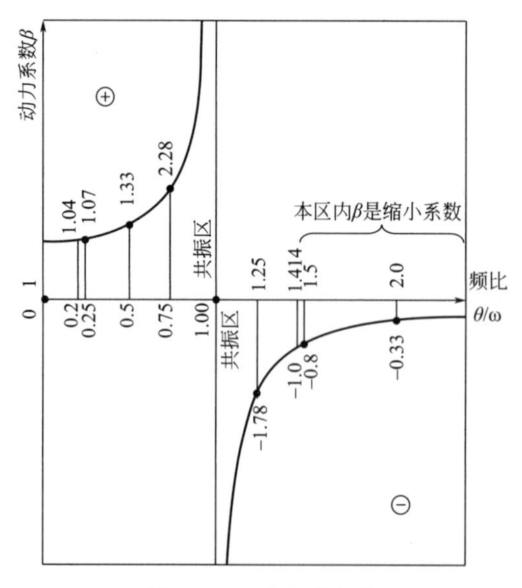

图 11-19　位移反应谱

【说明】由于振动是往复的，所以位移与外力的方向一致也好，不一致也好，亦即 β 是⊕也好，是⊖也好，对于单自由度体系来说，并无实际意义。需要的是 β 的绝对值，它标志着动力效应是静力效应的多少倍。因此，很多教材都把 β 画成正的，即给出 $|\beta|$ 值。

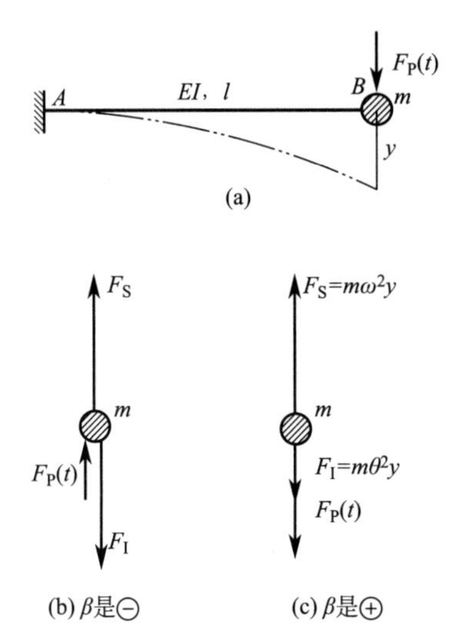

图 11-20　F_I 与 F_P（t）的合力永远与位移 y 方向一致

当 $\theta/\omega=1$ 时，发生“共振”，此时有：

$$\begin{array}{ccc} F_I & \xlongequal{\text{当}\theta=\omega} & k_{11}y \\ \uparrow & & \uparrow \\ m\theta^2 y & & m\omega^2 y \end{array} \tag{11-83}$$

即惯性力与弹性力平衡，而没有什么力去与实际存在的外力 $F_P(t)$ 平衡，因此无论振幅多大，再维持动力平衡均不可能。

防止共振的措施：一是调整机器的转速 θ；二是改变体系的自振频率 ω（$\omega=\sqrt{k_{11}/m}$，改变 ω 的思路，不外就是改变 k_{11}，即改变截面形式、结构形式，或是改变 m）。但“共振”也是可以利用的，如利用 $\theta=\omega$ 时，结构振幅突出大的这一特点，不断改变机器（激振器）转速 θ，可以测定结构的 ω。

3. 计算步骤（单自由度体系在简谐荷载作用下的强迫振动）

1）求自振频率

$$\omega=\sqrt{k_{11}/m}=\sqrt{\frac{1}{m\delta_{11}}} \tag{11-84}$$

2）求干扰力频率

一般给出电动机转速 n（r/min）

$$\theta=\frac{2\pi n}{60}(1/\mathrm{s}) \tag{11-85}$$

或直接给出具体值。

3）求动力系数

$$\beta=\frac{1}{1-\theta^2/\omega^2}(\text{注意正负号}) \tag{11-86}$$

4）求动位移幅值 $\Delta_{\text{动}}$（即 A）

a）先求最大“静”位移

$$y_{st}=F\delta_{11}=F/k_{11}=\frac{F}{m\omega^2} \tag{11-87}$$

b）再求动位移幅值

$$\Delta_{动}=A=\beta y_{st}=\beta(F\delta_{11}) \tag{11-88}$$

5）求最大位移

$$\Delta_{max}=\Delta_{动}+\Delta_{静}=y_{d,\ max}+\Delta_{st}=|A|+\Delta_{st} \tag{11-89}$$

6）求最大内力

$$M_{max}=M_{动}+M_{静}=M_{d,\ max}+M_{st} \tag{11-90}$$

【方法一】动力系数法［仅当 $F_P(t)$ 直接作用在质点上时］：将 $|\beta|F$ 作为静力作用在体系上，按静力法计算（图 11-21a）。

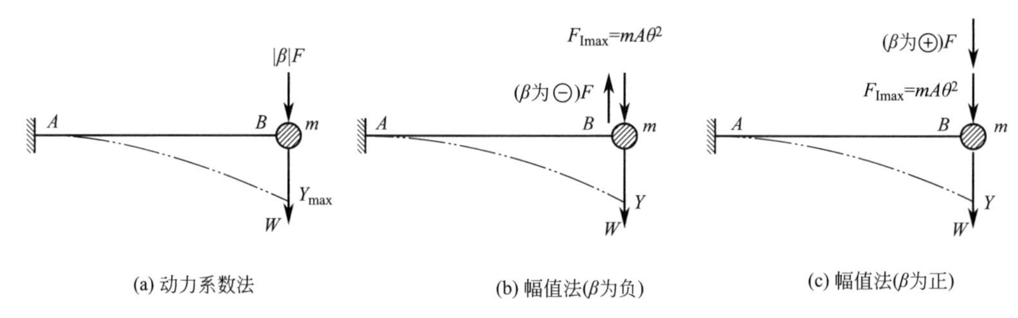

图 11-21　求最大内力的两种方法

【方法二】幅值法：由达朗伯原理，把位移达到最大值时，所有力的幅值加上去。注意 F 的施加方向，即

1）当 β 为正时，F 沿质点位移方向一致施加（图 11-21c）。

2）当 β 为负时，F 沿质点位移方向反向施加（图 11-21b）。

【证明】当简谐荷载 $F_P(t)$ 直接作用在单质点上时，两种方法得出相同的结果（证 $|\beta|F=F+F_{Imax}$）。

$$右端项=F+F_{Imax}=F+mA\theta^2=F+m[\beta y_{st}]\theta^2 \tag{11-91}$$

将 $\beta=\dfrac{1}{1-\theta^2/\omega^2}$ 及 $y_{st}=\dfrac{F}{m\omega^2}$ 代入，即有

$$右端项=F\times\frac{1}{1-\theta^2/\omega^2}=\beta F \tag{11-92}$$

证毕。

【讨论】1）当 β 为⊕时，F 向下施加（与位移方向一致）。

$$\begin{matrix}\beta F(\downarrow)\rightarrow\oplus\ \downarrow|\beta F| \\ \oplus\quad\oplus\end{matrix} \tag{11-93}$$

2）当 β 为⊖时，F 向上施加（与位移方向相反）

$$\begin{matrix}\beta F(\uparrow)\rightarrow\oplus\ \downarrow|\beta F| \\ \ominus\quad\ominus\end{matrix} \tag{11-94}$$

由此可见，当采用动力系数法时，无论 β 为⊕或为⊖，均可很方便地将 $|\beta F|$（习惯标注 $|\beta|F$）作为静力，沿质点位移方向作用在体系上，按静力法计算。

【例 11-3】对于图 11-22（a）所示体系，已知下列各值：$m=123\text{kg}$，$F=49\text{N}$（离心力），$n=1200\text{r/min}$（发电机转速），$E=2.06\times10^{11}\text{N/m}^2$，$I=78\text{cm}^4$。求梁中最大动位移 A（$\Delta_{动}$）和梁中最大动内力 $M_{\text{d,max}}$（$M_{动}$）。

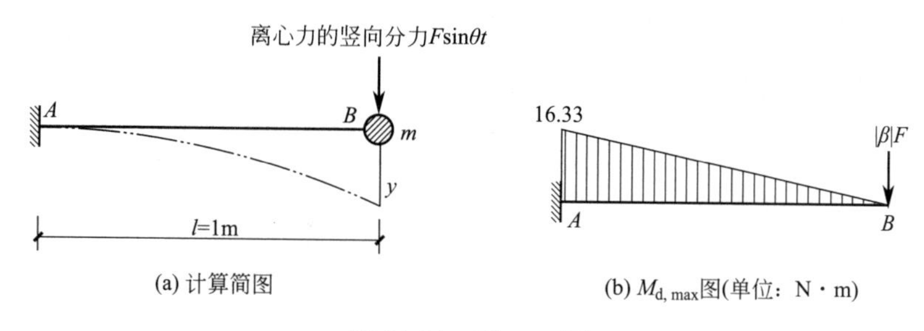

图 11-22　例 11-3 图

解：（1）求自振频率 ω

$$\omega^2=\frac{1}{m\delta_{11}}=\frac{3EI}{ml^3}=3.919\times10^3\text{s}^{-2} \tag{11-95}$$

因此，得

$$\omega=62.6\text{s}^{-1} \tag{11-96}$$

（2）求干扰频率 θ

$$\theta=\frac{2\pi n}{60}=125.6\text{s}^{-1} \tag{11-97}$$

（3）求动力系数 β

$$\beta=\frac{1}{1-\theta^2/\omega^2}=-\frac{1}{3} \tag{11-98}$$

（4）求最大动位移 A

$$y_{\text{st}}=F\delta_{11}=\frac{Fl^3}{3EI}=0.102\times10^{-3}\text{m} \tag{11-99}$$

$$A=\beta y_{\text{st}}=-0.034\times10^{-3}\text{m} \tag{11-100}$$

负号表示最大动位移与 $F_{\text{P}}(t)$ 方向相反。

（5）求最大动内力 $M_{\text{d,max}}$：采用动力系数法，在 B 点施加 $|\beta|F$，绘弯矩图，如图 11-22（b）所示，图中 $M_{\text{d,max}}=16.33\text{N}\cdot\text{m}$。

11.4.2　分析任意荷载作用下动力反应的冲量法

求解 $\ddot{y}+\omega^2 y=\dfrac{F}{m}\sin\theta t$，一般可采用以下两种方法：

【解法 1】　冲量法(不直接解微分方程)
【解法 2】　拉格朗日常数变异法
（以上两法）均能导出杜哈梅尔积分(卷积)

下面着重介绍解法 1—冲量法。

冲量法的基本思路是：将图 11-23(a)所示干扰力的效应看作无数微小冲量效应的总和，如图 11-23(b)所示。把变力 $F_{\text{P}}(t)$的作用，看作是一系列在质点上短暂停留不变的力的作用的总和，停留时间 $\Delta t\to0$。

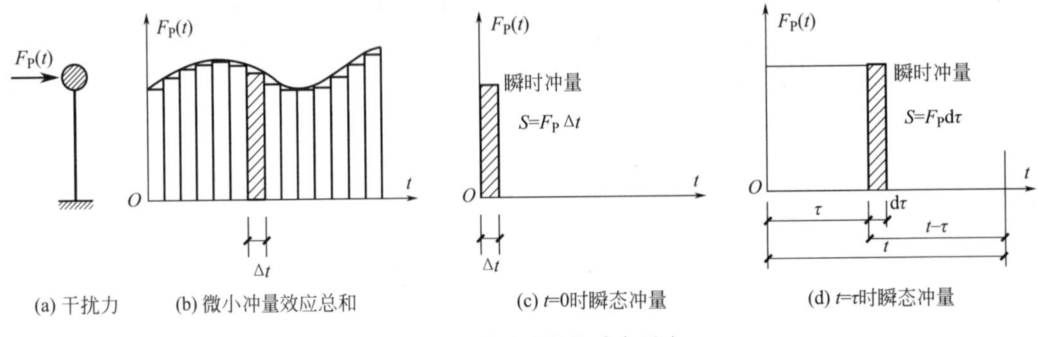

图 11-23　瞬时冲量的动力反应

1. 瞬时冲量的动力反应

设体系在 $t=0$ 时（图 11-23c）处于静止状态。在质点上施加瞬时冲量 $S=F_P\Delta t$。这将使体系产生初速度 $v_0=S/m$，但初位移仍为 0，即 $y_0=0$（可以证明，y_0 系二阶微量，可略去不计）。

将 y_0 和 v_0 代入 $y=y_0\cos\omega t+\dfrac{v_0}{\omega}\sin\omega t$ ，即得

$$y=\frac{S}{m\omega}\sin\omega t \tag{11-101}$$

上式就是 $t=0$ 时作用瞬时冲量 S 所引起的动力反应。

如果瞬时冲量 S 从 $t=\tau$ 开始作用（图 11-23d），则式中的位移反应时间 t，应改成（$t-\tau$），即式（11-101）应改为

$$y=\frac{S}{m\omega}\sin\omega(t-\tau) \tag{11-102}$$

2. 任意动荷载的动力反应（总效应）

现在讨论图 11-24 所示任意动力荷载 $F_P(t)$作用的动力反应。

整个加载过程可看作一系列瞬时冲量所组成。在 $t=\tau$ 时，作用 $F_P(t)$，在微分段 $d\tau$ 内产生的微分冲量为

$$dS=F_P(\tau)d\tau \tag{11-103}$$

由式（11-102），得到（对于 $t>\tau$）

$$dy=\frac{F_P(\tau)d\tau}{m\omega}\sin\omega(t-\tau) \tag{11-104}$$

总反应为

$$y=\frac{1}{m\omega}\int_0^t F_P(\tau)\sin\omega(t-\tau)d\tau \tag{11-105}$$

此式称为杜哈梅（J. M. C. Duhamal）积分（卷积）。这是初始处于静止状态的单自由度体系在任意动荷载 F_P（t）作用下的位移公式。

如果（在 O 点）初始位移 y_0 和初始速度 v_0 不为 0，则总位移应为

$$y=\underbrace{y_0\cos\omega t+\frac{v_0}{\omega}\sin\omega t}_{\text{(自由振动)}}+\underbrace{\frac{1}{m\omega}\int_0^t F_P(\tau)\sin\omega(t-\tau)d\tau}_{\text{(伴生自由振动+纯强迫振动)}} \tag{11-106}$$

【说明 1】这里为什么用 $d\tau$ 而不用 dt？

我们是在考察加在不同时刻 τ 的一系列瞬时冲量对同一时刻 t 的位移的影响。这里位移发生的时刻 t 被暂时地固定起来（是指定的常数），而瞬时冲量施加的时刻 τ 表示时间的流动坐标，是变量。因此，变量的微分为 $d\tau$，而非 dt。

【说明 2】在杜哈梅积分中，能否把伴生自由振动分离出来？

对于简谐荷载 $F_P(t)=F\sin\theta t$，可以证明，能将杜哈梅积分分解为以下两项之和，即

$$y=\underbrace{-\frac{v_0}{\omega}\sin\omega t+A\sin\theta t}_{\text{(伴生自由振动+纯强迫振动)}} \tag{11-107}$$

其中

$$A=\frac{F}{m\omega^2}\times\frac{1}{1-\theta^2/\omega^2} \tag{11-108}$$

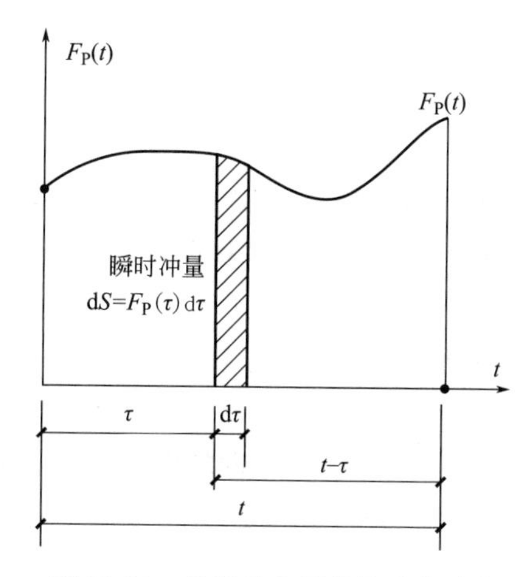

图 11-24　任意动力荷载的动力反应

11.4.3　应用式（11-106）讨论几种特殊形式动力荷载作用下的动力反应

1. 突加长期荷载

如图 11-25（a）所示，设体系原处于静止状态，$y(0)=0$，$\dot{y}(0)=0$，且有

$$F_P(t)=\begin{cases}0 & \text{当 } t<0\\ F_{P0} & \text{当 } t>0\end{cases}(t=0\text{ 有间断点}) \tag{11-109}$$

当 $t>0$ 时

$$\begin{aligned}y&=\frac{F_{P0}}{m\omega}\int_0^t\sin\omega(t-\tau)\,d\tau=\frac{F_{P0}}{m\omega}\left(-\frac{1}{\omega}\right)\int_0^t\sin\omega(t-\tau)\,d\omega(t-\tau)\\&=-\frac{F_{P0}}{m\omega^2}\Big[-\cos\omega(t-\tau)\Big]_0^t=\frac{F_{P0}}{m\omega^2}(1-\cos\omega t)\end{aligned} \tag{11-110}$$

所以

$$y=y_{st}(1-\cos\omega t)=y_{st}\left(1-\cos\frac{2\pi t}{T}\right) \tag{11-111}$$

仍系周期运动，但不是简谐运动。$t>0$ 时，质点围绕其静平衡位置（新的基线）$y=$

y_{st} 作简谐运动（图 11-25b）：

$$\left.\begin{aligned}&\text{周期 } T=2\pi/\omega\\&\text{最大振幅 } A=2y_{st}(\text{当 } \omega t=\pi,\ \cos\pi=-1)\\&\text{动力系数 } \beta=A/y_{st}=2\end{aligned}\right\}\tag{11-112}$$

由此看出，突加荷载所引起的最大动位移 A 比相应的最大静位移 y_{st} 增大一倍。

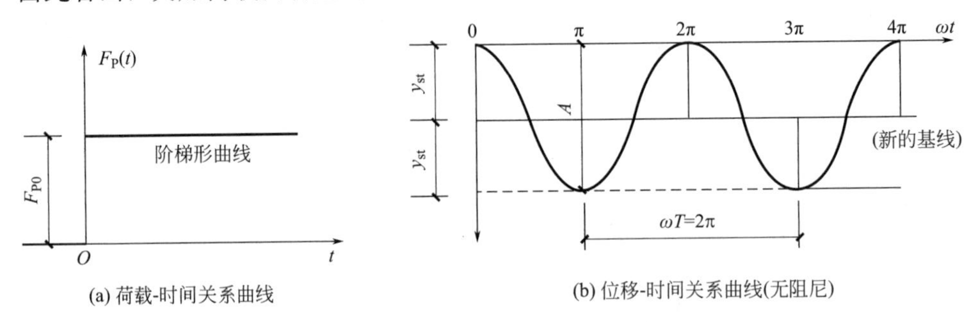

图 11-25　突加长期荷载示意图

2. 突加短时荷载（矩形脉冲）

如图 11-26 所示，设荷载 F_{P0} 在时刻 $t=0$ 突然加上，在 $0<t<u$ 时段内，荷载数值保持不变，在时刻 $t=u$ 以后荷载又突然消失。这种荷载可表示为

$$F_P(t)=\begin{cases}0 & \text{当 } t<0\\F_{P0} & \text{当 } 0<t<u(t=0\text{ 有间断点})\\0 & \text{当 } t>u\end{cases}\tag{11-113}$$

$F_P(t)$-t 曲线图 11-26（a）、（b）所示。下面分两个阶段计算。

1）阶段Ⅰ（$0\leqslant t\leqslant u$）：属强迫振动，与突加长期荷载公式相同，即

$$\begin{cases}y^{\mathrm{I}}=y_{st}(1-\cos\omega t)\\A^{\mathrm{I}}=2y_{st}\\\beta^{\mathrm{I}}=2\end{cases}\tag{11-114}$$

2）阶段Ⅱ（$t\geqslant u$）：无荷载作用，属自由振动。

【解法 1】以阶段Ⅰ末的 $y(u)$ 和 $\dot{y}(u)$ 为初始条件作自由振动，得动力位移公式。

【解法 2】如下述：

$$\begin{aligned}y^{\mathrm{II}}&=\frac{1}{m\omega}\int_0^u F_{P0}\sin\omega(t-\tau)\mathrm{d}\tau+0=\frac{F_{P0}}{m\omega}\left(-\frac{1}{\omega}\right)\int_0^u\sin\omega(t-\tau)\mathrm{d}\omega(t-\tau)\\&=-\frac{F_{P0}}{m\omega^2}[-\cos\omega(t-\tau)]_0^u=\frac{F_{P0}}{m\omega^2}[\cos\omega(t-u)-\cos\omega t]\\&=y_{st}\left[\cos\omega\left(t-\frac{u}{2}-\frac{u}{2}\right)-\cos\omega\left(t-\frac{u}{2}+\frac{u}{2}\right)\right]=2y_{st}\sin\omega\frac{u}{2}\sin\omega\left(t-\frac{u}{2}\right)\end{aligned}\tag{11-115}$$

故

$$\begin{cases}y^{\mathrm{II}}=2y_{st}\sin\omega\dfrac{u}{2}\sin\omega\left(t-\dfrac{u}{2}\right)\\A^{\mathrm{II}}=2y_{st}\sin\omega\dfrac{u}{2}\end{cases}\tag{11-116}$$

最大位移发生在哪一个阶段，与荷载作用的时间 u 的长短有很大关系。

a）当 $u>T/2$ 时（u“长”）：相当于突加长期荷载，最大动力反应发生在第Ⅰ阶段。此时动力系数 $\beta=\beta^{\mathrm{I}}=2$。

验证：

$$y^{\mathrm{I}}=y_{\mathrm{st}}(1-\cos\omega t)=y_{\mathrm{st}}\left(1-\cos\frac{2\pi}{T}t\right) \tag{11-117}$$

当 $t=T/2$ 时

$$A=A^{\mathrm{I}}=y_{\mathrm{st}}(1-\cos\pi)=2y_{\mathrm{st}} \tag{11-118}$$

所以有

$$\beta=\beta^{\mathrm{I}}=2 \tag{11-119}$$

b）当 $u<T/2$（u“短”）：最大动力反应发生在第Ⅱ阶段。

此时

$$A=A^{\mathrm{II}}=2y_{\mathrm{st}}\sin\omega\frac{u}{2}=2y_{\mathrm{st}}\sin\pi\frac{u}{T} \tag{11-120}$$

故动力系数

$$\beta=\beta^{\mathrm{II}}=2\sin\pi\frac{u}{T} \tag{11-121}$$

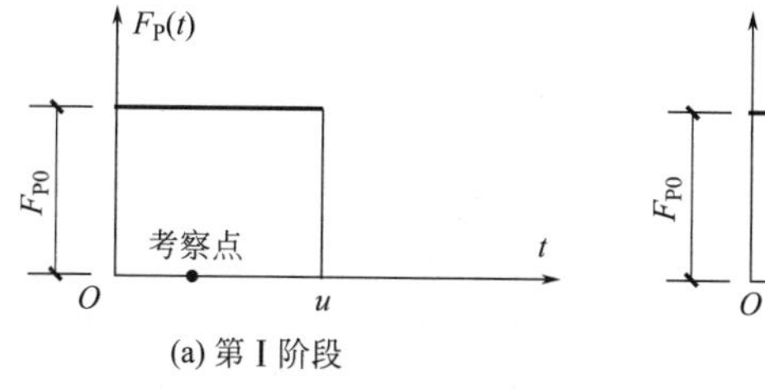

(a) 第Ⅰ阶段

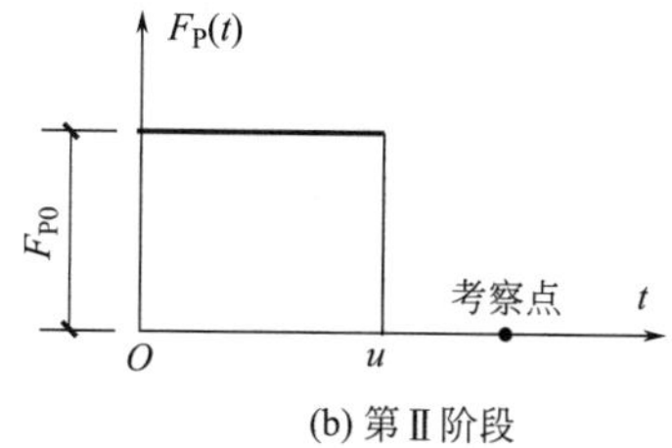

(b) 第Ⅱ阶段

图 11-26　突加短时荷载示意图

综合上述两个阶段情况的结果得到动力系数反应谱，如图 11-27 所示，其动力系数

$$\beta=\begin{cases}\beta^{\mathrm{II}}=2\sin\pi\dfrac{u}{T} & （当\ u/T<1/2\ 时）\\ \beta^{\mathrm{I}}=2 & （当\ u/T>1/2\ 时）\end{cases} \tag{11-122}$$

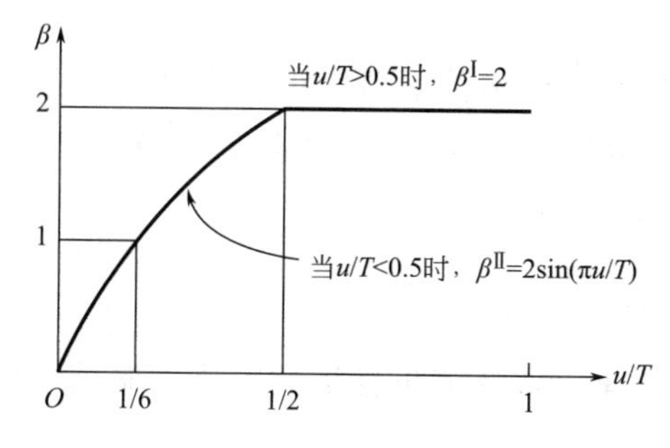

图 11-27　动力系数反应谱

3. 线性渐增荷载

如图 11-28 所示，在一定时间内（$0\leqslant t\leqslant t_r$），荷载由 0 增至 F_{P0}，然后保持不变。

$$F_{\mathrm{P}}(t)=\begin{cases}\dfrac{F_{\mathrm{P0}}}{t_{\mathrm{r}}}t & \text{当 } 0\leqslant t\leqslant t_{\mathrm{r}}\\ F_{\mathrm{P0}} & \text{当 } t>t_{\mathrm{r}}\end{cases} \tag{11-123}$$

这种荷载引起的动力反应同样可以利用杜哈梅积分公式求解。分两阶段：

1）第Ⅰ阶段（$t\leqslant t_{\mathrm{r}}$）

$$y^{\mathrm{I}}=\frac{1}{m\omega}\int_0^t\frac{F_{\mathrm{P0}}}{t_{\mathrm{r}}}\tau\sin\omega(t-\tau)\mathrm{d}\tau=\frac{F_{\mathrm{P0}}}{m\omega t_{\mathrm{r}}}\left(-\frac{1}{\omega}\right)\int_0^t\tau\sin\omega(t-\tau)\mathrm{d}\omega(t-\tau) \tag{11-124}$$

$$y^{\mathrm{I}}=y_{\mathrm{st}}\frac{1}{t_{\mathrm{r}}}\left(t-\frac{\sin\omega t}{\omega}\right)\ (t\leqslant t_{\mathrm{r}}) \tag{11-125}$$

2）第Ⅱ阶段（$t\geqslant t_{\mathrm{r}}$）

$$y^{\mathrm{II}}=\frac{1}{m\omega}\int_0^{t_{\mathrm{r}}}\frac{F_{\mathrm{P0}}}{t_{\mathrm{r}}}\tau\sin\omega(t-\tau)\mathrm{d}\tau+\frac{1}{m\omega}\int_{t_{\mathrm{r}}}^t F_{\mathrm{P0}}\sin\omega(t-\tau)\mathrm{d}\tau \tag{11-126}$$

$$y^{\mathrm{II}}=y_{\mathrm{st}}\left\{1-\frac{1}{\omega t_{\mathrm{r}}}\left[\sin\omega t-\sin\omega(t-t_{\mathrm{r}})\right]\right\}\ (t\geqslant t_{\mathrm{r}}) \tag{11-127}$$

从图 11-29 所示的动力系数反应谱可看出：

a）动力系数 β 介乎于 1.0 与 2.0 之间。

b）当 $t_{\mathrm{r}}/T<0.25$ 时，β 接近 2.0，即相当于突加荷载的情况。

c）当 $t_{\mathrm{r}}/T>4.0$ 时，则 β 接近 1.0，即相当于静荷载的情况。

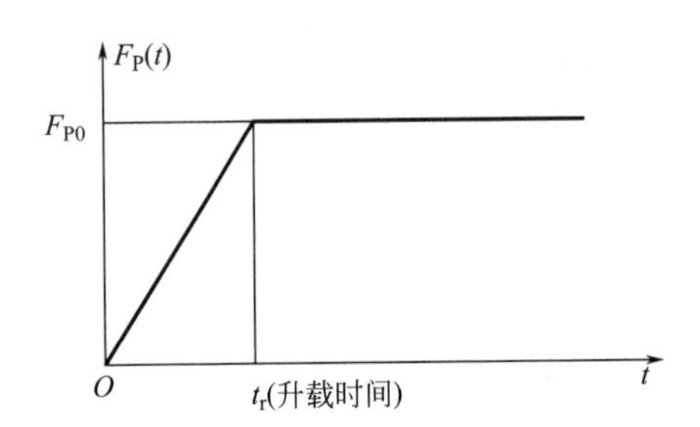

图 11-28　线性渐增荷载示意图

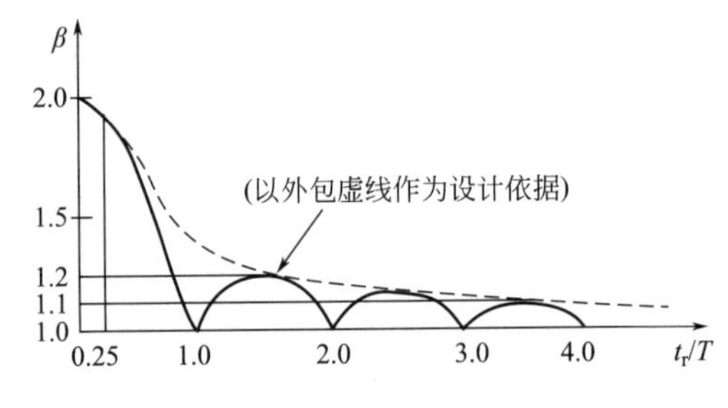

图 11-29　动力系数反应谱

11.5　阻尼对振动的影响

以上两节是在忽略阻尼影响的条件下研究单自由度体系的振动问题。因此，有些结论，如自由振动时振幅永不衰减，共振时振幅可趋于∞等，与实际振动情况不尽相符。有必要对阻尼力这个因素加以考虑。

11.5.1　关于阻尼的定义

阻尼是使振动衰减的因素，或使能量耗散的因素。振动中的阻尼力有多种来源，例如，振动过程中：

（1）结构与支承之间的摩擦。

（2）结构材料之间的内摩擦。

（3）周围介质的阻力等。

11.5.2　黏滞阻尼理论

关于阻尼力的理论有多种，这里采用一种最常用的简化的阻尼模型。

阻尼的影响可用阻尼力来代表。该理论最初用于考虑物体以不大的速度在黏性液体中运动时所遇到的抗力，因此称为黏滞阻尼力。

该理论假设阻尼力其大小与质点速度成正比，其方向与质点速度的方向相反。即阻尼力

$$F_C=-c\dot{y}\text{(对变形而言，是一种非弹性力)} \tag{11-128}$$

式中，c 为阻尼系数；$\dot{y}$ 为质点速度。负号表明 F_C 的方向恒与质点速度 $\dot{y}$ 的方向相反，它在振动时作负功，因而造成能量耗散。

运动方程为

$$m\ddot{y}+c\dot{y}+k_{11}y=F_P(t) \tag{11-129}$$

这是二阶线性非齐次常系数微分方程。

11.5.3　有阻尼的自由振动（单自由度体系）

研究有阻尼的自由振动，其目的在于：

（1）求考虑阻尼的自振频率 ω_r 或自振周期 T_r。

（2）求阻尼比 ξ，由其大小可知道结构会不会产生振动（$\xi<1$，结构才考虑振动），振动衰减的快慢（ξ 越大，衰减速度越快）。

在上述普遍式中，令 $F_P(t)=0$，即得有阻尼自由振动方程

$$m\ddot{y}+c\dot{y}+k_{11}y=0 \tag{11-130}$$

令 $\omega^2=k_{11}/m$，$c/m=2\xi\omega$，有

$$\xi=\frac{c}{2m\omega} \tag{11-131}$$

则

$$\ddot{y}+2\xi\omega\dot{y}+\omega^2y=0 \tag{11-132}$$

式中，ξ 称阻尼比。

设微分方程（11-132）的解为

$$y=Ce^{\lambda t} \tag{11-133}$$

则 λ 由下列特征方程

$$\lambda^2+2\xi\omega\lambda+\omega^2=0 \tag{11-134}$$

所确定，其解为

$$\lambda=\omega(-\xi\pm\sqrt{\xi^2-1}) \tag{11-135}$$

根据 $\xi<1$、$\xi=1$、$\xi>1$ 三种情况，可得出三种运动状态，现分析如下：

1）考虑 $\xi<1$ 的情况（即低阻尼情况）

令考虑阻尼时的自振频率

$$\omega_r=\omega\sqrt{1-\xi^2} \tag{11-136}$$

则

$$\lambda_{1,2}=-\xi\omega\pm i\omega_r\text{(二共轭虚根)} \tag{11-137}$$

此时，微分方程（11-132）的解为

$$y = e^{-\xi\omega t}(C_1\cos\omega_r t + C_2\sin\omega_r t) \tag{11-138}$$

再引入初始条件［当 $t=0$ 时，$y(0)=y0$，$\dot{y}(0)=v_0$］，即得

$$y = e^{-\xi\omega t}\left(y_0\cos\omega_r t + \frac{v_0+\xi\omega y_0}{\omega_r}\sin\omega_r t\right) \tag{11-139}$$

式中，$e^{-\xi\omega t}$ 称为衰减系数。

为将 y 写成更简单的单项形式，引入 a、α 代替 y_0、v_0（参见图 11-30），设

$$\left.\begin{aligned} y_0 &= a\sin\alpha \\ \frac{v_0+\xi\omega y_0}{\omega_r} &= a\cos\alpha \end{aligned}\right\} \tag{11-140}$$

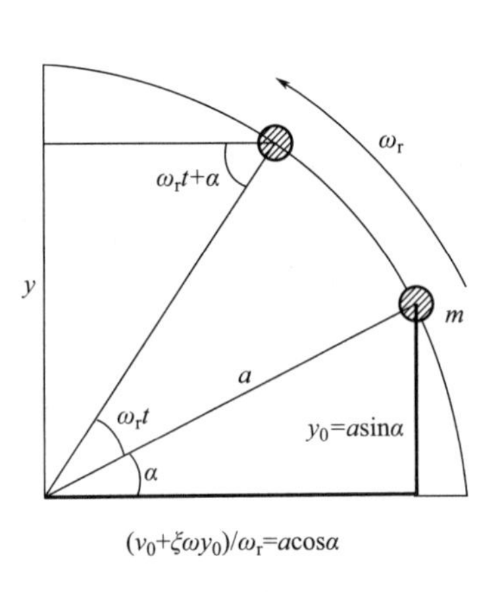

图 11-30　引入 a 和 α

则

$$a = \sqrt{y_0^2 + \left(\frac{v_0+\xi\omega y_0}{\omega_r}\right)^2}$$

$$\alpha = \arctan\frac{y_0\omega_r}{v_0+\xi\omega y_0} \tag{11-141}$$

即当 $\xi<1$ 时，则

$$y = e^{-\xi\omega t}a\sin(\omega_r t+\alpha) \tag{11-142}$$

与无阻尼自由振动情况

$$y = a\sin(\omega t+\alpha) \tag{11-143}$$

相比较，可见，低阻尼时（$\xi<1$ 时）仍属周期运动，但不是简谐运动（因为 $e^{-\xi\omega t}$ 不是常数，t 是变量），是周期性的衰减运动。

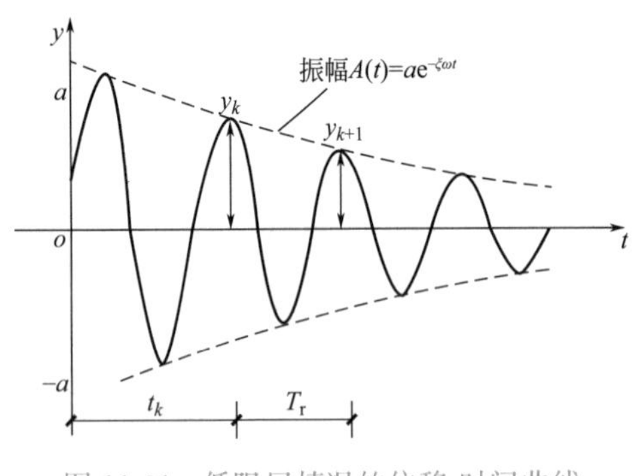

图 11-31　低阻尼情况的位移-时间曲线

由式（11-142）或式（11-139），可画出低阻尼体系自由振动时的 y-t 曲线，如图 11-31 所示。

【讨论】下面讨论两个问题：①阻尼对自振频率的影响

$$\omega_r = \omega\sqrt{1-\xi^2}\ \text{（随}\ \xi\ \text{的增大而减小）} \tag{11-144}$$

当 $\xi<0.2$ 时（一般建筑结构 $\xi<0.1$），$0.98<\frac{\omega_r}{\omega}<1$，阻尼对自振频率的影响可以忽略不计，故取

$$\left.\begin{aligned} \omega_r &\approx \omega \\ T_r &= \frac{2\pi}{\omega_r} \approx T \end{aligned}\right. \tag{11-145}$$

② 阻尼对振幅 $a e^{-\xi\omega t}$ 的影响

如图 11-31 所示，其影响系按照等比级数 $e^{-\xi\omega T_r}$ 或 y_{k+1}/y_k 逐渐衰减的波动曲线。

经过一个周期 T（$=2\pi/\omega$），相邻两个振幅 y_{k+1} 与 y_k 的比值为

$$y_{k+1}/y_k=\mathrm{e}^{-\xi\omega(t_k+T_r)}/\mathrm{e}^{-\xi\omega t_k}=\mathrm{e}^{-\xi\omega T_r} \tag{11-146}$$

由此可见，振幅是按公比 $\mathrm{e}^{-\xi\omega T_r}$（即 y_{k+1}/y_k）的几何级数衰减的，而且 ξ 值越大（阻尼越大），则衰减速度越快。

对上式等号两边倒数（分子与分母换位后）取自然对数，得

$$\ln\frac{y_k}{y_{k+1}}=\xi\omega\frac{2\pi}{\omega_r} \tag{11-147}$$

因此

$$\xi=\frac{\omega_r}{2\pi\omega}\ln\frac{y_k}{y_{k+1}} \tag{11-148}$$

如果 $\xi<0.2$，则 $\omega_r/\omega\approx1$，于是可取

$$\xi=\frac{1}{2\pi}\ln\frac{y_k}{y_{k+1}} \tag{11-149}$$

令 $\gamma=\ln\dfrac{y_k}{y_{k+1}}$，称为振幅的对数递减率，则

$$\xi=\frac{\gamma}{2\pi} \tag{11-150}$$

同样，相隔 n 个周期

$$\xi=\frac{1}{2\pi n}\ln\frac{y_k}{y_{k+n}} \tag{11-151}$$

令 $\gamma'=\ln\dfrac{y_k}{y_{k+n}}$，则

$$\xi=\frac{\gamma'}{2\pi n} \tag{11-152}$$

工程上通过实测 y_k 及 y_{k+n}，并通过式（11-151）来计算 ξ。

关于求体系振动 n 周后的振幅 y_n，其计算式为

$$\xi=\frac{1}{2\pi n}\ln\frac{y_0}{y_n}\rightarrow\frac{y_n}{y_0}=\mathrm{e}^{-\xi(\omega T)n}\xrightarrow[(当n=1)]{}\frac{y_1}{y_0}=\mathrm{e}^{-\xi\omega T} \tag{11-153}$$

当振动 n 周后

$$y_n=\left(\frac{y_1}{y_0}\right)^n y_0 \tag{11-154}$$

2）考虑 $\xi=1$ 的情况（即临界阻尼情况）

由 $\lambda=\omega(-\xi\pm\sqrt{\xi^2-1})$，得

$$\lambda_{1,2}=-\omega \tag{11-155}$$

因此，微分方程 $\ddot{y}+2\xi\omega\dot{y}+\omega^2y=0$ 的解为

$$y=(C_1+C_2t)\mathrm{e}^{-\omega t} \tag{11-156}$$

再引入初始条件，得

$$y=[y_0(1+\omega t)+v_0t]\mathrm{e}^{-\omega t} \tag{11-157}$$

其 y-t 曲线如图 11-32 所示。这条曲线仍然具有衰减性质，但不具有波动性质。

综合以上的讨论可知：当 $\xi<1$ 时，体系在自由反应中是会引起振动的；而当阻尼增大到 $\xi=1$ 时，体系在自由反应中即不引起振动，这时的阻尼常数称为临界阻尼常数，用 c_r 表示。

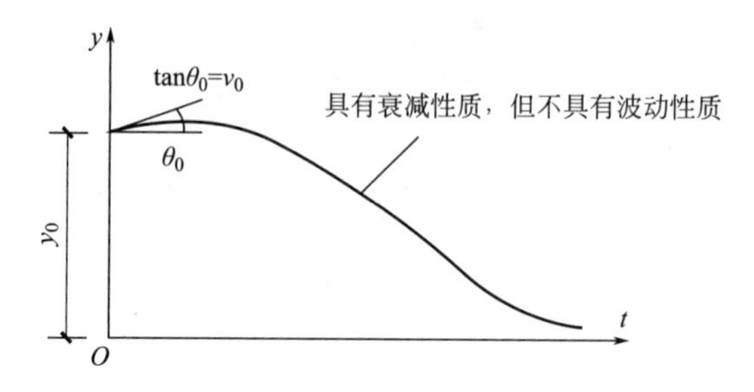

图 11-32 临界阻尼情况的位移—时间曲线

在 $\xi=\dfrac{c}{2m\omega}$ 中，令 $\xi=1$，则

$$c_{\mathrm{r}}=2m\omega=2\sqrt{mk_{11}} \tag{11-158}$$

故

$$\xi=\frac{c}{c_{\mathrm{r}}}=\frac{\text{阻尼系数}}{\text{临界阻尼系数}} \tag{11-159}$$

称为阻尼比，是反映阻尼情况的基本参数。

3）对于 $\xi>1$ 的情形

体系在自由反应中，仍不出现振动现象。由于在实际问题中很少遇到这种情况，故不作进一步讨论。

【小结】关于低阻尼的自由振动计算公式

1）求阻尼比

$$\xi=\begin{cases}\dfrac{\gamma}{2\pi}=\dfrac{1}{2\pi}\ln\dfrac{y_k}{y_{k+1}}\\[2ex]\dfrac{\gamma'}{2\pi n}=\dfrac{1}{2\pi n}\ln\dfrac{y_k}{y_{k+n}}\end{cases} \tag{11-160}$$

2）求振动周期数

$$n=\frac{\gamma'}{2\pi\xi}=\frac{1}{2\pi\xi}\ln\frac{y_k}{y_{k+n}}(\text{周}) \tag{11-161}$$

3）求振动时间

$$t_n=nT \tag{11-162}$$

4）求结构刚度

$$k_{11}=\frac{(2\pi n)^2 m}{t_n^2} \tag{11-163}$$

式中，$t_n=nT=2\pi n\sqrt{m/k_{11}}$

5）求阻尼系数

$$C=2m\omega\xi \tag{11-164}$$

6）求振动 n 周后的振幅

$$y_n=\left(\frac{y_1}{y_0}\right)^n y_0 \tag{11-165}$$

【例 11-4】图 11-33 所示刚架，它的横梁为无限刚性，质量为 2500kg，由于柱顶施以

水平位移 y_0（初始振幅）作有阻尼自由振动。已测得对数递减率 $\gamma=0.1$。试求：

（1）振幅衰减至初始振幅 5%时，所需的周期数 n。

（2）若在 25s 内振幅衰减到初始振幅的 5%时，柱子的总抗剪刚度 k_{11} 是多少？

（3）阻尼比 ξ 是多少？

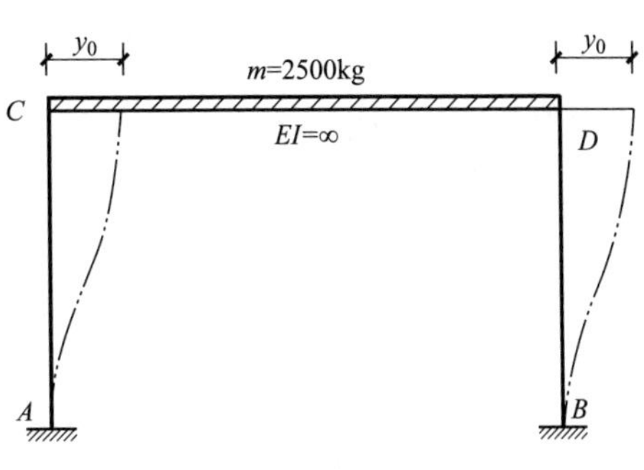

图 11-33　例 11-4 图

解：（1）求阻尼比 ξ

$$\xi=\frac{\gamma}{2\pi}=\frac{0.1}{2\times3.1416}=0.016 \tag{11-166}$$

（2）求周期数 n

$$n=\frac{\gamma'}{2\pi\xi}=\frac{1}{2\pi\xi}\ln\frac{y_k}{y_{k+n}}(k=0) \tag{11-167}$$

$$n=\frac{1}{2\pi\xi}\ln\frac{y_0}{y_k}=\frac{1}{2\pi\times\dfrac{0.1}{2\pi}}\ln\frac{1}{0.05}=29.9 \tag{11-168}$$

取 $n=30$（周）

（3）求柱子的总抗剪刚度 k_{11}

由

$$t_n=nT_r=nT=n\cdot2\pi\sqrt{m/k_{11}} \tag{11-169}$$

有

$$k_{11}=\frac{(2\pi n)^2m}{t_n^2}=\frac{(2\times3.1416\times n)^2\times2500}{25^2}=142.12\times10^3(\mathrm{N/m}) \tag{11-170}$$

11.5.4　有阻尼的强迫振动（$\xi<1$）

运动方程为

$$\ddot{y}+2\xi\omega\dot{y}+\omega^2y=F_P(t)/m \tag{11-171}$$

1. 任意荷载作用下的有阻尼强迫振动

可仿照相应的无阻尼强迫振动的方法（冲量法）推导如下：

1）由式（11-139）可知，单独由 v_0（y_0 为二阶微量，被忽略）所引起的振动为

$$y=\mathrm{e}^{-\xi\omega t}\frac{v_0}{\omega_r}\sin\omega_r t \tag{11-172}$$

由于冲量 $S=mv_0$，故在初始时刻由冲量 S 引起的振动为

$$y=\mathrm{e}^{-\xi\omega t}\frac{S}{m\omega_r}\sin\omega_r t \tag{11-173}$$

2）任意荷载 F_P（t）的加载过程可以看作由一系列瞬时冲量所组成。在由 $t=\tau$ 到 $t=\tau+\mathrm{d}\tau$ 的时段内，荷载的微分冲量 $\mathrm{d}S=F_P$（τ）$\mathrm{d}\tau$。此 $\mathrm{d}S$ 引起的动力反应，对于 $t>\tau$ 为

$$\mathrm{d}y=\frac{F_P(\tau)\mathrm{d}\tau}{m\omega_r}\mathrm{e}^{-\xi\omega(t-\tau)}\sin\omega_r(t-\tau) \tag{11-174}$$

3）对式（11-174）进行积分，即得总反应为

$$y=\int_0^t \frac{F_P(\tau)}{m\omega_r} e^{-\xi\omega(t-\tau)} \sin\omega_r(t-\tau)\mathrm{d}\tau \tag{11-175}$$

这就是开始处于静止状态的单自由度体系，在任意荷载 F_P（t）作用下，所引起的有阻尼强迫振动的位移公式。

4）如果当 $t=0$ 时，$y=y_0$，$\dot{y}=v_0$，则总位移为

$$y= e^{-\xi\omega t}(y_0\cos\omega_r t+\frac{v_0+\xi\omega y_0}{\omega_r}\sin\omega_r t)+\int_0^t \frac{F_P(\tau)}{m\omega_r} e^{-\xi\omega(t-\tau)} \sin\omega_r(t-\tau)\mathrm{d}\tau \tag{11-176}$$

式中，第一项为自由振动部分，第二项为伴生自由振动和纯强迫振动。

2. 突加长期荷载 F_{P0}

将 F_P（τ）$=F_{P0}$ 代入式（11-175），经积分得（当 $t>0$ 时）

$$y=\frac{F_{P0}}{m\omega^2}\left[1-e^{-\xi\omega t}\left(\cos\omega_r t-\frac{\xi\omega}{\omega_r}\sin\omega_r t\right)\right] \tag{11-177}$$

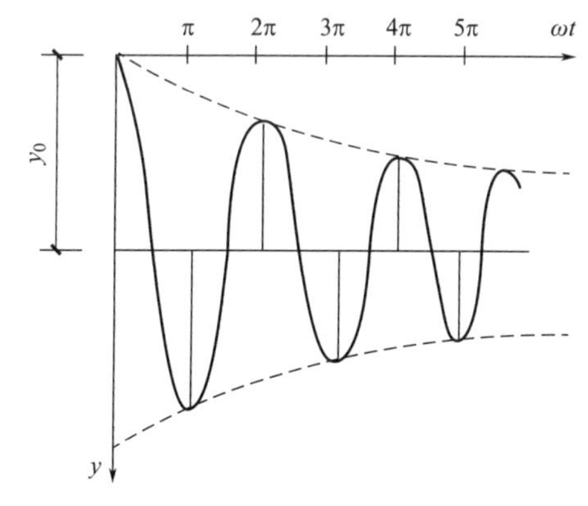

图 11-34 突加荷载的动力位移图（有阻尼）

此式与无阻尼强迫振动的式（11-111）相对应。只需要在式（11-177）中将 ξ 取为 0，并取 $\omega_r=\omega$，则得到式（11-111）。

相应的动力位移图如图 11-34 所示（此图可与无阻尼体系的动力位移图 11-25（b）相对照）。由图看出，最初引起的最大位移可能接近最大“静”位移 $y_{st}=F_{P0}/m\omega^2$ 的两倍，然后经过衰减振动，最后停留在静力平衡位置上。

3. 简谐荷载

对此类荷载直接解微分方程更简便。

令

$$F_P(t)=F\sin\theta t \tag{11-178}$$

则运动方程

$$\ddot{y}+2\xi\omega\dot{y}+\omega^2 y=\frac{F_P(t)}{m}\sin\theta t \tag{11-179}$$

1）齐次解 $\overline{y}$

$$\overline{y}=e^{-\xi\omega t}(C_1\cos\omega_r t+C_2\sin\omega_r t) \tag{11-180}$$

这与有阻尼自由振动的运动微分方程的解相同。

2）特解 y^*

用待定系数法求解，设

$$y^*=A\sin\theta t+B\cos\theta t \tag{11-181}$$

于是有

$$\dot{y}^*=A\theta\cos\theta t-B\theta\sin\theta t \tag{11-182}$$

$$\ddot{y}^*=-A\theta^2\sin\theta t-B\theta^2\cos\theta t \tag{11-183}$$

代入式（11-179），使方程在任意时刻得到满足。分别令等式两侧 $\sin\theta t$ 和 $\cos\theta t$ 的相应系数相等，整理后，得

$$\left.\begin{aligned}(\omega^2-\theta^2)B+2\xi\omega\theta A&=0\\-2\xi\omega\theta B+(\omega^2-\theta^2)A&=\frac{F}{m}\end{aligned}\right\}\tag{11-184}$$

由以上二式解出

$$\begin{aligned}A&=\frac{F}{m}\times\frac{\omega^2-\theta^2}{(\omega^2-\theta^2)^2+4\xi^2\omega^2\theta^2}\\B&=\frac{F}{m}\times\frac{-2\xi\omega\theta}{(\omega^2-\theta^2)^2+4\xi^2\omega^2\theta^2}\end{aligned}\tag{11-185}$$

3）通解 y

$$y=\overline{y}+y^*=e^{-\xi\omega t}(C_1\cos\omega_r t+C_2\sin\omega_r t)+A\sin\theta t+B\cos\theta t\tag{11-186}$$

其中两个常数 C_1 和 C_2 由初始条件确定。

由于阻尼的存在，式（11-186）中，频率为 ω_r 的第一部分（含有阻尼的自由振动和伴生自由振动），含有衰减系数 $e^{-\xi\omega t}$，将很快衰减而消失；频率为 θ 的第二部分，由于受到荷载的周期影响而不衰减，这部分振动称为平稳振动（或纯受迫振动）。

4. 关于平稳振动（有阻尼）的讨论

任一时刻的动力位移

$$y=y^*=A\sin\theta t+B\cos\theta t\tag{11-187}$$

可改写为以下单项形式：

$$y=y_P\sin(\theta t-\alpha)\tag{11-188}$$

式中，y_P 为有阻尼的纯受迫振动的振幅

$$y_P=y_{st}\beta\tag{11-189}$$

α 为位移与干扰力之间的相位角

$$\alpha=\arctan\frac{2\xi(\theta/\omega)}{1-(\theta/\omega)^2}=\arctan\frac{2\xi\omega\theta}{\omega^2-\theta^2}\tag{11-190}$$

β 为相应的动力系数

$$\beta=\frac{y_P}{y_{st}}=[(1-\theta^2/\omega^2)^2+(2\xi\theta/\omega)^2]^{-\frac{1}{2}}\tag{11-191}$$

现对式（11-188）推证如下：

将式（11-185）中 A、B 计算式中的分母提出公因子 ω^4，则

$$\begin{aligned}A&=\frac{F}{m\omega^2}\times\frac{1-\theta^2/\omega^2}{(1-\theta^2/\omega^2)^2+(2\xi\theta/\omega)^2}\\B&=\frac{F}{m\omega^2}\times\frac{-2\xi\theta/\omega}{(1-\theta^2/\omega^2)^2+(2\xi\theta/\omega)^2}\end{aligned}\tag{11-192}$$

于是有

$$y=\frac{F}{m\omega^2}\times\frac{1}{(1-\theta^2/\omega^2)^2+(2\xi\theta/\omega)^2}[(1-\theta^2/\omega^2)\sin\theta t-(2\xi\theta/\omega)\cos\theta t]\tag{11-193}$$

设（图 11-35）

$$\begin{aligned}A\text{ 中分子：}1-\theta^2/\omega^2&=a\cos\alpha\\B\text{ 中分子：}2\xi\theta/\omega&=a\sin\alpha\end{aligned}\tag{11-194}$$

即

$$a=\sqrt{(1-\theta^2/\omega^2)^2+(2\xi\theta/\omega)^2} \quad (11\text{-}195)$$
$$\tan\alpha=(2\xi\theta/\omega)/(1-\theta^2/\omega^2)$$

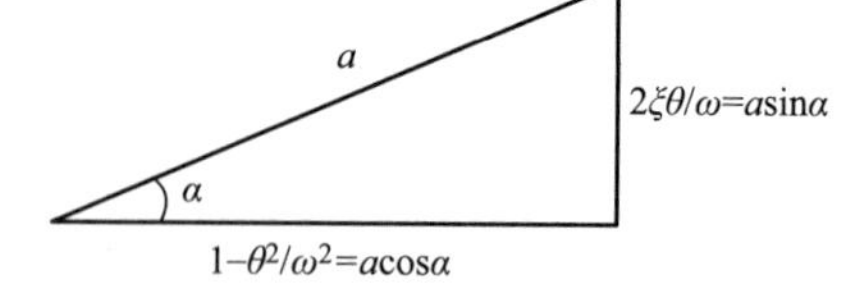

图 11-35　引入 a 和 α

故

$$y=\frac{F}{m\omega^2}\times\frac{1}{a^2}[a\sin(\theta t-\alpha)] \quad (11\text{-}196)$$

即

$$y=y_{st}\times\frac{1}{a}\sin(\theta t-\alpha) \quad (11\text{-}197)$$

令

$$\beta=\frac{1}{a}=[(1-\theta^2/\omega^2)^2-(2\xi\theta/\omega)^2]^{-\frac{1}{2}} \quad (11\text{-}198)$$

则

$$y=y_{st}\beta\times\sin(\theta t-\alpha) \quad (11\text{-}199)$$

再令 $y_P=y_{st}\beta$，则

$$y=y_P\sin(\theta t-\alpha) \quad (11\text{-}200)$$

此即式（11-188）。

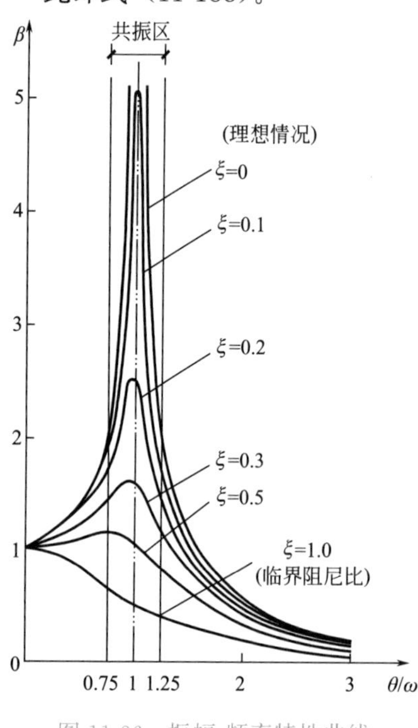

图 11-36　振幅-频率特性曲线

【讨论 1】关于动力系数 β 的分析结论

式（11-191）计算式表明：动力系数 β 不仅与频率比值 θ/ω 有关，而且与阻尼比 ξ 有关。对于不同的值 ξ，所画出相应的 β 与 θ/ω 之间的关系曲线，称为振幅-频率特性曲线，如图 11-36 所示。

1）当 ξ 由 $0\xrightarrow{\text{增至}}1$ 时，相应曲线从险峻的山峰 $\xrightarrow{\text{降为}}$ 平缓的小丘。

2）发现：由于有阻尼，且 β 总是一个有限值，即有两种极端情况，一种最危险情况：

a）$\theta/\omega\to0$，$\beta\to1$，可看作静力；

b）$\theta/\omega\to\infty$，$\beta\to0$，相当于无干扰力；

c）$\theta/\omega\to1$，$\beta=1/\sqrt{(2\xi\times1)^2}=1/2\xi$，实际结构 $\xi\neq0$（有阻尼），β 不可能达到 ∞，此时为共振。

为了研究共振时动力反应，阻尼的影响是不容忽视的。

3）有阻尼体系中，$\beta_{共}=\beta|_{\frac{\theta}{\omega}=1}\neq\beta_{max}$，但二者数值比较接近。$\beta_{max}$ 不发生在 $\theta/\omega=1$ 处，而稍偏左。只需令 $d\beta/d(\theta/\omega)=0$，即可求得 $(\theta/\omega)_{峰}=\sqrt{1-2\xi^2}$。若 $\xi=0.1$，则 $(\theta/\omega)_{峰}=0.989949$。

将 $(\theta/\omega)_{峰}=\sqrt{1-2\xi^2}$ 代入式（11-191），即得

$$\beta_{峰}(即\,\beta_{max})=\frac{1}{2\xi\sqrt{1-\xi^2}}\approx\beta|_{\frac{\theta}{\omega}=1}=\frac{1}{2\xi} \tag{11-201}$$

一般把 $\theta/\omega=1$ 作为共振点，并取

$$\beta_{max}\approx\beta_{共}=\frac{1}{2\xi} \tag{11-202}$$

4）结论：在共振区范围内（$0.75\leqslant\theta/\omega\leqslant1.25$），应考虑阻尼影响（减幅作用大）；在远离共振区的范围内，可以不考虑阻尼的影响（偏安全）。

【讨论 2】关于相位角 α

比较以下两式：

$$\begin{aligned}F_P(t)&=F\sin\theta t\\ y&=y_P\sin(\theta t-\alpha)\end{aligned} \tag{11-203}$$

可以看出，有阻尼的位移 y 比简谐荷载 F_P（t）滞后一个相位角 α。该 α 值可以由式（11-190）求出。

$$\alpha=\arctan\frac{2\xi\theta/\omega}{1-(\theta/\omega)^2} \tag{11-204}$$

下面，通过相位角 α 变化的三个典型情况，来分析振动时相应诸力的平衡关系。

1）当荷载频率很小，即 $\theta\ll\omega$ 时，$\alpha\to0°$。由式（11-188）可知，位移与荷载趋于同步。此时，体系振动很慢，惯性力和阻尼力都很小，故动力荷载主要由弹性力与之平衡。

2）当荷载频率很大，即 $\theta\gg\omega$ 时，$\alpha\to180°$。由式（11-188）可知，位移与荷载趋于反向。此时，体系振动很快，惯性力很大，弹性力和阻尼力相对比较小，故动荷载主要与惯性力平衡。

3）当荷载频率接近自振频率，即 $\theta\approx\omega$ 时，$\alpha\to90°$。说明位移落后于荷载 90°。因此，当荷载最大时，位移和加速度都接近于零，故动力荷载主要由阻尼力与之平衡。而在无阻尼振动中，因没有阻尼力去平衡动力荷载，故将会出现位移无限增大的情况。

由此看出，在共振情况下，阻尼力起重要作用，它的影响是不容忽略的。在工程设计中，应该注意通过调整结构的刚度和质量来控制结构的自振频率 ω，使其不致与干扰力的频率 θ 接近，以避免共振现象。一般常使最低自振频率 ω 至少较 θ 大 25%～30%，这样，可控制 θ/ω 的比值小于 0.75～0.70，即不在共振区内，因而计算时也可不考虑阻尼影响。

容易推证，有阻尼时，F_P（t）与 y 不是同时达到最大值，后者其 $t=\frac{\pi}{2\theta}+\frac{\alpha}{\theta}$，即要比前者 $t=\frac{\pi}{2\theta}$ 滞后一个时段 $\frac{\alpha}{\theta}$；而 y 与 F_I（t）则是同时达到最大值。

11.6　两自由度体系的自由振动

- 目的

（1）计算自振频率 ω_1，ω_2。

（2）确定振型（振动形式）$\boldsymbol{Y}^{(1)}$，$\boldsymbol{Y}^{(2)}$ 或振型常数 ρ_1，ρ_2。并讨论振型的特性——主

振型的正交性（而完成了结构动力学中关于自由振动的全部概念）。

• 方法

（1）刚度法——根据力的平衡条件建立运动微分方程。

（2）柔度法——根据位移协调条件建立运动微分方程。

11.6.1 两个自由度体系的自由振动

1. 刚度法

1）运动方程的建立

对于图 11-37（a）所示体系，若不考虑阻尼，取质量 m_1 和 m_2 作隔离体，质点上作用惯性力和弹性恢复力，如图 11-37（b）所示，根据达朗伯原理，可列出平衡方程

$$\left.\begin{aligned} F_{I1}+F_{S1}=0 \\ F_{I2}+F_{S2}=0 \end{aligned}\right\} \tag{11-205}$$

在图 11-37（c）中，结构所受的力 F_{S1}、F_{S2} 与结构的位移 y_1、y_2 之间应满足刚度方程

$$\left.\begin{aligned} F_{S1}=-(k_{11}y_1+k_{12}y_2) \\ F_{S2}=-(k_{21}y_1+k_{22}y_2) \end{aligned}\right\} \tag{11-206}$$

这里的 k_{ij} 是结构的刚度系数（图 11-37d，e）。例如，k_{12} 是使点 2 沿运动方向产生单位位移（点 1 位移保持为 0）时，在点 1 沿第一个自由度方向需施加的力；或理解为：第 2 个自由度方向发生单位未知位移引起的第 1 个自由度方向对应约束的反力。

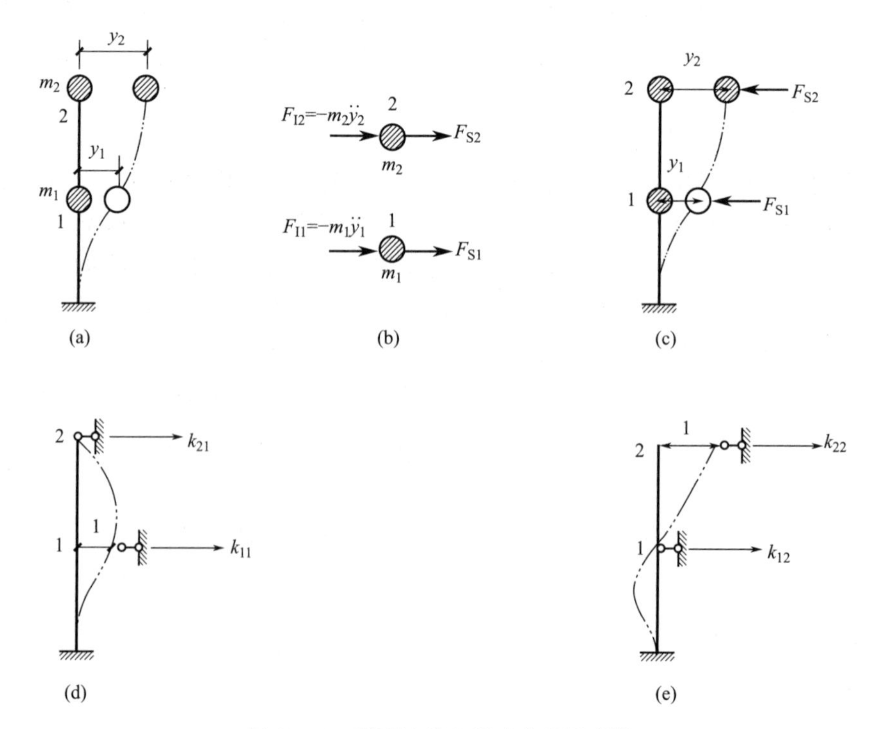

图 11-37 刚度法建立运动方程示意图

将式（11-206）代入式（11-205），可得

$$\left.\begin{aligned} m_1\ddot{y}_1+k_{11}y_1+k_{12}y_2=0 \\ m_2\ddot{y}_2+k_{21}y_1+k_{22}y_2=0 \end{aligned}\right\} \tag{11-207}$$

也可用矩阵表示为

$$\begin{bmatrix} m_1 & 0 \\ 0 & m_2 \end{bmatrix}\begin{bmatrix} \ddot{y}_1 \\ \ddot{y}_2 \end{bmatrix}+\begin{bmatrix} k_{11} & k_{12} \\ k_{21} & k_{22} \end{bmatrix}\begin{bmatrix} y_1 \\ y_2 \end{bmatrix}=[0] \tag{11-208}$$

$$\boldsymbol{M}\ddot{\boldsymbol{y}}+\boldsymbol{K}\boldsymbol{y}=0 \tag{11-209}$$

式中，$\boldsymbol{M}$ 为质量矩阵；$\ddot{\boldsymbol{y}}$ 为加速度列阵；$\boldsymbol{K}$ 为刚度矩阵；$\boldsymbol{y}$ 为位移列阵。

2）运动方程的求解

假设微分方程组特解的形式仍与单自由度体系自由振动的一样为简谐振动，即

$$\left.\begin{aligned} y_1=Y_1\sin(\omega t+\alpha) \\ y_2=Y_2\sin(\omega t+\alpha) \end{aligned}\right\} \tag{11-210}$$

式中，Y_1、Y_2 分别为 m_1 和 m_2 的位移幅值。

式（11-210）所表明的运动具有以下特点：

a）在振动过程中，两个质点同频率（ω）、同相位（α）。

b）在振动过程中，两个质点的位移在数值上随时间而变化，但二者的比值始终保持不变，即

$$\frac{y_1}{y_2}=\frac{Y_1}{Y_2}=\text{常数} \tag{11-211}$$

这种结构位移形状保持不变的振动形式，称为主振型或振型。这样的振动称为按振型自振（单频振动，具有不变的振动形式），而实际的多自由度体系的自由振动是多频振动，振动形状随时间而变化，但可化为各个振型振动的叠加。

3）求自振频率 ω_i

由式（11-210），得

$$\left.\begin{aligned} \ddot{y}_1=-\omega^2Y_1\sin(\omega t+\alpha) \\ \ddot{y}_2=-\omega^2Y_2\sin(\omega t+\alpha) \end{aligned}\right\} \tag{11-212}$$

将 y 及 $\ddot{y}$ 代入运动方程（11-207），并消去公因子 sin（$\omega t+\alpha$），得到关于质点振幅 Y_1 和 Y_2 的两个齐次代数方程，称为振型方程或特征向量方程，即

$$\begin{aligned} (k_{11}-\omega^2m_1)Y_1+k_{12}Y_2=0 \\ k_{21}Y_1+(k_{22}-\omega^2m_2)Y_2=0 \end{aligned} \tag{11-213}$$

或

$$(\boldsymbol{K}-\omega^2\boldsymbol{M})\boldsymbol{Y}=0 \tag{11-214}$$

上式中 $Y_1=Y_1=0$ 虽然是方程的解，但它相应于没有发生振动的静止状态。为了要求得 Y_1、Y_2 不全为零的解答，应使其系数行列式为零，即

$$D=\begin{vmatrix} k_{11}-\omega^2m_1 & k_{12} \\ k_{21} & k_{22}-\omega^2m_2 \end{vmatrix}=0 \tag{11-215}$$

由此式可确定体系的自振频率 ω_i，因此称频率方程或特征方程。

主振型 $\boldsymbol{Y}^{(i)}$ 常称特征向量，自振频率的平方 ω^2 常称特征值，合称特征对。

由式（11-215）可以求出 ω^2，进而求出 ω，将式（11-215）展开，有

$$(k_{11}-\omega^2 m_1)(k_{22}-\omega^2 m_2)-k_{12}k_{21}=0 \tag{11-216}$$

整理后，得

$$(\omega^2)^2-\left(\frac{k_{11}}{m_1}+\frac{k_{22}}{m_2}\right)+\frac{k_{11}k_{22}-k_{12}k_{21}}{m_1 m_2}=0 \tag{11-217}$$

上式是 ω^2 的二次方程，由此可以解出 ω^2 的两个根，即

$$\omega_{1,2}^2=\frac{1}{2}\left(\frac{k_{11}}{m_1}+\frac{k_{22}}{m_2}\right)\mp\sqrt{\left[\frac{1}{2}\left(\frac{k_{11}}{m_1}+\frac{k_{22}}{m_2}\right)\right]^2-\frac{k_{11}k_{22}-k_{12}k_{21}}{m_1 m_2}}=0 \tag{11-218}$$

由上式可见，ω 只与体系本身的刚度系数及其质量分布情形有关，而与外部荷载无关。

应用虚功原理可以证明，以上二根均为正。约定 $\omega_1<\omega_2$，其中 ω_1 称第一圆频率（最小圆频率，基本圆频率），ω_2 称第二圆频率。求出 ω_1 和 ω_2 之后，即可求各自相应的振型。

4）求主振型

写成向量形式 $\mathbf{Y}^{(i)}$，或写成比值形式 ρ_i（振型常数）。

第一，求第一主振型：

在式（11-210）中，令 $\omega=\omega_1$，则

$$\left.\begin{aligned}y_1&=Y_{11}\sin(\omega_1 t+\alpha_1)\\y_2&=Y_{21}\sin(\omega_1 t+\alpha_1)\end{aligned}\right\}\text{甲组特解} \tag{11-219}$$

式中，Y_{11} 和 Y_{21} 分别表示第一振型中质点 1 和质点 2 的振幅。代入振型方程（11-213），得

$$\left.\begin{aligned}(k_{11}-\omega_1^2 m_1)Y_{11}+k_{12}Y_{21}&=0\\k_{21}Y_{11}+(k_{22}-\omega_1^2 m_2)Y_{21}&=0\end{aligned}\right\} \tag{11-220}$$

由于系数行列式 $D=0$，此二方程是线性相关的（实际上只有一个独立的方程），不能求出 Y_{11} 和 Y_{21} 的具体数值，而只能求得二者的比值 Y_{11}/Y_{21}（由以上二方程中之任一方程均可求出该比值）。

第一振型（相对于 ω_1），可表示为

$$\mathbf{Y}^{(1)}=\begin{bmatrix}Y_{11}\\Y_{21}\end{bmatrix}\text{，或 }\rho_1=\frac{Y_{11}}{Y_{21}} \tag{11-221}$$

利用式（11-220），可求得振型常数

$$\rho_1=\frac{Y_{11}}{Y_{21}}=\frac{-k_{12}}{k_{11}-\omega_1^2 m_1}\text{（相对位移）} \tag{11-222}$$

$$\rho_1=\frac{Y_{11}}{Y_{21}}=\frac{-(k_{22}-\omega_1^2 m_2)}{k_{21}} \tag{11-223}$$

第二，求第二主振型：

在式（11-210）中，令 $\omega=\omega_2$，则

$$\left.\begin{aligned}y_1&=Y_{12}\sin(\omega_2 t+\alpha_2)\\y_2&=Y_{22}\sin(\omega_2 t+\alpha_2)\end{aligned}\right\}\text{乙组特解} \tag{11-224}$$

式中，Y_{12} 和 Y_{22} 分别表示第二振型中质点 1 和 2 的振幅。代入振型方程（11-213），得

$$\left.\begin{aligned}(k_{11}-\omega_2^2 m_1)Y_{12}+k_{12}Y_{22}=0\\ k_{21}Y_{12}+(k_{22}-\omega_2^2 m_2)Y_{22}=0\end{aligned}\right\}\tag{11-225}$$

第二振型（相对于 ω_2），可表示为

$$\boldsymbol{Y}^{(2)}=\begin{bmatrix}Y_{12}\\Y_{22}\end{bmatrix}，或\ \rho_2=\frac{Y_{12}}{Y_{22}}\tag{11-226}$$

利用式（11-225），可求得振型常数

$$\rho_2=\frac{Y_{12}}{Y_{22}}=\frac{-k_{12}}{k_{11}-\omega_2^2 m_1}（相对位移）\tag{11-227}$$

$$\rho_2=\frac{Y_{12}}{Y_{22}}=\frac{-(k_{22}-\omega_2^2 m_2)}{k_{21}}\tag{11-228}$$

根据式（11-222）、式（11-223）或式（11-227）、式（11-228）可作出图 11-38（a）所示两个自由度体系的第一主振型和第二主振型，如图 11-38（b）、(c) 所示。

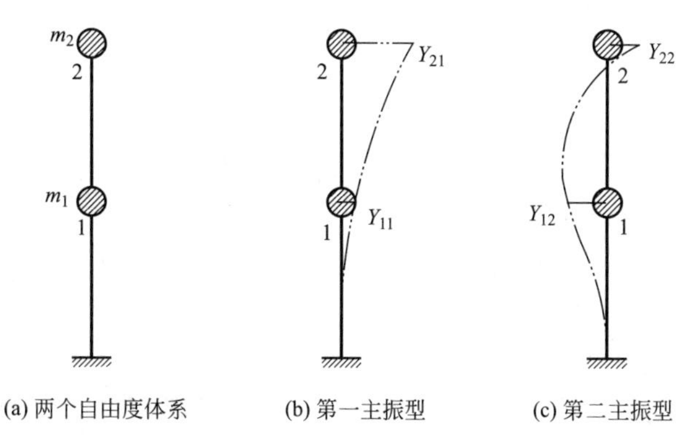

图 11-38　两个自由度体系的主振型

在一般情况下，两个自由度体系的自由振动可以看作两个频率及其主振型的组合振动。

相应于 ω_1，有一组特解（前述甲组特解），相应于 ω_2 也有一组特解（乙组特解），它们是线性无关的。由这两组特解加以线性组合，即得通解为

$$\begin{aligned}y_1&=A_1Y_{11}\sin(\omega_1 t+\alpha_1)+A_2Y_{12}\sin(\omega_2 t+\alpha_2)\\ y_2&=A_1\underbrace{Y_{21}\sin(\omega_1 t+\alpha_1)}_{甲组特解}+A_2\underbrace{Y_{22}\sin(\omega_2 t+\alpha_2)}_{乙组特解}\end{aligned}\tag{11-229}$$

式中，两对待定常数 A_1、ω_1；A_2、ω_2 由初始条件（y_0 和 v_0）确定。

两个自由度体系可按第一主振型、第二主振型或二者的组合振动。

体系能按某个振型自振，其条件是：y_0 和 v_0 应当与此主振型相对应。要想引起按第一主振型的简谐自振，则所给 y_{01}/y_{02} 或 v_{01}/v_{02} 必须等于 ω_1；要想引起按第二主振型的简谐自振，则所给 y_{01}/y_{02} 或 v_{01}/v_{02} 必须等于 ω_2。否则，将产生组合的非简谐的周期运动。

5）标准化（规一化）主振型

为了使主振型 $\boldsymbol{Y}^{(i)}$ 的振幅具有确定值，需要另外补充条件，这样得到的主振型，叫作

标准化主振型。一般可规定主振型$\boldsymbol{Y}^{(i)}$ 中某个元素为给定值，如规定某个元素Y_{ji} 等于1，或最大元素等于1。

例如，图11-39中：

$$\boldsymbol{Y}^{(1)}=\begin{bmatrix}0.4\\1\end{bmatrix},\boldsymbol{Y}^{(2)}=\begin{bmatrix}-1\\1\end{bmatrix}$$

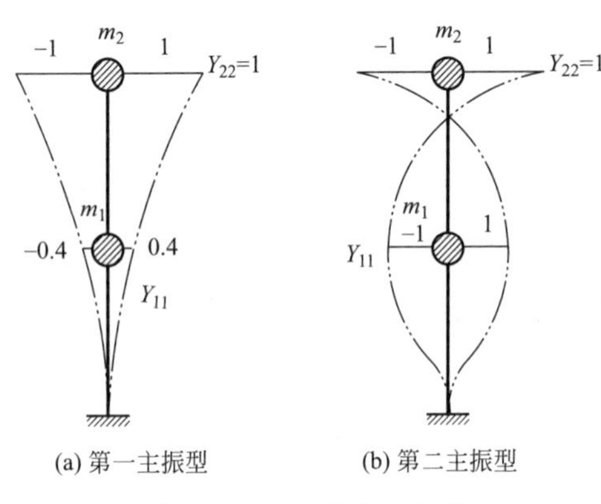

图11-39　标准化主振型

从上面的讨论可以看出，进行多自由度体系自由振动分析所关注的问题，主要是要确定体系的全部自振频率（利用频率方程）及其相应的主振型（利用振型方程），这是进一步研究其动力反应的前提和基础。同时，还可看出，多自由度体系自由振动具有这样一些重要特性：a）多自由度自振频率和主振型的个数均与体系自由度的个数相等；b）每个自振频率有其相应的主振型，而这些主振型就是多自由度体系能够按单自由度体系振动时所具有的特定形式；c）多自由度体系的自振频率和主振型是体系自身的固有动力特性，它们只取决于体系自身的刚度系数及其质量的分布情形，而与外部荷载无关。

【例11-5】图11-40（a）所示框架，其横梁为无限刚性。设质量集中在楼层上，试计算其自振频率和主振型。

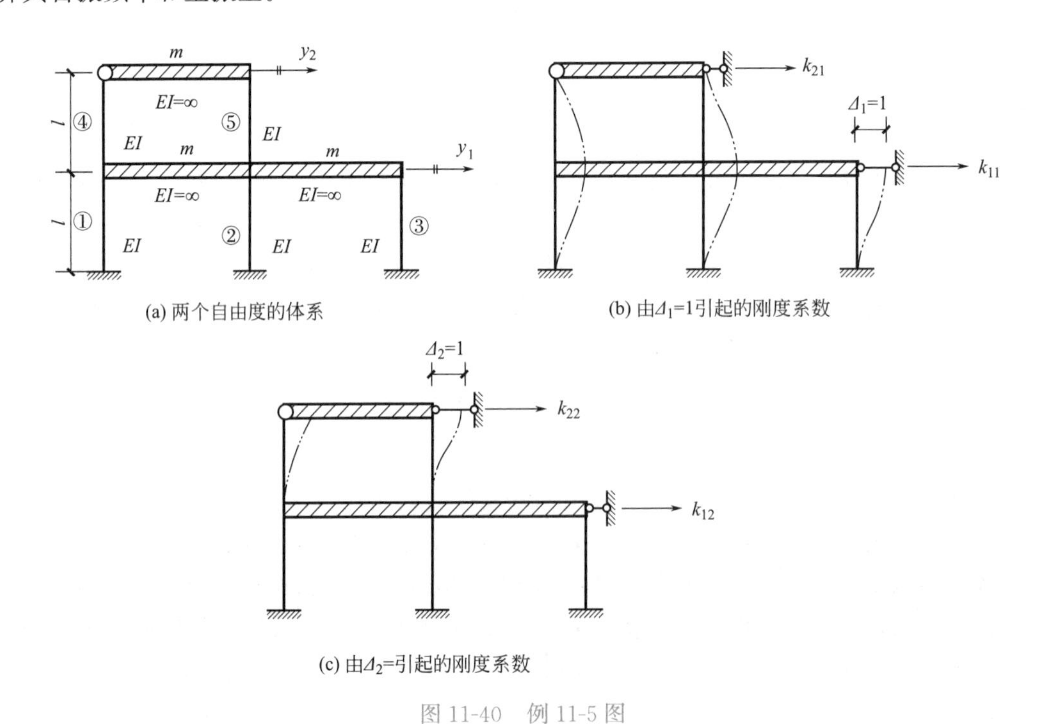

图11-40　例11-5图

解：本例两层框架为两个自由度体系，用刚度法计算较为方便。

(1) 求刚度系数 k_{ij}

在质点位移 y_1、y_2 方向加水平支杆。让 y_1 方向的支杆发生单位位移 $\Delta_1=1$，如图 11-40 (b) 所示。k_{11} 等于①、②、③、④、⑤杆的侧移刚度之和，k_{21} 等于④、⑤杆的侧移刚度之和，即

$$k_{11}=\frac{12EI}{l^3}\times 4+\frac{3EI}{l^3}=\frac{51EI}{l^3}$$
$$k_{21}=k_{12}=-\left(\frac{12EI}{l^3}+\frac{3EI}{l^3}\right)=-\frac{15EI}{l^3} \tag{11-230}$$

再让 y_2 方向的支杆发生单位位移 $\Delta_2=1$，如图 11-40 (c) 所示。k_{22} 等于④、⑤杆的侧移刚度之和，即

$$k_{22}=\frac{12EI}{l^3}+\frac{3EI}{l^3}=\frac{15EI}{l^3} \tag{11-231}$$

(2) 求自振频率 ω_i

将 $m_1=2m$ 和 $m_2=m$ 以及已求出的 k_{ij} 代入式 (11-218)，则

$$\omega_{1,2}^2=\frac{1}{2}\left(\frac{k_{11}}{2m}+\frac{k_{22}}{m}\right)\mp\sqrt{\left[\frac{1}{2}\left(\frac{k_{11}}{2m}+\frac{k_{22}}{m}\right)\right]^2-\frac{k_{11}k_{22}-k_{12}^2}{(2m)(m)}}=(20.25\mp 11.84)\frac{EI}{ml^3} \tag{11-232}$$

所以

$$\omega_1^2=8.41\frac{EI}{ml^3},\ \omega_2^2=32.09\frac{EI}{ml^3} \tag{11-233}$$

由此得

$$\omega_1=2.9\sqrt{\frac{EI}{ml^3}},\ \omega_2=5.66\sqrt{\frac{EI}{ml^3}} \tag{11-234}$$

(3) 求主振型 (振型常数 ρ_i)

分别代入振型公式 (11-222) 和公式 (11-227)，得

第一主振型

$$\rho_1=\frac{Y_{11}}{Y_{21}}=\frac{-k_{12}}{k_{11}-\omega_1^2 m_1}=\frac{15}{34.18} \tag{11-235}$$

第二主振型

$$\rho_2=\frac{Y_{12}}{Y_{22}}=\frac{-k_{12}}{k_{11}-\omega_2^2 m_1}=-\frac{15}{13.18} \tag{11-236}$$

对主振型规一化，得

$$\rho_1=\frac{1}{2.28},\ \rho_2=-\frac{1}{0.88} \tag{11-237}$$

作振型曲线，如图 11-41 (a)、(b) 所示。

2. 柔度法

其思路是：对于图 11-42 (a) 所示体系，在自由振动中的任一时刻 t，质量 m_1、m_2 的位移 y_1、y_2 应当等于体系在当时惯性力 $-m_1\ddot{y}_1$、$-m_2\ddot{y}_2$ 作用下所产生的静力位移 (图 11-42b、c)。据此，可列出运动方程如下：

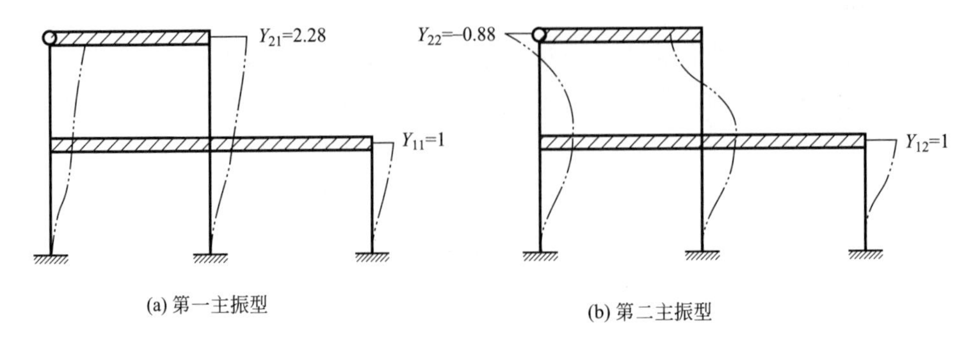

图 11-41　例 11-5 主振型

1）运动方程的建立

$$\left.\begin{aligned}y_1&=-m_1\ddot{y}_1\delta_{11}-m_2\ddot{y}_2\delta_{12}\\y_2&=-m_1\ddot{y}_1\delta_{21}-m_2\ddot{y}_2\delta_{22}\end{aligned}\right\}\tag{11-238}$$

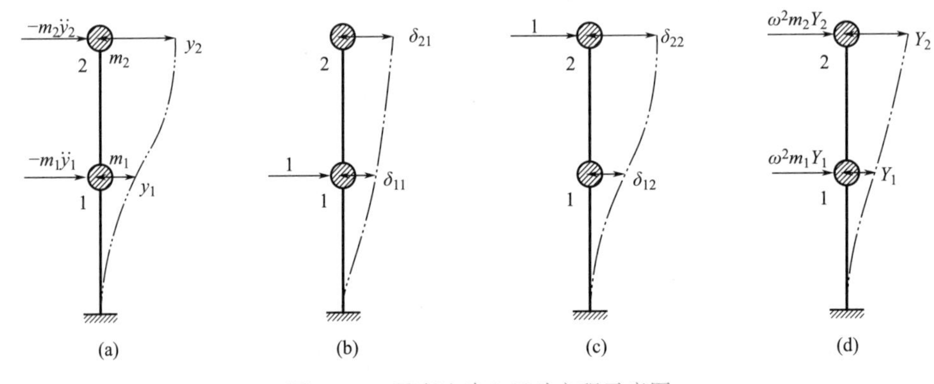

图 11-42　柔度法建立运动方程示意图

式中，δ_{ij} 是体系的柔度系数，如图 11-42（b）、（c）所示。这个按柔度法建立的方程可以与按刚度法建立的方程（11-207）加以对照。对于式（11-238）也可写为

$$\begin{bmatrix}\delta_{11}&\delta_{12}\\\delta_{21}&\delta_{22}\end{bmatrix}\begin{bmatrix}m_1&0\\0&m_2\end{bmatrix}\begin{bmatrix}\ddot{y}_1\\\ddot{y}_2\end{bmatrix}+\begin{bmatrix}y_1\\y_2\end{bmatrix}=[0]\tag{11-239}$$

或

$$\boldsymbol{\delta}\boldsymbol{M}\ddot{\boldsymbol{y}}+\boldsymbol{y}=0\tag{11-240}$$

式中，$\boldsymbol{\delta}$ 为柔度矩阵。

2）运动方程的求解

设特解

$$\left.\begin{aligned}y_1&=Y_1\sin(\omega t+\alpha)\\y_2&=Y_2\sin(\omega t+\alpha)\end{aligned}\right\}\tag{11-241}$$

与刚度法所设相同：同 ω、同 α；$y_1/y_2=Y_1/Y_2=$常数，均系简谐振动。

3）求自振频率 ω_i

$$\left.\begin{aligned}\ddot{y}_1&=-\omega^2Y_1\sin(\omega t+\alpha)\\\ddot{y}_2&=-\omega^2Y_2\sin(\omega t+\alpha)\end{aligned}\right\}\tag{11-242}$$

二质点的惯性力分别为

$$\left.\begin{aligned}F_{I1}&=-m_1\ddot{y}_1=m_1\omega^2Y_1\sin(\omega t+\alpha)\\F_{I2}&=-m_2\ddot{y}_2=m_2\omega^2Y_2\sin(\omega t+\alpha)\end{aligned}\right\}\tag{11-243}$$

将式（11-241）和式（11-242）中的 y 及 $\ddot{y}$ 代入运动方程（11-238），并消去公因子 $\sin(\omega t+\alpha)$，得到关于质点振幅 Y_1 和 Y_2 的两个齐次线性代数方程

$$\left.\begin{aligned}Y_1&=\delta_{11}(\omega^2m_1Y_1)+\delta_{12}(\omega^2m_2Y_2)\\Y_2&=\delta_{21}(\omega^2m_1Y_1)+\delta_{22}(\omega^2m_2Y_2)\end{aligned}\right\}\tag{11-244}$$

上式表明，主振型的位移幅值（Y_1 及 Y_2），就是体系在此主振型惯性力幅值（$\omega^2m_1Y_1$ 和 $\omega^2m_2Y_2$）作用下引起的静力位移，如图 11-42（d）所示。

将式（11-244）通除以 ω^2，可写成

$$\left.\begin{aligned}&\left(\delta_{11}m_1-\frac{1}{\omega^2}\right)Y_1+\delta_{12}m_2Y_2=0\\&\delta_{21}m_1Y_1+\left(\delta_{22}m_2-\frac{1}{\omega^2}\right)Y_2=0\end{aligned}\right\}\tag{11-245}$$

称为振型方程或特征向量方程。为了求得 Y_1、Y_2 不全为 0 的解，应使该系数行列式等于零，即

$$D=\begin{vmatrix}\delta_{11}m_1-\dfrac{1}{\omega^2} & \delta_{12}m_2\\ \delta_{21}m_1 & \delta_{22}m_2-\dfrac{1}{\omega^2}\end{vmatrix}=0\tag{11-246}$$

称为频率方程或特征方程。由它可以求出 ω_1 和 ω_2。

将式（11-246）展开，得

$$\left(\delta_{11}m_1-\frac{1}{\omega^2}\right)\left(\delta_{22}m_2-\frac{1}{\omega^2}\right)-(\delta_{12}m_2)(\delta_{21}m_1)=0\tag{11-247}$$

令 $\lambda=1/\omega^2$，代入式（11-247），得关于 λ 的二次方程

$$\lambda^2-(\delta_{11}m_1+\delta_{22}m_2)\lambda+m_1m_2(\delta_{11}\delta_{22}-\delta_{12}\delta_{21})=0\tag{11-248}$$

由式（11-248），可解出 λ 的两个根，即

$$\lambda_{1,2}=\frac{1}{2}\left[(\delta_{11}m_1+\delta_{22}m_2)\pm\sqrt{(\delta_{11}m_1+\delta_{22}m_2)^2-4m_1m_2(\delta_{11}\delta_{22}-\delta_{12}\delta_{21})}\right]\tag{11-249}$$

约定 $\lambda_1>\lambda_2$（从而满足 $\omega_1<\omega_2$），于是求得

$$\omega_1=\frac{1}{\sqrt{\lambda_1}},\ \omega_2=\frac{1}{\sqrt{\lambda_2}}\tag{11-250}$$

4）求主振型

a）第一主振型：将 $\omega=\omega_1$ 代入式（11-245）第一式，得

$$\rho_1=\frac{Y_{11}}{Y_{21}}=\frac{-\delta_{12}m_2}{\delta_{11}m_1-\lambda_1}\tag{11-251}$$

b）第二主振型：将 $\omega=\omega_2$ 代入同一式，得

$$\rho_2=\frac{Y_{12}}{Y_{22}}=\frac{-\delta_{12}m_2}{\delta_{11}m_1-\lambda_2}\tag{11-252}$$

根据规一化的主振型，可绘出主振型曲线。

$$\left.\begin{aligned}\left(\delta_{11}m_1-\frac{1}{\omega^2}\right)Y_1+\delta_{12}m_2Y_2=0\\ \delta_{21}m_1Y_1+\left(\delta_{22}m_2-\frac{1}{\omega^2}\right)Y_2=0\end{aligned}\right\}\tag{11-253}$$

【例 11-6】试求图 11-43（a）所示结构的自振频率及主振型。各杆 EI 为常数，弹性支座的刚度系数 $k=9EI/32l^3$。

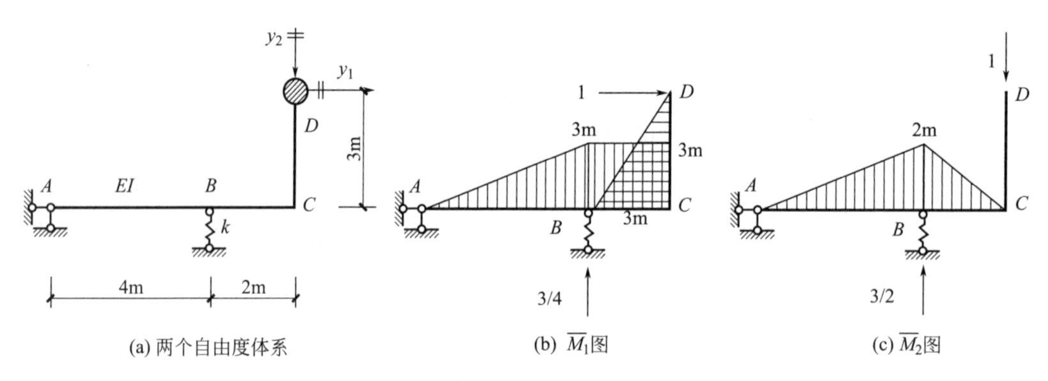

图 11-43　例 11-6 图

解：此刚架有两个自由度。假设质量 m 水平方向的位移为 y_1，竖直方向的位移为 y_2。

（1）计算柔度系数 δ_{ij}

计算柔度系数时，应考虑弹性支座变形对位移的影响。

作 $\overline{M}_1$、$\overline{M}_2$ 图，如图 11-43（b）、（c）所示。

$$\delta_{11}=\frac{1}{EI}\left[\left(\frac{1}{2}\times3\times3\right)\times\left(\frac{2}{3}\times3\right)+(3\times2)\times3+\left(\frac{1}{2}\times3\times4\right)\times\left(\frac{2}{3}\times3\right)\right]+\frac{3}{4}\times\frac{3}{4}\times\frac{32l^3}{9EI}=\frac{41}{EI}\tag{11-254}$$

$$\delta_{22}=\frac{1}{EI}\left[\left(\frac{1}{2}\times2\times2\right)\times\left(\frac{2}{3}\times2\right)+\left(\frac{1}{2}\times2\times4\right)\times\left(\frac{2}{3}\times2\right)\right]+\frac{3}{2}\times\frac{3}{2}\times\frac{32l^3}{9EI}=\frac{16}{EI}\tag{11-255}$$

$$\delta_{12}=\delta_{21}=\frac{1}{EI}\left[\left(\frac{1}{2}\times3\times4\right)\times\left(\frac{2}{3}\times2\right)+(3\times2)\times1\right]+\frac{3}{4}\times\frac{3}{2}\times\frac{32l^3}{9EI}=\frac{18}{EI}\tag{11-256}$$

（2）求自振频率 ω_i

将 $m_1=m_2=m$ 及已求得的 δ_{ij} 代入式（11-249），求得

$$\lambda_1=\frac{50.415m}{EI},\ \lambda_2=\frac{6.585m}{EI}\tag{11-257}$$

从而可求得

$$\omega_1=\frac{1}{\sqrt{\lambda_1}}=0.1408\sqrt{\frac{EI}{m}},\ \omega_2=\frac{1}{\sqrt{\lambda_2}}=0.3897\sqrt{\frac{EI}{m}}\tag{11-258}$$

（3）求主振型 ρ_i

由式（11-251）和式（11-252），得

$$\rho_1=\frac{Y_{11}}{Y_{21}}=\frac{1}{0.52},\ \rho_2=\frac{Y_{12}}{Y_{22}}=\frac{1}{-1.92} \tag{11-259}$$

（4）作振型曲线，如图 10-44（a）、（b）所示。

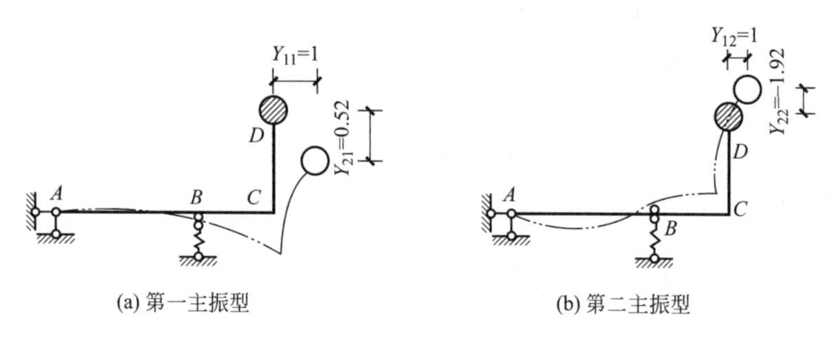

(a) 第一主振型　　(b) 第二主振型

图 11-44　例 11-6 主振型

3. 主振型的正交性

下面，说明同一多自由度体系的各主振型之间存在的一个特性——主振型的正交性。

• 在同一体系中，不同的两个固有振型之间，无论对于 $\boldsymbol{M}$ 或是 $\boldsymbol{K}$，都具有正交的性质（分别称为第一正交性和第二正交性）。

• 利用这一特性，一是可以将多自由度体系的强迫振动简化为单自由度问题（主要应用在任意干扰力作用下的强迫振动），二是可以检查主振型的计算是否正确，并判断主振型的形状特点。

1）主振型的第一正交性

关于主振型的正交性，可以利用虚功互等定理导出，也可以从 2 个自由度体系的振型方程（11-214）出发加以推证。

$$(\boldsymbol{K}-\omega^2\boldsymbol{M})\boldsymbol{Y}=0 \tag{11-260}$$

设 $\boldsymbol{\omega}_i$ 为第 $\boldsymbol{i}$ 个自振频率，其相应的振型为 $\boldsymbol{Y}^{(i)}$；ω_j 为第 j 个自振频率，其相应的振型为 $\boldsymbol{Y}^{(j)}$。将它们分别代入式（11-260），可得

$$\boldsymbol{K}\boldsymbol{Y}^{(i)}=\omega_i^2\boldsymbol{M}\boldsymbol{Y}^{(i)} \tag{11-261}$$

$$\boldsymbol{K}\boldsymbol{Y}^{(j)}=\omega_j^2\boldsymbol{M}\boldsymbol{Y}^{(j)} \tag{11-262}$$

对式（11-261）两边左乘以 $\boldsymbol{Y}^{(j)}$ 的转置矩阵 $\boldsymbol{Y}^{(j)\mathrm{T}}$，对式（11-262）两边左乘以 $\boldsymbol{Y}^{(i)\mathrm{T}}$，则有

$$\boldsymbol{Y}^{(j)\mathrm{T}}\boldsymbol{K}\boldsymbol{Y}^{(i)}=\omega_i^2\boldsymbol{Y}^{(j)\mathrm{T}}\boldsymbol{M}\boldsymbol{Y}^{(i)} \tag{11-263}$$

$$\boldsymbol{Y}^{(i)\mathrm{T}}\boldsymbol{K}\boldsymbol{Y}^{(j)}=\omega_j^2\boldsymbol{Y}^{(i)\mathrm{T}}\boldsymbol{M}\boldsymbol{Y}^{(j)} \tag{11-264}$$

由于 $\boldsymbol{K}$ 和 $\boldsymbol{M}$ 均为对称矩阵，故 $\boldsymbol{K}^{\mathrm{T}}=\boldsymbol{K}$，$\boldsymbol{M}^{T}=\boldsymbol{M}$。将式（11-264）两边转置，将有

$$\boldsymbol{Y}^{(j)\mathrm{T}}\boldsymbol{K}\boldsymbol{Y}^{(i)}=\omega_j^2\boldsymbol{Y}^{(j)\mathrm{T}}\boldsymbol{M}\boldsymbol{Y}^{(i)} \tag{11-265}$$

再将式（11-263）减去式（11-265），得

$$(\omega_i^2-\omega_j^2)\boldsymbol{Y}^{(j)\mathrm{T}}\boldsymbol{M}\boldsymbol{Y}^{(i)}=0 \tag{11-266}$$

当 $\omega_i\neq\omega_j$ 时，得

$$\boldsymbol{Y}^{(j)\mathrm{T}}\boldsymbol{M}\boldsymbol{Y}^{(i)}=0 \tag{11-267}$$

即

$$\sum_{s=1}^{2} m_s Y_{si} Y_{sj} = 0 \tag{11-268}$$

式中，s 为自由度序号，第 s 个动力坐标方向；i、j 为主振型号。式（11-267）称为主振型的第一正交性，它表明，对于质量矩阵 $\boldsymbol{M}$，不同频率的两个主振型是彼此正交的。

2）主振型的第二正交性

将式（11-267）代入式（11-263），可得

$$\boldsymbol{Y}^{(j)\mathrm{T}} \boldsymbol{K} \boldsymbol{Y}^{(i)} = 0 \tag{11-269}$$

式（11-269）称为主振型的，它表明，对于刚度矩阵 $\boldsymbol{K}$，不同频率的两个主振型也是彼此正交的。

3）主振型正交性的物理意义

a）第一正交性的物理意义

将式（11-268）分别乘以 ω_i^2 和 ω_j^2，可以得出以下两式

$$\sum_{s=1}^{2} \underbrace{(m_s \omega_i^2 Y_{si})}_{\text{第}i\text{主振型惯性力幅值}} \overbrace{Y_{sj}}^{\text{第}j\text{振型幅值}} = 0 \tag{11-270}$$

$$\sum_{s=1}^{2} \underbrace{(m_s \omega_j^2 Y_{sj})}_{\text{第}j\text{主振型惯性力幅值}} \overbrace{Y_{si}}^{\text{第}i\text{振型幅值}} = 0 \tag{11-271}$$

式（11-270）说明第 i 主振型惯性力在第 j 主振型上所做的虚功为零；式（11-271）说明第 j 主振型惯性力在第 i 主振型上所做的虚功为零。因此，第一正交性的物理意义是：相应于某一主振型的惯性力不会在其他主振型上做功。

b）第二正交性的物理意义

将式（11-269），可以导出

$$\sum_{s=1}^{2} \underbrace{\sum_{r=1}^{2} k_{sr} Y_{ri}}_{\text{第}i\text{主振型弹性力}} \overbrace{Y_{sj}}^{\text{第}j\text{振型幅值}} = 0 \tag{11-272}$$

式中，s 和 r 均为自由度序号；i、j 为主振型号。由式（11-272）可知，第二正交性的物理意义是：相应于某一主振型的弹性力不会在其他主振型上做功。

4）小结

主振型的正交性可理解为：相应于某一主振型作简谐振动的能量不会转移到其他振型上去，也就不会引起其他振型的振动。因此，各主振型可单独存在而不互相干扰。

思考题

11-1　如图 11-45 所示体系，设质点在重力 $W=mg$ 作用下产生的静位移为 Δ_{st}。若此时承受动荷载 $F_P(t)$，产生的动位移为 y。试建立运动方程，并分析重力对运动方程的影响。不计阻尼的影响。

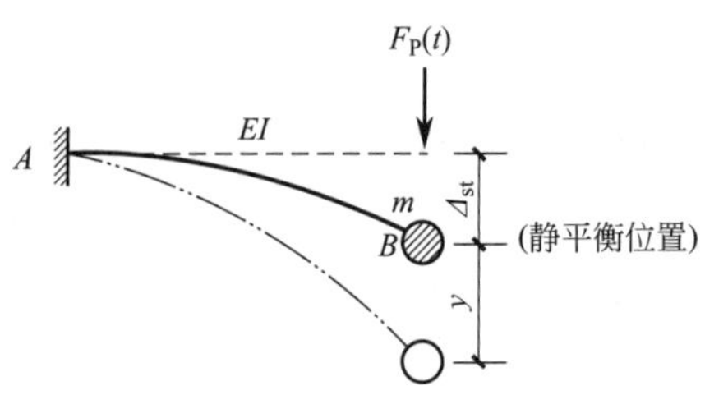

图 11-45　题 11-1 图

11-2　结构动力计算中的自由度概念与结构几何组成分析中的自由度概念有何异同？

11-3　在动力计算中，为什么要确定体系的动力自由度？

11-4　为什么说单自由度体系的自振频率和周期是体系的固有性质？它们与体系的哪些固有量有关？

11-5　公式 $T=2\pi\sqrt{\Delta_{st}/g}$ 中的 Δ_{st} 与公式 $y=\beta y_{st}\sin\theta t$ 中的 y_{st} 有什么区别？

11-6　小阻尼对自振频率和振幅的影响如何？

11-7　若运动方程为 $\ddot{y}+\omega^2 y=\dfrac{F}{m}\cos\theta\ t$，试推导此时纯强迫振动质点位移 y（t）的表达式及动力系数 β 的计算公式。

11-8　利用式 $\beta=\dfrac{1}{1-(\theta/\omega)^2}$ 求得的动力系数计算结构最大动力反应，需满足什么条件？

习题

11-1　为了减小如图 11-46 所示简支梁的最大动位移，可以采取哪些措施（θ 值不能改变）？

11-2　杜哈梅积分中的时间变量 t 与 t 有何区别？

11-3　初始处于静止状态的单自由度体系，在质点上受如图 11-47 所示突加短期荷载作用，荷载的表达式为 F_P（t）$=\begin{cases}F_P & (0\leqslant t\leqslant t_1)\\ 0 & (t>t_1)\end{cases}$。若不考虑阻尼，可以用哪几种方法求质点的动位移 $y(t)(t>t_1)$？

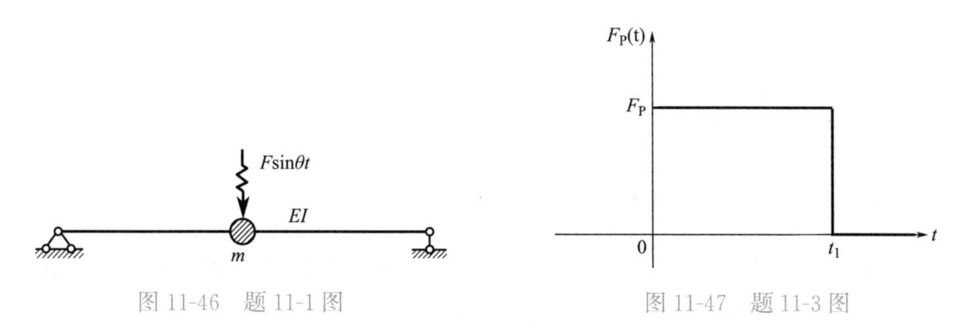

图 11-46　题 11-1 图　　　　图 11-47　题 11-3 图

11-4　为了求多自由度体系的自振频率，在什么情况下用柔度法较好？在什么情况下用刚度法较好？

11-5　什么叫主振型？在何种条件下多自由度体系才按某一主振型作自由振动？

11-6　与其他动力荷载相比，简谐荷载作用下的无阻尼多自由度体系的动力反应有什么特点？

第 12 章　直角坐标系下的平面问题解析解

• 本章教学的基本要求：了解弹性力学的基本概念和平面问题分类；掌握平衡方程、几何方程和物理方程；掌握边界条件和圣维南原理；掌握平面问题的应力函数解答方法。

• 本章教学内容的重点：平面问题平衡方程、几何方程和物理方程的建立；边界条件和圣维南原理；平面问题的应力函数解答方法。

• 本章教学内容的难点：如何灵活应用应力函数解答方法求解平面问题。

• 本章内容简介：

12.1　弹性力学的基本概念和平面问题分类
12.2　基本方程
12.3　边界条件和圣维南原理
12.4　按应力求解平面问题和相容方程
12.5　平面问题的应力函数解答
12.6　逆解法求矩形梁的纯弯曲
*12.7　半逆解法求简支梁受均布荷载
12.8　楔形体受重力和液体压力

12.1　弹性力学的基本概念和平面问题分类

12.1.1　弹性力学的任务及其基础

弹性力学的任务是研究各种形状的弹性体，在受到外界因素（包括外力、温度等）作用时，发生于弹性体内部的应力分布和变形规律。

由于实际材料性质的复杂性，如果不分主次，本质和非本质去考虑，则不但实际上无法做到，而且也难以运用数学方法建立具有普遍意义的理论。因此，弹性力学同所有的科学一样，也要把实际事物理想化，进行科学的抽象。弹性力学采取以下基本假设：

1. 连续性假设

物体是连续体，物体介质充满物体所占的空间而不留空隙。物体内部任何点的力学性质都是连续的；除某些点、线或面以外，物理量都是空间的连续变量。实际上，一切物体都由分子构成，都不符合上述假定。但分子的大小及分子间的距离与物体的尺寸相比是很微小的，故可以不考虑物体的分子构造带来的微观不连续。

---

* 选学内容。

2. 线性弹性假设

物体变形遵守线性弹性规律，即遵守胡克定律。

以上两条假设是本质性的假设。满足这两条假设的物体（材料）为完全弹性体。

3. 均匀各向同性假设

物体内部各点、各方向的物质结构相同。因此物体各点、各方向的物理性质相同。也就是说，物体的质量密度为常量，物体的弹性常数与空间坐标和方向无关。

满足以上三条假设的物体（或材料）为理想弹性体。

4. 小变形假设

物体各物质点的位移与物体的线度相比是微小量，同一物质点变形前和变形后的坐标可以混同而不加区分。位移的梯度为微小量，其分量的平方和乘积与分量自身相比可以忽略。

以这些基本假设为根据的弹性理论，其基本方程为线性偏微分方程组。这样的弹性理论称为线性弹性理论或经典弹性理论。

12.1.2　外力

作用在弹性体上的外力可以分为体积力和表面力，两者也分别简称为体力和面力。

体力是分布作用在物体体积内的力，例如重力和惯性力。物体内各点受体力的情况，一般是不相同的。为了表明该物体在某一点 P 所受体力的大小和方向，在这一点取物体的一微小部分，它包含着 P 点，而它的体积为 ΔV，如图 12-1（a）所示。设作用于 ΔV 的力为 $\Delta \boldsymbol{Q}$，则体力的平均集度为 $\Delta \boldsymbol{Q}/\Delta V$。如果把所取的那一小部分物体不断减小，则 $\Delta \boldsymbol{Q}$ 和 $\Delta \boldsymbol{Q}/\Delta V$ 都将不断地改变大小、方向和作用点。现在，命 ΔV 无限减小而趋于 P 点，假定体力为连续分布，则 $\Delta \boldsymbol{Q}/\Delta V$ 将趋于一定的极限 $\boldsymbol{f}$，即

$$\lim_{\Delta V \to 0} \frac{\Delta \boldsymbol{Q}}{\Delta V} = \boldsymbol{f} \tag{12-1}$$

这个极限矢量 $\boldsymbol{f}$，就是该物体在 P 点所受体力的集度。因为 ΔV 是标量，所以 $\boldsymbol{f}$ 的方向就是 $\Delta \boldsymbol{Q}$ 的极限方向。矢量 $\boldsymbol{f}$ 在坐标轴 x，y，z 上的投影 f_x，f_y，f_z，称为该物体在 P 点的体力分量，以沿坐标轴正方向为正，沿坐标轴负方向为负。它们的因次是［力］［长度］$^{-3}$。

面力是分布作用在物体表面上的力，例如流体压力和接触力。物体在其表面上各点受面力的情况，一般也是不相同的。为了表明该物体在其表面上某一点 P 所受面力的大小和方向，在这一点取该物体表面的一微小部分，它包含着 P 点，而它的面积为 ΔS，如图 12-1（b）所示。设作用于 ΔS 的力为 $\Delta \boldsymbol{Q}$，则面力的平均集度为 $\Delta \boldsymbol{Q}/\Delta S$。与上相似，命 ΔS 无限减小而趋于 P 点，假定面力为连续分布，则 $\Delta \boldsymbol{Q}/\Delta S$ 将趋于一定的权限 $\boldsymbol{t}$，即

$$\lim_{\Delta S \to 0} \frac{\Delta \boldsymbol{Q}}{\Delta S} = \boldsymbol{t} \tag{12-2}$$

这个极限矢量 $\boldsymbol{t}$ 就是该物体在 P 点所受面力的集度。因为 ΔS 是标量，所以 $\boldsymbol{t}$ 的方向就是 $\Delta \boldsymbol{Q}$ 的极限方向。矢量 $\boldsymbol{t}$ 在坐标轴 x，y，z 上的投影 t_x，t_y，t_z，称为该物体在 P 点的面力分量，以沿坐标轴正方向为正，沿坐标轴负方向为负。它们的因次是［力］［长度］$^{-2}$。

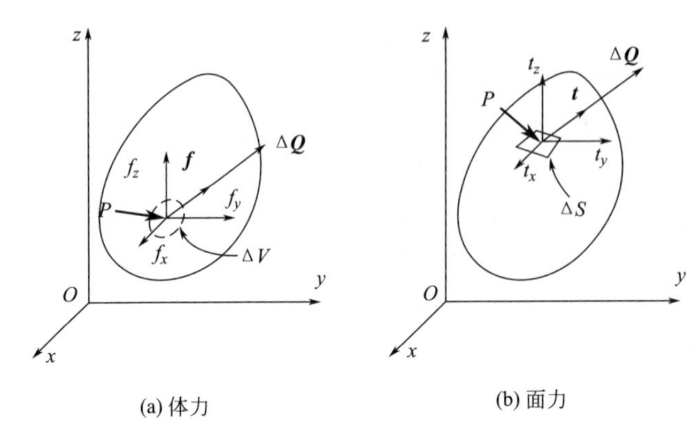

图 12-1　外力

物体受了外力的作用，或由于温度有所改变，其内部将发生内力。为了研究物体在其某一点 P 处的内力，假想用经过 P 点的一个截面 mn 将该物体分为 A 和 B 两部分，而将 B 部分撇开，如图 12-2 所示。撇开的部分 B 将在截面 mn 上对留下的部分 A 作用一定的内力。取这一截面上的一微小部分，它包含着 P 点，而它的面积为 ΔA。设作用于 ΔA 上的内力为 $\Delta \boldsymbol{Q}$，则内力的平均集度，即平均应力为 $\Delta \boldsymbol{Q}/\Delta A$。现在，命 ΔA 无限减小而趋于 P 点，假定内力为连续分布，则 $\Delta \boldsymbol{Q}/\Delta A$ 将趋于一定的极限 $\boldsymbol{S}$，即

$$\lim_{\Delta A \to 0} \frac{\Delta \boldsymbol{Q}}{\Delta A} = \boldsymbol{S} \tag{12-3}$$

这个极限矢量 $\boldsymbol{S}$ 就是物体在截面 mn 上、在 P 点的应力。因为 ΔA 是标量，所以应力 $\boldsymbol{S}$ 的方向就是 $\Delta \boldsymbol{Q}$ 的极限方向。

对于应力，除了在推导某些公式的过程中以外，通常都不用它沿坐标轴方向的分量，因为这些分量和物体的变形或材料强度都没有直接的关系。与物体的变形及材料强度直接相关的，是应力在其作用截面的法向和切向的分量，也就是正应力 σ 和切应力 τ，如图 12-2 所示。应力及其分量的因次也是［力］［长度］$^{-2}$。

显然可见，在物体内的同一点 P，不同截面上的应力是不同的。为了分析这一点的应力状态，即各个截面上应力的大小和方向，在这一点从物体内取出一个微小的平行六面体，各边平行于坐标轴而长度为 $PA=\Delta x$、$PB=\Delta y$、$PC=\Delta z$，如图 12-3 所示。将每一面上的应力分解为一个正应力和两个切应力，分别与三个坐标轴平行。正应力用 σ 表示。

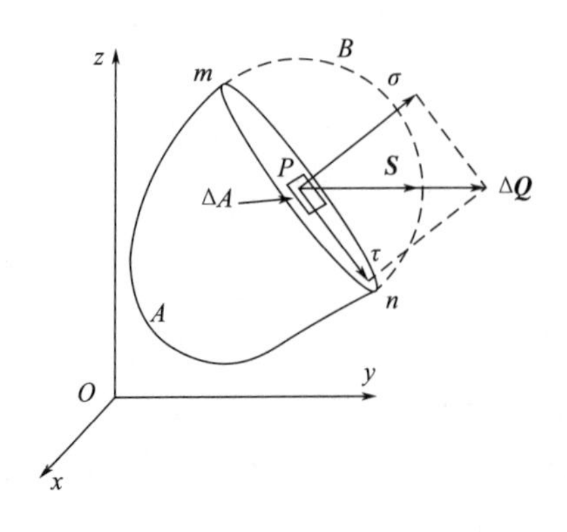

图 12-2　应力示意图

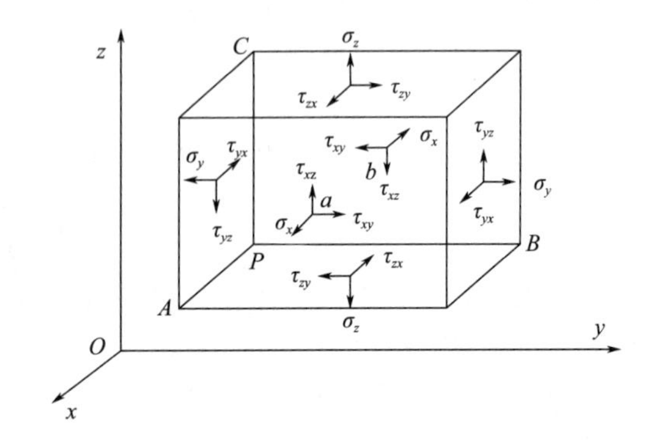

图 12-3　单元体受力示意图

为了表明这个正应力的作用面和作用方向，加上一个坐标角码。例如，正应力 σ_x 是作用垂直于 x 轴的面上，同时也是沿着 x 轴的方向作用的。切应力用 τ 表示，并加上两个坐标角码，前一个角码表明作用垂直于哪一个坐标轴，后一个角码表明作用方向沿着哪一个坐标轴。例如，切应力 τ_{xy} 是作用在垂直于 x 轴的面上而沿着 y 轴方向作用的。

如果某一截面上的外法线是沿着坐标轴的正方向，这个截面就称为正面，而这个面上的应力分量就以沿坐标轴正方向为正，沿坐标轴负方向为负。相反，如果某一个截面上的外法线是沿着坐标轴的负方向，这个截面就称为负面，而这个面上的应力分量就以沿坐标轴负方向为正，沿坐标轴正方向为负。图上所示的应力分量全部都是正的。注意，虽然上述正负号规定，对于正应力说来，结果是与材料力学中的规定相同（拉应力为正而压应力为负），但是，对于切应力说来，结果却与材料力学中的规定不完全相同。

六个切应力之间具有一定的互等关系。例如，以连接前后两面中心的直线的 ab 为矩轴，列出力矩平衡方程，得到

$$2\tau_{yz}\Delta z\Delta x\frac{\Delta y}{2}-2\tau_{zy}\Delta y\Delta x\frac{\Delta z}{2}=0 \tag{12-4}$$

同样可以列出其余两个相似的方程。简化以后，得出

$$\tau_{yz}=\tau_{zy},\tau_{zx}=\tau_{xz},\tau_{xy}=\tau_{yx} \tag{12-5}$$

这就证明了切应力的互等关系：作用在两个互相垂直的面上并且垂直于该两面交线的切应力是互等的（大小相等，正负号也相同）。因此，切应力记号的两个角码可以对调。

在这里，我们没有考虑应力由于位置不同而产生的改变（也就是把六面体中的应力看作均匀应力），而且也没有考虑体力的作用。实际上，即使考虑到应力随位置不同而产生的改变和体力的作用，仍然可以推导出切应力的互等关系。建议读者自行证明之。

顺便指出，如果采用材料力学中的正负号规定，则切应力的互等关系将成为

$$\tau_{yz}=-\tau_{zy},\tau_{zx}=-\tau_{xz},\tau_{xy}=-\tau_{yx} \tag{12-6}$$

显然不如采用上述规定时来得简单。但也应当指出。在利用莫尔圆（即应力圆）时，就必须采用材料力学中的规定。

以后可见，在物体的任意一点，如果已知 σ_x，σ_y，σ_z，τ_{xy}，τ_{yz}，τ_{zx} 这六个应力分量，就可以求得经过该点的任意截面上的正应力和切应力。因此，上述六个应力分量可以完全确定该点的应力状态。

应变用来描述物体各部分线段长度的改变及两线段夹角的改变。为了分析物体在其某一点 P 的应变状态，在这一点沿着坐标轴 x，y，z 的正方向取三个微小的线段 PA，PB，PC，如图12-3所示。物体变形以后，这三个线段的长度以及它们之间的直角一般都将有所改变。各线段的每单位长度的伸缩，即单位伸缩或相对伸缩，称为正应变；两线段之间的直角的改变，用弧度表示，称为切应变。正应变用字母 ε 表示。如 ε_x 表示 x 方向的线段 PA 的正应变，其余类推。正应变以伸长时为正，缩短时为负，与正应力的正负号规定相适应。切应变用字母 γ 表示，如 γ_{yz} 表示 y 与 z 两方向的线段（即 PB 与 PC）之间的直角的改变，其余类推。切应变以直角变小时为正，变大时为负，与切应力的正负号规定相适应。正应变和切应变都是无因次的数量。

以后可见，在物体的任意一点，如果 ε_x，ε_y，ε_z，γ_{xy}，γ_{yz}，γ_{zx} 这六个应变分量，就可以求得经过该点的任一线段的正应变，也可以求得经过该点的任意两个线段之间的角

度的改变。因此，这六个应变分量，可以完全确定该点的应变状态。

位移就是位置的移动。物体内任意一点的位移，用它在 x，y，z 三轴上的投影 u，v，ω 来表示，以沿坐标轴正方向的为正，沿坐标轴负方向的为负。这三个投影称为该点的位移分量。位移及其分量的因次是［长度］。

一般而论，弹性体内任意一点的体力分量、面力分量、应力分量、应变分量和位移分量，都是随着该点的位置而变的，因而都是位置坐标的函数。

在弹性力学的问题里，通常是已知物体的几何形状和大小（即已知物体的边界），已知物体所受的体力、物体边界上的约束情况或面力，须要求解应力分量、应变分量和位移分量。

12.1.3 平面应力问题与平面应变问题

任何一个弹性体都是空间物体，一般的外力是空间力系。因此，严格说来，任何一个实际的弹性力学问题都是空间问题。但是，如果所考察的弹性体具有某种特殊的形状，并且承受某种特殊分布的外力，就可以把空间问题简化为近似的平面问题。这样处理，分析和计算的工作量将大大地减少，而所得的成果却仍然能满足工程上对精度的要求。

第一种平面问题是平面应力问题。设有很薄的等厚度薄板，如图 12-4 所示。只在板边上受有平行于板面并且不沿厚度变化的面力，同时，体力也平行于板面并且不沿厚度变化。例如图中所示的深梁，以及平板坝的平板支墩，就属于此类。

设薄板的厚度为 t。以薄板的中面为 xy 面，以垂直于中面的任一直线为 z 轴。因为板面上（$z=\pm t/2$）不受力，所以有：

$$(\sigma_z)_{z=\pm\frac{t}{2}}=0,(\tau_{zx})_{z=\pm\frac{t}{2}}=0,(\tau_{zy})_{z=\pm\frac{t}{2}}=0 \tag{12-7}$$

因为板很薄，外力又不沿厚度变化，所以，可以认为在整个薄板的所有各点都有（注意到切应力的互等关系）

$$\sigma_z=0,\tau_{zx}=0,\tau_{yz}=0 \tag{12-8}$$

这样，只剩下平行于 xy 面的三个应力分量，即 σ_x，σ_y，τ_{xy}，所以这种问题称为平面应力问题。同时，也由于板很薄，这三个应力分量，以及所有要考虑的应变分量和位移分量，都可以认为是不沿厚度变化。这就是说，它们只是 x 和 y 的函数，不随 z 而变化。

第二种平面问题是平面应变问题。与上相反，设有很长的柱形体，它的横截面如图 12-5 所示，在柱面上受有平行于横截面而且不沿长度变化的面力，同时，体力也平行于横截面而且不沿长度变化（内在因素和外来作用都不沿长度变化）。

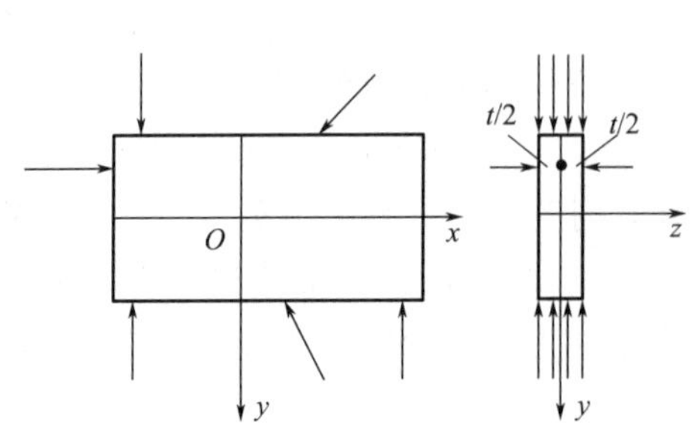

图 12-4 平面应力问题

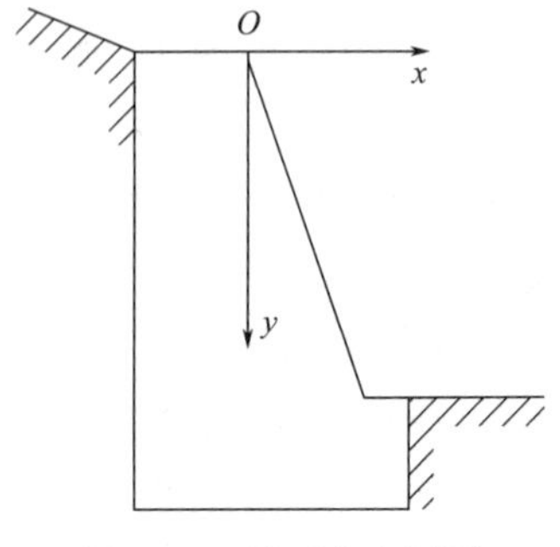

图 12-5 平面应变问题

假想该柱形体为无限长，以任一横截面为 xy 面，任一纵线为 z 轴，则所有一切应力分量、应变分量和位移分量都不沿 z 方向变化，而只是 x 和 y 的函数。此外，在这一情况下，由于对称（任一横截面都可以看作是对称面），所有各点都只会沿 x 和 y 方向移动，而不会有 z 方向的位移，也就是 $\omega=0$，因此 $\varepsilon_z=0$。因为所有各点的位移矢量都平行 xy 面，所以这种问题称为平面位移问题，但在习惯上常称为平面应变问题。又由对称条件可知，$\tau_{zx}=0$，$\tau_{zy}=0$。根据切应力的互等关系，又可以断定 $\tau_{xz}=0$，$\tau_{yz}=0$。但是，由于 z 方向的伸缩被阻止，所以 σ_z 一般并不等于零。

有些问题，例如挡土墙和重力坝的问题等，是很接近于平面应变问题的。虽然由于这些结构不是无限长的，而且在靠近两端之处，横截面也往往是变化的，并不符合无限长柱形体的条件，但是实践证明，对于离开两端较远之处，按平面应变问题进行分析计算，得出的结果却是工程上可用的。

12.2　基本方程

12.2.1　平衡方程

在弹性力学里分析问题，要从三方面来考虑：静力学方面、几何学方面和物理学方面。我们首先考虑平面问题的静力学方面，根据平衡条件来导出应力分量与体力分量之间的关系式，也就是平面问题的平衡微分方程。

从图 12-4 所示的薄板，或图 12-5 所示的柱形体截面，取出一个微小的正平行六面体，它在 x 和 y 方向的尺寸分别为 dx 和 dy，如图 12-6 所示。为了计算简便，它在 z 方向的尺寸取为一个单位长度。

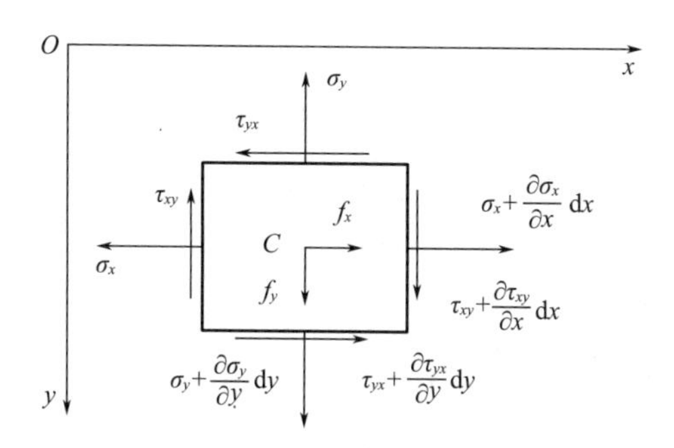

图 12-6　正平行六面体 xOy 平面投影受力示意图

一般而论，应力分量是位置坐标 x 和 y 的函数，因此，作用于左右两对面或上下两对面的应力分量不完全相同，而具有微小的增量。例如，设作用于左面的正应力是 σ_x，则作用于右面的正应力，由于 x 坐标的改变，将是 $\sigma_x+\frac{\partial\sigma_x}{\partial x}dx$ 。同样，设左面的切应力是 τ_{xy}，则右面的切应力将是 $\tau_{xy}+\frac{\partial\tau_{xy}}{\partial x}dx$ ；设上面的正应力及切应力分别为 σ_y 及 τ_{yx}，则下面的正应力及切应力分别为$\sigma_y+\frac{\partial \sigma_y}{\partial x}dy$及$\tau_{yx}+\frac{\partial \tau_{yx}}{\partial x}dy$。因为六面体是微小的，所以它在各面上所受的应力可以认为是均匀分布的，作用在对应面的中心。同理，六面体所受的体力，也可以认为是均匀分布，作用在它的体积的中心。

首先，以通过中心 C 并平行于 z 轴的直线为矩轴，列出力矩的平衡方程 $\sum M_C=0$：

$$\left(\tau_{xy}+\frac{\partial\tau_{xy}}{\partial x}dx\right)dy\times1\times\frac{dx}{2}+\tau_{xy}dy\times1\times\frac{dx}{2}-\left(\tau_{yx}+\frac{\partial\tau_{yx}}{\partial x}dy\right)dx\times1\times\frac{dy}{2}-\tau_{yx}dx\times1\times\frac{dy}{2}=0 \tag{12-9}$$

在建立这一方程时，我们按照小变形假定，用了弹性体变形以前的尺寸，而没有用平衡状态下的、变形以后的尺寸。在以后建立任何平衡方程时，都将同样地处理，不再加以说明。将上式除以 $dxdy$，并合并相同的项，得到

$$\tau_{xy}+\frac{1}{2}\frac{\partial\tau_{xy}}{\partial x}dx=\tau_{yx}+\frac{1}{2}\frac{\partial\tau_{yx}}{\partial x}dy \tag{12-10}$$

略去微量，得出

$$\tau_{xy}=\tau_{yx} \tag{12-11}$$

这不过是再一次证明了切应力的互等关系。

其次，以 x 轴为投影轴，列出投影的平衡方程 $\sum F_x=0$：

$$(\sigma_x+\frac{\partial\sigma_x}{\partial x}dx)dy\times1-\sigma_x dy\times1+(\tau_{yx}+\frac{\partial\tau_{yx}}{\partial x}dy)dx\times1-\tau_{yx}dx\times1+f_x dxdy=0 \tag{12-12}$$

约简以后，两边除以 $dxdy$，得

$$\frac{\partial\sigma_x}{\partial x}+\frac{\partial\tau_{yx}}{\partial x}+f_x=0 \tag{12-13}$$

同样，由平衡方程 $\sum F_y=0$ 可得一个相似的微分方程。于是得出平面问题中表明应力分量与体力分量之间的关系式，即平面问题的**平衡微分方程**：

$$\left.\begin{aligned}\frac{\partial\sigma_x}{\partial x}+\frac{\partial\tau_{yx}}{\partial x}+f_x=0\\ \frac{\partial\sigma_y}{\partial y}+\frac{\partial\tau_{xy}}{\partial y}+f_y=0\end{aligned}\right\} \tag{12-14}$$

这两个微分方程中包含着三个未知函数 σ_x，σ_y，$\tau_{xy}=\tau_{yx}$。因此，决定应力分量的问题是超静定的，还必须考虑几何方面的条件，才能解决问题。

对于平面应变问题来说，在图 12-6 所示的六面体上，一般还有作用于前后两面的正应力 σ_z，但由于它们自成平衡，完全不影响方程（12-11）及方程（12-14）的建立，所以上述方程对于两种平面问题都同样适用，并没有任何差别。

12.2.2 几何方程

现在来考虑平面问题的几何学方面，导出应变分量与位移分量之间的关系式，也就是平面问题中的几何方程。

经过弹性体内的任意一点 P，沿 x 轴和 y 轴的方向取两个微小长度的线段 $PA=\mathrm{d}x$ 和 $PB=\mathrm{d}y$，如图 12-7 所示。假定弹性体受力以后，P、A、B 三点分别移动到 P'、A'、B'。

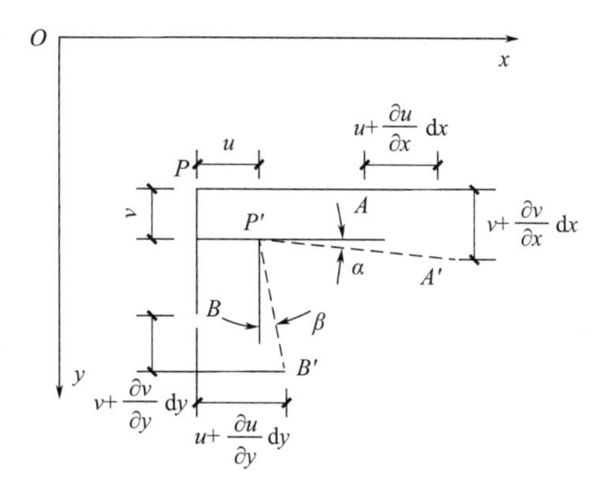

图 12-7 几何变形

首先，求出线段 PA 和 PB 的正应变，即把 ε_x 和 ε_y 用位移分量来表示。设 P 点在 x 方向的位移分量是 u，则 A 点在 x 方向的位移分量由于 x 坐标的改变，将是 $u+\frac{\partial u}{\partial x}\mathrm{d}x$。可见线段 PA 的正应变是

$$\varepsilon_x=\frac{\left(u+\frac{\partial u}{\partial x}\mathrm{d}x\right)-u}{\mathrm{d}x}=\frac{\partial u}{\partial x} \tag{12-15}$$

这里，由于位移是微小的，y 方向的位移 v 所引起的线段 PA 的伸缩，是高一阶的微量，因此略去不计。同样可见，线段 PB 的正应变是

$$\varepsilon_y=\frac{\partial v}{\partial y} \tag{12-16}$$

下面来求线段 PA 与 PB 之间的直角的改变，也就是切应变 γ_{xy}，用位移分量来表示。由图 12-7 可见，这个切应变是由两部分组成的：一部分是由 y 方向的位移 v 引起的，即 x 方向的线段 PA 的转角 α；另一部分是由 x 方向的位移 u 引起的，即 y 方向的线段 PB 的转角 β。

设 P 点在 y 方向的位移分量是 v，则 A 点在 y 方向的位移分量将是 $v+\frac{\partial v}{\partial x}\mathrm{d}x$。因此，线段 PA 的转角是

$$\alpha=\frac{\left(v+\frac{\partial v}{\partial x}\mathrm{d}x\right)-v}{\mathrm{d}x}=\frac{\partial v}{\partial x} \tag{12-17}$$

同样可得线段 PB 的转角是

$$\beta=\frac{\partial u}{\partial y} \tag{12-18}$$

于是可见，PA 与 PB 之间的直角的改变（以减小时为正），也就是切应变 γ_{xy}，为

$$\gamma_{xy}=\alpha+\beta=\frac{\partial v}{\partial x}+\frac{\partial u}{\partial y} \tag{12-19}$$

综合式（12-15）、式（12-16）、式（12-19）三式，得出平面问题中表明应变分量与位移分量之间的关系式，即平面问题的几何方程：

$$\left.\begin{aligned}\varepsilon_x&=\frac{\partial u}{\partial x}\\ \varepsilon_y&=\frac{\partial v}{\partial y}\\ \gamma_{xy}&=\frac{\partial v}{\partial x}+\frac{\partial u}{\partial y}\end{aligned}\right\} \tag{12-20}$$

由上列几何方程可见，当物体的位移分置完全确定时，应变分量即完全确定。反之，当应变分量完全确定时，位移分量却不能完全确定。为了说明这后一点，试命应变分量等于零，即

$$\varepsilon_x=\varepsilon_y=\gamma_{xy}=0 \tag{12-21}$$

而求出相应的位移分量。

将式（12-21）代入几何方程（12-20），得

$$\left.\begin{array}{r}\dfrac{\partial u}{\partial x}=0\\ \dfrac{\partial v}{\partial y}=0\\ \dfrac{\partial v}{\partial x}+\dfrac{\partial u}{\partial y}=0\end{array}\right\} \tag{12-22}$$

将前二式分别对 x 及 y 积分，得

$$u=f_1(y),v=f_2(y) \tag{12-23}$$

其中 f_1 及 f_2 任意函数。代入式（12-22）中的第三式，得

$$-\frac{\mathrm{d}f_1(y)}{\mathrm{d}y}=\frac{\mathrm{d}f_2(x)}{\mathrm{d}x} \tag{12-24}$$

这一方程的左边是 y 的函数，而右边是 x 的函数。因此，只可能两边都等于同一常数 ω。于是得

$$\frac{\mathrm{d}f_1(y)}{\mathrm{d}y}=-\omega,\frac{\mathrm{d}f_2(x)}{\mathrm{d}x}=\omega \tag{12-25}$$

积分以后，得

$$f_1(y)=u_0-\omega y,f_2(x)=v_0+\omega x \tag{12-26}$$

其中，u_0 及 v_0 为任意常数。将式（12-26）代入式（12-23），得位移分量

$$u=u_0-\omega y,v=v_0+\omega x \tag{12-27}$$

式（12-27）所示的位移，是“应变为零”时的位移，也就是所谓“与变形无关的位移”，因而必然是刚体位移。实际上，u_0 及 v_0 分别为物体沿 x 轴及 y 轴方向的刚体平移，而 ω 为物体绕 z 轴的刚体转动。下面根据平面运动的原理加以证明。

当三个常数中只有 u_0 不为零时，由式（12-27）可见，物体中任意一点的位移分量是 $u=u_0$，$v=0$。这就是说，物体的所有各点只沿 x 方向移动同样的距离 u。由此可，u_0 代表物体沿 x 方向的刚体平移。同样可见，v_0 代表物体沿 y 方向的刚体平移。当只有 ω 不为零时，由式（12-27）可见，物体中任意一点的位移分量是 $u=-\omega y$，$v=\omega x$。据此，坐标为（x，y）的任意一点 P 沿着 y 方向移动 ωx，沿着 x 负方向移动 ωy，如图 12-8 所示，而合成位移为：

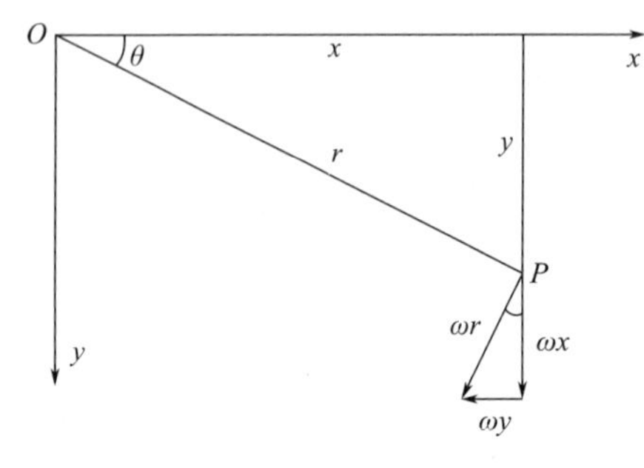

图 12-8　刚体位移

$$\sqrt{u^2+v^2}=\sqrt{(-\omega y)^2+(\omega x)^2}=\omega\sqrt{x^2+y^2}=\omega r \tag{12-28}$$

其中，r 为 P 点至 z 轴的距离。命合成位移

的方向与 y 轴的夹角为 α，则

$$\tan\alpha = \frac{\omega y}{\omega x} = \frac{y}{x} = \tan\theta \tag{12-29}$$

可见合成位移的方向与径向线 OP 垂直，也就是沿切向。既然物体的所有各点移动的方向都是沿着切向，而且移动的距离等于径向距离 r 乘以 ω，可见 ω 代表物体绕 z 轴的刚体转动。

既然物体在应变为零时可以有任意的刚体位移，可见，当物体发生一定的应变时，由于约束条件的不同，它可能具有不同的刚体位移，因而它的位移并不是完全确定的。在平面问题中，常数 u_0、v_0、ω 的任意性就反映位移的不确定性，而为了完全确定位移，就必须有三个适当的约束条件来确定这三个常数。

12.2.3　物理方程

现在来考虑平面问题的物理学方面，导出应变分量与应力分量之间的关系式，也就是平面问题的物理方程。

在完全弹性的各向同性体内，应变分量与应力分量之间的关系极其简单，已在材料力学中根据胡克定律导出如下：

$$\left.\begin{aligned}
\varepsilon_x &= \frac{1}{E}[\sigma_x - \nu(\sigma_y + \sigma_z)] \\
\varepsilon_y &= \frac{1}{E}[\sigma_y - \nu(\sigma_z + \sigma_x)] \\
\varepsilon_z &= \frac{1}{E}[\sigma_z - \nu(\sigma_x + \sigma_y)] \\
\gamma_{yz} &= \frac{1}{G}\tau_{yz} \\
\gamma_{zx} &= \frac{1}{G}\tau_{zx} \\
\gamma_{xy} &= \frac{1}{G}\tau_{xy}
\end{aligned}\right\} \tag{12-30}$$

式中，E 是拉压弹性模量，又简称为弹性模量，G 是剪切模量；ν 是泊松系数。这三个弹性常数之间有如下的关系：

$$G = \frac{E}{2(1+\nu)} \tag{12-31}$$

这些弹性常数不随应力或应变的大小而变、不随位置坐标而变，也不随方向而变，因为假定考虑的物体是完全弹性的、均匀的，而且是各向同性的。

在平面应力问题中，$\sigma_z = 0$。在式（12-30）的第一式及第二式中删去 σ_z，并将式（12-31）代入式（12-30）中的第六式，得

$$\left.\begin{aligned}
\varepsilon_x &= \frac{1}{E}(\sigma_x - \nu\sigma_y) \\
\varepsilon_y &= \frac{1}{E}(\sigma_y - \nu\sigma_x) \\
\gamma_{xy} &= \frac{2(1+\nu)}{E}\tau_{xy}
\end{aligned}\right\} \tag{12-32}$$

这就是平面应力问题中的物理方程。此外，式（12-30）中的第三式

$$\varepsilon_z = -\frac{\nu}{E}(\sigma_x + \sigma_y) \tag{12-33}$$

可以用来求得薄板厚度的改变。又由式（12-30）中的第四式及第五式可见，因为在平面应力问题中有 $\tau_{yz}=0$ 和 $\tau_{zx}=0$，所以有 $\gamma_{yz}=0$ 和 $\gamma_{zx}=0$。

在平面应变问题中，因为物体的所有各点都不沿 z 方向移动，即 $\omega=0$，所以 z 方向的线段都没有伸缩，即 $\varepsilon_z=0$（位移分量 u 及 v 引起的 z 方向线段的伸缩是高阶微量，因此略去不计）。于是由式（12-30）中的第三式得

$$\sigma_z = \nu(\sigma_x + \sigma_y) \tag{12-34}$$

代入式（12-30）中的第一式及第二式，并注意式（12-32）中的第三式仍然适用，得

$$\left.\begin{aligned} \varepsilon_x &= \frac{1-\nu^2}{E}\left(\sigma_x - \frac{\nu}{1-\nu}\sigma_y\right) \\ \varepsilon_y &= \frac{1-\nu^2}{E}\left(\sigma_y - \frac{\nu}{1-\nu}\sigma_x\right) \\ \gamma_{xy} &= \frac{2(1+\nu)}{E}\tau_{xy} \end{aligned}\right\} \tag{12-35}$$

这就是平面应变问题中的物理方程。此外，因为在平面应变问题中也有 $\tau_{yz}=0$ 和 $\tau_{zx}=0$，所以也有 $\gamma_{yz}=0$ 和 $\gamma_{zx}=0$。

可以看出，如果在平面应力问题的物理方程（12-32）中，将 E 换为 $\dfrac{E}{1-\nu^2}$，ν 换为 $\dfrac{\nu}{1-\nu}$，就得到平面应变问题的物理方程（12-35），其中的第三式也并不例外，因为

$$\frac{2\left(1+\dfrac{\nu}{1-\nu}\right)}{\dfrac{E}{1-\nu^2}} = \frac{2(1+\nu)}{E} \tag{12-36}$$

还可以看出，如果在平面应变问题的物理方程（12-35）中，将 E 换为 $\dfrac{E(1+2\nu)}{(1+\nu)^2}$，$\nu$ 换为 $\dfrac{\nu}{1+\nu}$，就得到平面应力问题的物理方程（12-32），其中的第三式也并不例外，因为

$$\frac{2\left(1+\dfrac{\nu}{1+\nu}\right)}{\dfrac{E(1+2\nu)}{(1+\nu)^2}} = \frac{2(1+\nu)}{E} \tag{12-37}$$

12.3 边界条件和圣维南原理

12.3.1 应力边界条件

弹性力学基本方程已建立，为求得问题的解，必须给出定解条件，即边界条件。基本方程与边界条件的结合称为弹性力学的边值问题。其边界条件有 3 种情形，即应力边界条

件、位移边界条件和混合边界条件。

首先讨论应力边界条件。物体在全部边界上所受的面力是已知的，也就是说，面力分量 t_x 和 t_y 在边界上是坐标的已知函数。根据面力分量与边界上的应力分量之间的关系式，可以把面力已知的条件转换成为应力方面的已知条件，这就是所谓应力边界条件，导出如下。

在导出平衡微分方程时所取的正平行六面体，到了物体的边界上，将成为三角板或三棱柱（它的斜面 AB 与物体的边界重合），如图 12-9 所示。用 $\boldsymbol{n}$ 代表边界面 AB 的外法线方向，并命 $\boldsymbol{n}$ 的方向余弦为

$$\cos(\boldsymbol{n},x)=l,\cos(\boldsymbol{n},y)=m \tag{12-38}$$

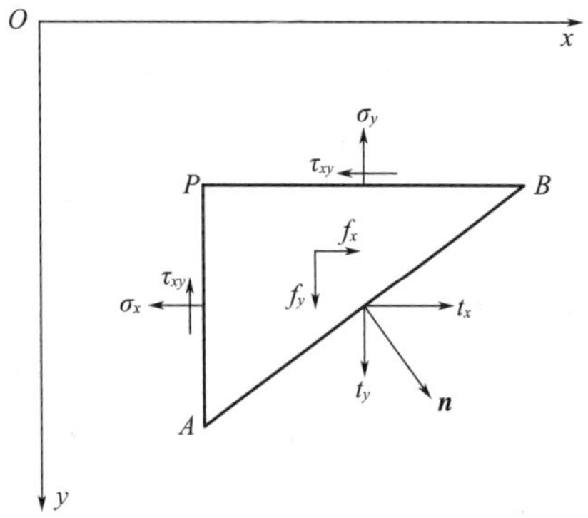

图 12-9　应力边界条件

设边界面 AB 的长度为 $\mathrm{d}s$，则截面 PA 及 PB 的长度分别为 $l\mathrm{d}s$ 及 $m\mathrm{d}s$。垂直于图平面的尺寸仍然取为一个单位。

由平衡条件 $\sum F_x=0$ 得

$$t_x\mathrm{d}s\times1-\sigma_x l\mathrm{d}s\times1-\tau_{yx}m\mathrm{d}s\times1+f_x\frac{l\mathrm{d}sm\mathrm{d}s}{2}\times1=0 \tag{12-39}$$

除以 $\mathrm{d}s$，然后略去微量，得

$$l\sigma_x+m\tau_{yx}=t_x \tag{12-40}$$

同样可以由平衡条件 $\sum F_y=0$ 导出一个相似的方程。于是得出物体边界上各点的应力分量与面力分量之间的关系式：

$$\left.\begin{aligned}l\sigma_x+m\tau_{yx}=t_x\\m\sigma_y+l\tau_{xy}=t_y\end{aligned}\right\} \tag{12-41}$$

这就是平面问题的应力边界条件。

如果考虑第三个平衡条件 $\sum M=0$，可以再写出一个方程。但是，在略去微量之后，这一方程将成为 $\tau_{xy}=\tau_{yx}$，只是又一次证明了切应力的互等关系。

当边界垂直于某一坐标轴时，应力边界条件的形式将得到大大的简化：在垂直于 x 轴的边界上，$l=\pm1$，$m=0$，应力边界条件简化为

$$\left.\begin{aligned}\sigma_x=\pm t_x\\\tau_{xy}=\pm t_y\end{aligned}\right\} \tag{12-42}$$

在垂直于 y 轴的边界上，$l=0$，$m=\pm1$，应力边界条件简化为

$$\left.\begin{aligned}\tau_{yx}=\pm t_x\\\sigma_y=\pm t_y\end{aligned}\right\} \tag{12-43}$$

可见，在这种特殊情况下，应力分量的边界值就等于对应的面力分量（当边界的外法线沿坐标轴正方向时，两者的正负号相同；当边界的外法线沿坐标轴负方向时，两者的正负号相反）。

注意：在垂直于 x 轴的边界上，应力边界条件中并没有 σ_y；在垂直于 y 轴的边界上，应力边界条件中并没有 σ_x。这就是说，平行于边界的正应力，它的边界值与面力分量并不

直接相关。

在位移边界问题中，物体在全部边界上的位移分量是已知的，也就是：在边界上有

$$u=\overline{u}, v=\overline{v} \tag{12-44}$$

其中，$\overline{u}$ 和 $\overline{v}$ 在边界上是已知函数。这就是平面问题的位移边界条件。

在混合边界问题中，物体的一部分边界具有已知位移，因而具有位移边界条件，如式（12-44）所示，另一部分边界具有已知面力，因而具有应力边界条件，如式（12-41）所示。此外，在同一部分边界上还可能出现混合边界条件，即，两个边界条件中的一个是位移边界条件，而另一个则是应力边界条件。例如，设垂直于 x 轴的某一个边界是连杆支承边，如图 12-10（a）所示，则在 x 方向有位移边界条件 $u=\overline{u}=0$，而在 y 方向有应力边界条件 $\tau_{xy}=t_y=0$。又例如，设垂直于 x 轴的某一个边界是齿槽边，如图 12-10（b）所示，则在 x 方向有应力边界条件 $\sigma_x=t_x=0$，而在 y 方向有位移边界条件 $v=\overline{v}=0$。在垂直于 y 轴的边界上，以及与坐标轴斜交的边界上，都可能有与此相似的混合边界条件。

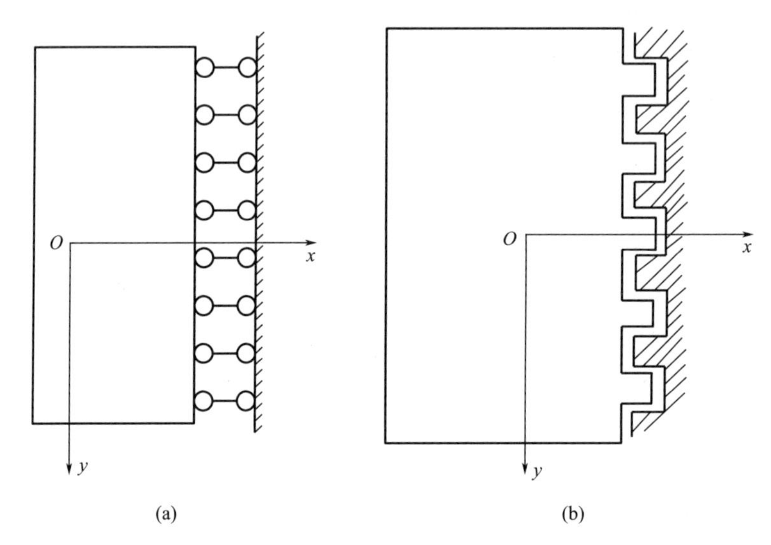

图 12-10　混合边界问题

12.3.2　圣维南原理及其积分表达式

在求解弹性力学问题时，使应力分量、应变分量、位移分量完全满足基本方程，并不困难。但是，要使得边界条件也得到完全满足，却往往很困难（因此，弹性力学问题在数学上被称为边值问题）。

另一方面，在很多工程结构计算中，都会遇到这样的情况：在物体的一小部分边界上，仅仅知道物体所受的面力的合力，而这个面力的分布方式并不明确，因而无从考虑这部分边界上的应力边界条件。

在上述两种情况下，圣维南原理有时可以提供很大的帮助。

圣维南原理可以这样来陈述：如果把物体的一小部分边界上的面力，变换为分布不同但静力等效的面力（主矢量相同，对于同一点的主矩也相同），那么，近处的应力分布将有显著的改变，但是远处所受的影响可以忽略不计。

例如，设有柱形构件，在两端截面的形心受到大小相等而方向相反的拉力 P，如图 12-11（a）所示。如果把一端或两端的拉力变换为静力等效的力，如图 12-11（b）或图 12-11（c）所示，只有虚线划出部分的应力分布有显著的改变，而其余部分所受的影响是可以不计的。如果再将两端的拉力变换为均匀分布的拉力，集度等于 P/A，其中 A 为构件的横截面面积，如图 12-11（d）所示，仍然只有靠近两端部分的应力受到显著的影响。这就是说，在上述四种情况下，离开两端较远的部分的应力分布，并没有显著的差别。

以后可见，在图 12-11（d）所示的情况下，由于面力连续均匀分布，边界条件简单，应力很容易求得，而且是很简单的。但是，在其余三种情况下，由于面力不是连续分布的，甚至只知其合力为 P，而不知其分布方式，应力是难以求解或者无法求解的。根据圣维南原理，将图 12-11（d）所示情况下的应力解答应用到其余三个情况，虽然不能完全满足两端的应力边界条件，但仍然可以表明离杆端较远处的应力状态，而并没有显著的误差。这是已经为理论分析和实验量测所证实了的。

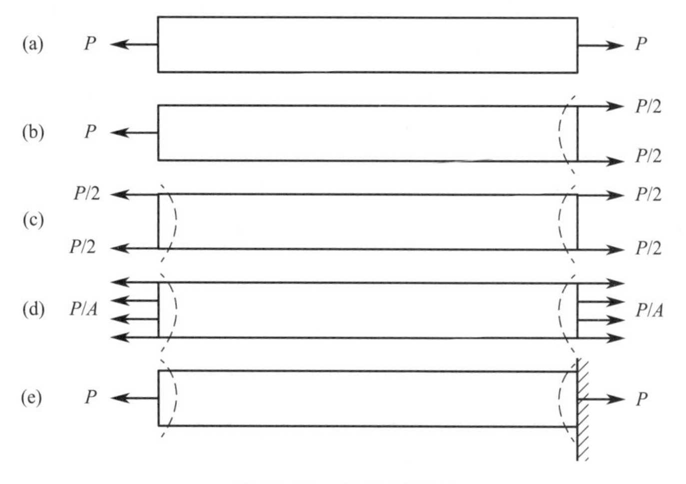

图 12-11　圣维南原理

必须注意：应用圣维南原理，绝不能离开“静力等效”的条件。例如，在图 12-11（a）所示的构件上，如果两端面力的合力 P 不是作用于截面的形心，而具有一定的偏心距离，那么，作用在每一端的面力，不管它的分布方式如何，与作用于截面形心的力 P 总归不是静力等效的。这时的应力，与图示四种情况下的应力相比，就不仅是在靠近两端处有差异，而且在整个构件中部也是不相同的。

当物体一小部分边界上的位移边界条件不能精确满足时，也可以应用圣维南原理而得到有用的解答。例如，设图 12-11（e）所示的构件的右端是固定端，这就是说，在该构件的右端，有位移边界条件 $u=\overline{u}=0$ 和 $v=\overline{v}=0$。把图 12-11（d）所示情况下的简单解答应用于这一情况时，这个位移边界条件是不能满足的。但是，显然可见，右端的面力，一定是合成为经过截面形心的力 P，它和左端的面力平衡。这就是说，右端（固定端）的面力，静力等效于经过右端截面形心的力 P。因此，根据圣维南原理，把上述简单解答应用于这一情况时，仍然只是在靠近两端处有显著的误差，而在离两端较远之处，误差是可以不计的。

圣维南原理也可以这样来陈述：如果物体一小部分边界上的面力是一个平衡力系（主

矢量及主矩都等于零），那么，这个面力就只会使得近处产生显著的应力，远处的应力可以不计。这样的陈述和上面的陈述完全等效，因为静力等效的两组面力，它们的差异是一个平衡力系。

圣维南原理是19世纪50年代圣维南在解决等截面直杆的扭转问题时提出的。170多年来，无数的实际计算和实验量测都证实了它的正确性。但是，它并没有得到确切的数学表示和严格的理论证明。许多学者对此原理，从多方面作过综合性研究，获得了一些局部的研究成果，但至今尚无完整的严格的数学证明。

圣维南原理只能在次要边界上应用，所谓次要边界指的是相对边界尺寸较小的，因而对应力影响较小的边界部分，如图12-11中的两端部分，而上下两边界是主要边界，在主要边界上，不能应用圣维南原理，而要精确满足边界条件式（12-41）。

下面来考察圣维南原理在具体问题中的应用。设有如图12-12所示的悬臂梁，在自由端受到集中力P、Q和集中力偶M的作用。在该问题中如果梁的长度远大于高度，那么左右端边界是次要边界。由于在右端受的外力是集中荷载，无法精确满足连续的应力边界条件式（12-41）。只能应用圣维南原理，列出基于圣维南原理的等效边界条件。根据圣维南原理，在右端边界上，使得待求应力在该边界的合力和合力矩与外力的合力和合力矩相等，即

$$\left.\begin{aligned}\int_{-h/2}^{h/2}\sigma_x\Big|_{x=l}\mathrm{d}y=P\\\int_{-h/2}^{h/2}\tau_{xy}\Big|_{x=l}\mathrm{d}y=Q\\\int_{-h/2}^{h/2}\sigma_x y\Big|_{x=l}\mathrm{d}y=M\end{aligned}\right\}\tag{12-45}$$

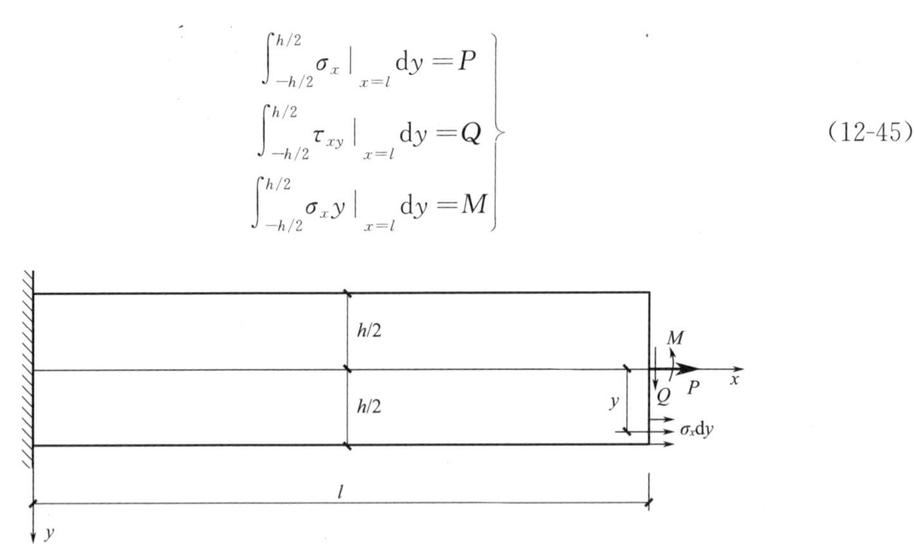

图12-12　圣维南原理应用

圣维南边界条件（12-45）与精确边界条件式（12-41）相比，前者有三个条件是积分形式，而最后可以化为代数方程，后者是函数方程；前者容易满足，后者不易满足。因此，在求解平面问题时，常常在小边界上用近似的三个积分条件代替精确的边界条件，这样可使问题的求解大为简化，而得出的应力结果只在小边界附近有显著的误差。

12.4　按应力求解平面问题和相容方程

现在导出按应力求解平面问题时所需用的微分方程。平衡微分方程（12-14）本来就不包应变分量和位移分量，应当保留。于是，只需由三个几何方程中消去位移分量，得出

三个应变分量之间的一个关系式，再将三个物理方程代入这个关系式，使它只包含应力分量。具体推演如下。

平面问题的几何方程是式（12-20），按应力求解时，最后要根据所得的应力分量由物理方程求出应变分量，再由几何方程求出位移分量。由几何方程可见，如果任意给定一组应变，一般情况下，位移是不存在的，因为这时有三个方程，而未知函数只有两个 u 和 v。要使得满足几何方程的位移存在且是单值的，应变分量之间必须满足一定的条件。

由数学分析知

$$u=\int_{P_0}^{P}\mathrm{d}u=\int_{P_0}^{P}\left(\frac{\partial u}{\partial x}\mathrm{d}x+\frac{\partial u}{\partial y}\mathrm{d}y\right)=\int_{P_0}^{P}(A\mathrm{d}x+B\mathrm{d}y) \tag{12-46}$$

其中，P_0 是某位移为零的基点，P 是坐标为 x 和 y 的动点。要使得存在单值的位移 u，$A\mathrm{d}x+B\mathrm{d}y$ 在任意闭曲线上的积分必须等于零，即：

$$\oint(A\mathrm{d}x+B\mathrm{d}y)=0 \tag{12-47}$$

否则，总能找到如图 12-13 中的虚线所示的路径，沿该路径积分所得 P 点的位移与沿实线路径所得 P 点的位移不相等，这违背了连续性要求。

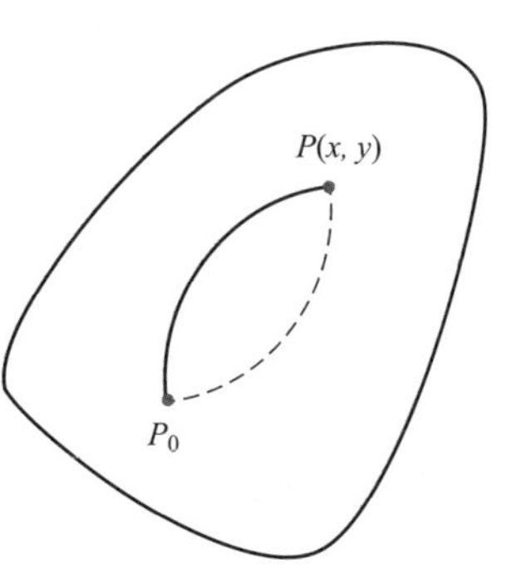

图 12-13　积分路径

根据数学分析中的格林公式，式（12-47）的等价条件为

$$\frac{\partial A}{\partial y}=\frac{\partial B}{\partial x} \tag{12-48}$$

这就是全微分存在的充要条件。

由几何方程，位移的导数可以表示为

$$\begin{aligned}&\frac{\partial u}{\partial x}=\varepsilon_x,\frac{\partial u}{\partial y}=\frac{1}{2}\gamma_{xy}+\frac{1}{2}\omega\\&\frac{\partial v}{\partial x}=\frac{1}{2}\gamma_{xy}-\frac{1}{2}\omega,\frac{\partial v}{\partial x}=\varepsilon_y\end{aligned} \tag{12-49}$$

其中，$\omega=\dfrac{\partial u}{\partial y}-\dfrac{\partial v}{\partial x}$。

根据全微分条件（12-48），对于式（12-49），u 和 v 存在的充要条件为

$$\frac{\partial\varepsilon_x}{\partial y}=\frac{\partial}{\partial x}\left(\frac{1}{2}\gamma_{xy}+\frac{1}{2}\omega\right) \tag{12-50}$$

$$\frac{\partial\varepsilon_y}{\partial x}=\frac{\partial}{\partial y}\left(\frac{1}{2}\gamma_{xy}-\frac{1}{2}\omega\right) \tag{12-51}$$

将式（12-50）和式（12-51）整理，得到

$$\frac{\partial\omega}{\partial x}=2\frac{\partial\varepsilon_x}{\partial y}-\frac{\partial\gamma_{xy}}{\partial y},\frac{\partial\omega}{\partial y}=\frac{\partial\gamma_{xy}}{\partial y}-2\frac{\partial\varepsilon_y}{\partial x} \tag{12-52}$$

同理，由上两式知，ω 存在的充要条件为

$$\frac{\partial}{\partial y}\left(2\frac{\partial\varepsilon_x}{\partial y}-\frac{\partial\gamma_{xy}}{\partial y}\right)=\frac{\partial}{\partial x}\left(\frac{\partial\gamma_{xy}}{\partial y}-2\frac{\partial\varepsilon_y}{\partial x}\right) \tag{12-53}$$

整理以后，得到

$$\frac{\partial^2 \varepsilon_x}{\partial y^2}+\frac{\partial^2 \varepsilon_y}{\partial x^2}=\frac{\partial^2 \gamma_{xy}}{\partial x \partial y} \tag{12-54}$$

这个关系式称为变形协调方程或相容方程。应变分量 ε_x，ε_y，γ_{xy} 必须满足这个方程，才能保证位移分量 u 和 v 的存在。如果任意选取函数 ε_x，ε_y 和 γ_{xy}，而不能满足这个方程，那么，由三个几何方程中的任何两个求出的位移分量，将与第三个几何方程不能相容。这就表示，变形以后的物体就不再是连续的，而将发生某些部分互相脱离或互相侵入的情况。

现在，我们来利用物理方程将相容方程中的应变分量消去，使相容方程中只包含应力分量（基本未知函数）。

对于平面应力问题，将物理方程（12-32）代入式（12-54），得

$$\frac{\partial^2}{\partial y^2}(\sigma_x-\nu\sigma_y)+\frac{\partial^2}{\partial x^2}(\sigma_y-\nu\sigma_x)=2(1+\nu)\frac{\partial^2 \tau_{xy}}{\partial x \partial y} \tag{12-55}$$

利用平衡微分方程，可以简化式（12-55），使它只包含正应力而不包含切应力。为此，将平衡微分方程写成

$$\frac{\partial \tau_{yx}}{\partial y}=-\frac{\partial \sigma_x}{\partial x}-f_x, \frac{\partial \tau_{xy}}{\partial x}=-\frac{\partial \sigma_y}{\partial y}-f_y \tag{12-56}$$

将前一方程对 x 求导，后一方程对 y 求导，然后相加，并注意到 $\tau_{xy}=\tau_{yx}$，得

$$2\frac{\partial^2 \tau_{xy}}{\partial x \partial y}=-\frac{\partial^2 \sigma_x}{\partial x^2}-\frac{\partial^2 \sigma_y}{\partial y^2}-\frac{\partial f_x}{\partial x}-\frac{\partial f_y}{\partial y} \tag{12-57}$$

代入（12-55），简化以后，得

$$\left(\frac{\partial^2}{\partial x^2}+\frac{\partial^2}{\partial y^2}\right)(\sigma_x+\sigma_y)=-(1+\nu)\left(\frac{\partial f_x}{\partial x}+\frac{\partial f_y}{\partial y}\right) \tag{12-58}$$

对于平面应变问题，进行同样的推演，可以导出一个与此相似的方程

$$\left(\frac{\partial^2}{\partial x^2}+\frac{\partial^2}{\partial y^2}\right)(\sigma_x+\sigma_y)=-\frac{1}{1-\nu}\left(\frac{\partial f_x}{\partial x}+\frac{\partial f_y}{\partial y}\right) \tag{12-59}$$

这样，按应力求解平面问题时，在平面应力问题中，应力分量应当满足平衡微分方程（12-14）和相容方程（12-58），在平面应变问题中，应力分量应当满足平衡微分方程（12-14）和相容方程（12-59）。此外，应力分量在边界上还应当满足应力边界条件式（12-41）。

位移边界条件式（12-44）一般是无法改用应力分量来表示的。因此，对于位移边界问题和混合边界问题。一般都不可能按应力求解而得出精确解答。

对于应力边界问题，是否满足了平衡微分方程、相容方程和应力边界条件，就能完全确定应力分量，还要看所考察的物体是单连体还是多连体。所谓单连体，就是具有这样几何性质的物体：对于在物体内所作的任何一根闭合曲线，都可以使它在物体内不断收缩而趋于一点。例如，一般的实体和空心圆球，就是单连体。所谓多连体，就是不具有上述几何性质的物体，例如圆环或圆筒，就是多连体。在平面问题中，可以这样简单地说：单连体就是只具有单个连续边界的物体，多连体则是具有多个连续边界的物体，也就是有孔口的物体。

对于平面问题，可以证明：如果满足了平衡微分方程和相容方程，也满足了应力边界

条件，那么，在单连体的情况下，应力分量就完全确定了。但是，在多连体的情况下，应力分量的表达式中可能还留有待定函数或待定常数；在由这些应力分量求出的位移分量表达式中，由于通过了积分运算，可能出现某些多值项，表示弹性体的同一点具有不同的位移，而在连续体中这是不可能的。根据“位移必须为单值”这样的所谓位移单值条件，命这些多值项等于零，就可以完全确定应力分量。

12.5　平面问题的应力函数解答

12.5.1　常体力情况下的相容方程

在很多工程问题中，体力是常量，也就是说，体力分量 f_x 和 f_y 在整个弹性体内是常量，不随坐标而变。例如重力和平行移动时的惯性力，就是常量的体力。在这种情况下，相容方程（12-58）和方程（12-59）的右边都成为零，而两种平面问题的相容方程都简化为

$$\left(\frac{\partial^2}{\partial x^2}+\frac{\partial^2}{\partial y^2}\right)(\sigma_x+\sigma_y)=0 \tag{12-60}$$

可见，在常体力的情况下，$\sigma_x+\sigma_y$ 应当满足拉普拉斯微分方程，即调和方程，也就是说，$\sigma_x+\sigma_y$ 应当是调和函数。为了书写简便，用记号 ∇^2 代表 $\frac{\partial^2}{\partial x^2}+\frac{\partial^2}{\partial y^2}$，把方程（12-60）简写为

$$\nabla^2(\sigma_x+\sigma_y)=0 \tag{12-61}$$

注意，在常体力的情况下，平衡微分方程（12-14）、相容方程（12-60）和应力边界条件式（12-41）中不包含弹性常数，而且对于两种平面问题都是相同的。因此，在单连体的应力边界问题中，如果两个弹性体具有相同的边界形状，并受到同样分布的外力，那么，就不管这两个弹性体的材料是否相同，也不管它们是在平面应力情况下或是在平面应变情况下，应力分量 σ_x，σ_y，τ_{xy} 的分布是相同的（两种平面问题中的应力分量 σ_z 以及应变和位移，却不一定相同）。

根据上述结论，针对任一物体而求出的应力分量 σ_x，σ_y，τ_{xy} 也适用于具有同样边界并受有同样外力的其他材料的物体；针对平面应力问题而求出的这些应力分量，也适用于边界相同、外力相同的平面应变情况下的物体。这对于弹性力学解答在工程上的应用，提供了极大的方便。

另一方面，根据上述结论，在用实验方法量测结构或构件的上述应力分量时，可以用便于量测的材料来制造模型，以代替原来不便于量测的结构或构件材料；还可以用平面应力情况下的薄板模型，来代替平面应变情况下的长柱形的结构构件。这对于实验应力分析，也提供了极大的方便。

在常体力的情况下，对于单连体的应力边界问题，还可以把体力的作用改换为面力的作用，以便于解答问题和实验量测，说明如下：

设原问题中的应力分量为 σ_x，σ_y，τ_{xy}，确定这些应力分量的微分方程是

$$\left.\begin{aligned}\frac{\partial\sigma_x}{\partial x}+\frac{\partial\tau_{yx}}{\partial x}+f_x=0\\\frac{\partial\sigma_y}{\partial y}+\frac{\partial\tau_{xy}}{\partial y}+f_y=0\\\left(\frac{\partial^2}{\partial x^2}+\frac{\partial^2}{\partial y^2}\right)(\sigma_x+\sigma_y)=0\end{aligned}\right\}\tag{12-62}$$

而边界条件是

$$\left.\begin{aligned}l\sigma_x+m\tau_{yx}=t_x\\m\sigma_y+l\tau_{xy}=t_y\end{aligned}\right\}\tag{12-63}$$

在上列各式中，已经用 τ_{xy} 代表了 τ_{yx}。

现在，命

$$\sigma_x=\sigma'_x-f_xx, \sigma_y=\sigma'_y-f_yy, \tau_{xy}=\tau'_{xy}\tag{12-64}$$

而导出 σ'_x，σ'_y，τ'_{xy} 所应当满足的微分方程和边界条件。为此，将式（12-64）代入式（12-62），得

$$\left.\begin{aligned}\frac{\partial\sigma'_x}{\partial x}+\frac{\partial\tau'_{yx}}{\partial x}=0\\\frac{\partial\sigma'_y}{\partial y}+\frac{\partial\tau'_{xy}}{\partial y}=0\\\left(\frac{\partial^2}{\partial x^2}+\frac{\partial^2}{\partial y^2}\right)(\sigma'_x+\sigma'_y)=0\end{aligned}\right\}\tag{12-65}$$

另一方面，将式（12-64）代入式（12-63），得

$$\left.\begin{aligned}l\sigma'_x+m\tau'_{yx}=t_x+lf_xx\\m\sigma'_y+l\tau'_{xy}=t_y+mf_yy\end{aligned}\right\}\tag{12-66}$$

将式（12-65）及式（12-66）分别与式（12-62）及式（12-63）对比，可见 σ'_x，σ'_y，τ'_{xy} 所应满足的微分方程及边界条件和这样的情况相同：体力等于零而面力分量 t_x 及 t_y 分别增加了 lf_xx 及 mf_yy。

于是得出求解原问题的一个办法：先不计体力，而对弹性体施以代替体力的面力分量 $t^*_x=lf_xx$ 及 $t^*_y=mf_yy$。这样求出应力分量 σ'_x，σ'_y，τ'_{xy} 以后，再按照式（12-64），在 σ'_x，σ'_y，τ'_{xy} 上分别叠加 $-f_xx$ 及 $-f_yy$，即得原问题的应力分量。

例如，对于图 12-14（a）所示简支梁在重力作用下的应力分析，如果用数值法（例如差分法）计算，将比面力作用下的计算要复杂得多；如果用实验方法量测应力，施加模拟的重力荷载也比施加面力荷载麻烦得多。采用上述办法，则计算或量测都比较简单一些。

按照上述办法，先不计体力，而施以代替体力的面力。取坐标轴如图 12-14（a）所示，则 $f_x=0$ 而 $f_y=P$，其中 P 为梁的重度。代替体力的面力分量是 $t^*_x=lf_xx$，$t^*_y=mf_yy=mPy$。

在边界 AF 上，$y=0$，因而 $mPy=0$，无须施加面力。在边界 AB，CD 及 EF 上，$m=0$，因而 $mPy=0$，也无须施加面力。在边界 DE 及 BC 上，$m=-1$，而 y 分别等于 $-h$ 及 $-2h$，因此，应分别施加面力 $t^*_y=Ph$ 及 $t^*_y=2Ph$（正的面力应当沿着正标向，即向下），如图 12-14（b）所示。

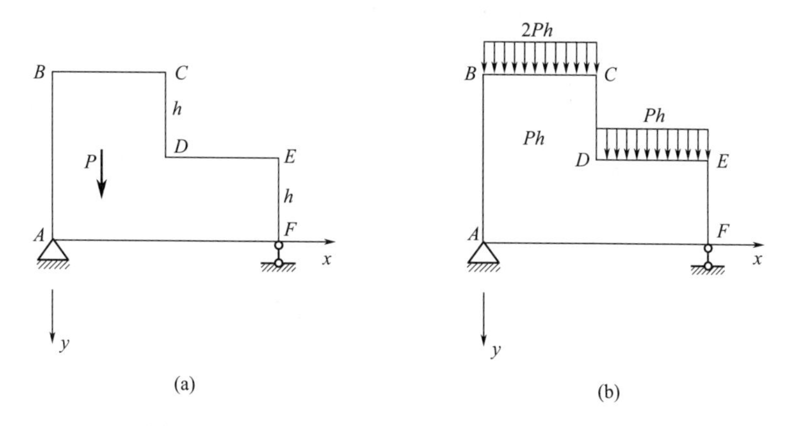

图 12-14　平面应力函数解答——简支梁受力分析

用数值计算方法，或用量测方法，求出图 12-14（b）所示情况下的应力分量 σ'_x，σ'_y，τ'_{xy} 以后，即可求得原问题中重力所引起的应力分量

$$
\begin{aligned}
\sigma_x &= \sigma'_x - f_x x = \sigma'_x \\
\sigma_y &= \sigma'_y - f_y y = \sigma'_y - Py \\
\tau_{xy} &= \tau'_{xy}
\end{aligned}
\tag{12-67}
$$

当然，所取的坐标系不同，则代替体力的面力也将不同，应力分量 σ'_x，σ'_y，τ'_{xy} 也就不同。但是，最后得出的 σ_x，σ_y，τ_{xy} 总是一样的。

12.5.2　应力函数

前一节中已经指出，按应力求解应力边界问题时，在常体力的情况下，应力分量 σ_x，σ_y，τ_{xy} 应当满足平衡微分方程

$$
\left.\begin{aligned}
\frac{\partial \sigma_x}{\partial x} + \frac{\partial \tau_{xy}}{\partial y} + f_x = 0 \\
\frac{\partial \sigma_y}{\partial y} + \frac{\partial \tau_{xy}}{\partial x} + f_y = 0
\end{aligned}\right\}
\tag{12-68}
$$

以及相容方程

$$
\left(\frac{\partial^2}{\partial x^2} + \frac{\partial^2}{\partial y^2}\right)(\sigma_x + \sigma_y) = 0
\tag{12-69}
$$

并在边界上满足应力边界条件。在多连体中，上述应力分量还应当满足位移单值条件。

首先来考察平衡微分方程（12-68）。这是一个非齐次微分方程组，它的解答包含两个部分，即，任意一个特解及下列齐次微分方程的通解：

$$
\left.\begin{aligned}
\frac{\partial \sigma_x}{\partial x} + \frac{\partial \tau_{xy}}{\partial y} = 0 \\
\frac{\partial \sigma_y}{\partial y} + \frac{\partial \tau_{xy}}{\partial x} = 0
\end{aligned}\right\}
\tag{12-70}
$$

特解可以取为

$$
\sigma_x = -f_x x, \sigma_y = -f_y y, \tau_{xy} = 0
\tag{12-71}
$$

也可以取为

$$\sigma_x = 0, \sigma_y = 0, \tau_{xy} = -f_x y - f_y x \tag{12-72}$$

以及

$$\sigma_x = -f_x x - f_y y, \sigma_y = -f_x x - f_y y, \tau_{xy} = 0 \tag{12-73}$$

等的形式，因为它们都能满足微分方程（12-68）。

为了求得齐次微分方程（12-70）的通解，将其中前一个方程改写为

$$\frac{\partial \sigma_x}{\partial x} = \frac{\partial}{\partial y}(-\tau_{xy}) \tag{12-74}$$

根据全微分条件，这就一定存在某一个函数 A（x，y），使得

$$\begin{aligned} \sigma_x &= \frac{\partial A}{\partial y} \\ -\tau_{xy} &= \frac{\partial A}{\partial x} \end{aligned} \tag{12-75}$$

同样，将（12-70）中的第二个方程改写为

$$\frac{\partial \sigma_y}{\partial y} = \frac{\partial}{\partial x}(-\tau_{xy}) \tag{12-76}$$

可见也一定存在某一函数 B（x，y），使得

$$\begin{aligned} \sigma_y &= \frac{\partial B}{\partial x} \\ -\tau_{xy} &= \frac{\partial B}{\partial y} \end{aligned} \tag{12-77}$$

由式（12-75）及式（12-77）得

$$\frac{\partial A}{\partial x} = \frac{\partial B}{\partial y} \tag{12-78}$$

因而又一定存在某一个函数 φ（x，y），使得

$$\begin{aligned} A &= \frac{\partial \varphi}{\partial y} \\ B &= \frac{\partial \varphi}{\partial x} \end{aligned} \tag{12-79}$$

将式（12-79）代入式（12-75）、式（12-77），即得通解

$$\sigma_x = \frac{\partial^2 \varphi}{\partial y^2}, \sigma_y = \frac{\partial^2 \varphi}{\partial x^2}, \tau_{xy} = -\frac{\partial^2 \varphi}{\partial x \partial y} \tag{12-80}$$

将通解（12-80）与任一组特解叠加，例如与特解（12-71）叠加，即得微分方程（12-68）的全解

$$\sigma_x = \frac{\partial^2 \varphi}{\partial y^2} - f_x x, \sigma_y = \frac{\partial^2 \varphi}{\partial x^2} - f_y y, \tau_{xy} = -\frac{\partial^2 \varphi}{\partial x \partial y} \tag{12-81}$$

不论 φ 是什么样的函数，应力分量式（12-81）总能满足平衡微分方程（12-68）。函数 φ 称为平问题的**应力函数**，也称为**艾瑞应力函数**。

为了使应力分量式（12-81）同时也能满足相容方程（12-69），应力函数 φ 必须满足一定的方程。将式（12-81）代入式（12-69），即得这一方程

$$\left(\frac{\partial^2}{\partial x^2} + \frac{\partial^2}{\partial y^2}\right)\left(\frac{\partial^2 \varphi}{\partial x^2} - f_x x + \frac{\partial^2 \varphi}{\partial y^2} - f_y y\right) = 0 \tag{12-82}$$

注意 f_x 及 f_y 为常量，可见上式后一括弧中的 $f_x x$ 及 $f_y y$ 并不起作用，可以删去，于是上式简化为

$$\left(\frac{\partial^2}{\partial x^2}+\frac{\partial^2}{\partial y^2}\right)\left(\frac{\partial^2\varphi}{\partial x^2}+\frac{\partial^2\varphi}{\partial y^2}\right)=0 \tag{12-83}$$

或者展开成为

$$\frac{\partial^4\varphi}{\partial x^4}+\frac{\partial^4\varphi}{\partial x^2\partial y^2}+\frac{\partial^4\varphi}{\partial y^4}=0 \tag{12-84}$$

这就是用应力函数表示的相容方程。由此可见，应力函数应当是重调和函数。方程（12-84）可以简写为 $\nabla^2\nabla^2\varphi=0$，或者进一步简写为

$$\nabla^4\varphi=0 \tag{12-85}$$

如果体力可以不计，则 $f_x=f_y=0$，公式（12-81）简化为

$$\sigma_x=\frac{\partial^2\varphi}{\partial y^2},\sigma_y=\frac{\partial^2\varphi}{\partial x^2},\tau_{xy}=-\frac{\partial^2\varphi}{\partial x\partial y} \tag{12-86}$$

于是，按应力求解应力边界问题时，如果体力是常量，就只需由微分方程（12-84）求解应力函数 φ，然后用公式（12-81）或公式（12-86）求出应力分量，但这些应力分量在边界上应当满足应力边界条件；在多连体的情况下，这些应力分量还须满足位移单值条件。

方程（12-84）是偏微分方程，它的通解不能写成有限项数的形式。因此，在具体求解问题时，只能采用逆解法或半逆解法。

所谓逆解法，就是先设定各种形式的、满足相容方程（12-84）的应力函数 φ，用公式（12-81）或公式（12-86）求出应力分量，然后根据应力边界条件来考察，在各种形状的弹性体上，这些应力分量对应于什么样的面力，从而得知所设定的应力函数可以解决什么问题。

所谓半逆解法，就是针对所要求解的问题，根据弹性体的边界形状和受力情况，假设部分或全部应力分量为某种相对简单些的函数，从而推出应力函数 φ，然后来考察，这个应力函数是否满足相容方程，以及原来所假设的应力分量和由这个应力函数求出的其余应力分量，是否满足应力边界条件和位移单值条件。如果相容方程和各方面的条件都能满足，自然也就得出正确的解答；如果某一方面不能满足，就要另作假设，重新考察。

12.6　逆解法求矩形梁的纯弯曲

12.6.1　逆解法中常见的多项式解答

本节中将用逆解法求出几个简单平面问题的多项式解答。假定体力可以不计，也就是 $f_x=f_y=0$。

首先，取一次式

$$\varphi=a+bx+cy \tag{12-87}$$

不论各系数取何值，相容方程（12-84）总能满足。由公式（12-86）得应力分量 $\sigma_x=$

0，$\sigma_y=0$，$\tau_{xy}=0$。不论弹性体为何种形状，也不论坐标系如何选择，由应力边界条件总是得出 $t_x=t_y=0$。由此可见：①线性应力函数对应于无体力、无面力、无应力的状态。②把任何平面问题的应力函数加上一个线性函数，并不影响应力。

其次，取二次式

$$\varphi=ax^2+bxy+cy^2 \tag{12-88}$$

不论各系数取何值，相容方程（12-84）总能满足。为明了起见，分别考察该式中每一项所能解决的问题。

对应于 $\varphi=ax^2$，由公式（12-86）得应力分量 $\sigma_x=0$，$\sigma_y=2a$，$\tau_{xy}=0$。对于图 12-15（a）所示的矩形板和坐标方向，当板内产生上述应力时，左右两边没有面力，而上下两边分别有向上和向下的均布面力 $2a$。可见，应力函数 $\varphi=ax^2$ 能解决矩形板在 y 方向受均布拉力（设 $a>0$）或均布压力（$a<0$）的问题。

对应于 $\varphi=bxy$，应力分量是 $\sigma_x=0$，$\sigma_y=0$，$\tau_{xy}=-b$。对于图 12-15（b）所示的矩形板和坐标方向，当板内发生上述应力时，在左右两边分别有向下和向上的均布面力 b，而在上下两边分别有向右和向左的均布面力 b。可见，应力函数 $\varphi=bxy$ 能解决矩形板受均布切向力的问题。

极易看出，应力函数 $\varphi=cy^2$ 能解决矩形板在 x 方向受均布拉力（设 $c>0$）或均布压力（$c<0$）的问题，如图 12-15（c）所示。

再次，取三次式

$$\varphi=ay^3 \tag{12-89}$$

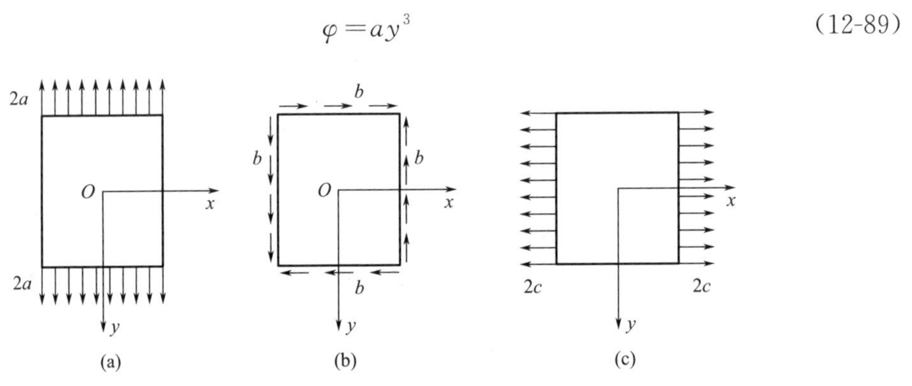

图 12-15　逆解法求矩形梁的纯弯曲——二次式

不论系数 a 取任何值，相容方程（12-84）也总能满足。对应的应力分量是 $\sigma_x=6ay$，$\sigma_y=0$，$\tau_{xy}=0$。对于图 12-16 所示的矩形板和坐标系，当板内发生上述应力时，上下两边没有面力；在左右两边，没有铅直面力，有按直线变化的水平面力，而每一边上的水平面力合成一个力偶。可见，应力函数 $\varphi=ay^3$ 能解决矩形梁受纯弯曲的问题。

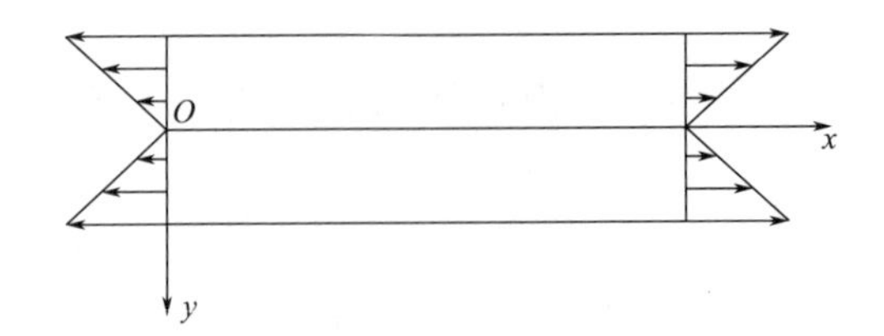

图 12-16　逆解法求矩形梁的纯弯曲——三次式

如果取应力函数 φ 为四次或四次以上的多项式，则其中的系数必须满足一定的条件，才能满足相容方程。由于这些应力函数不能解决什么重要的实际问题，这里不进行讨论。

12.6.2　逆解法求矩形梁的纯弯曲

设有矩形截面的梁，它的宽度远小于高度和长度（近似的平面应力情况），或者远大于高度和长度（近似的平面应变情况），在两端受相反的力偶而弯曲，体力可以不计。为了方便，取单位宽度的梁来考察，如图 12-17 所示。命每单位宽度上力偶的矩为 M。

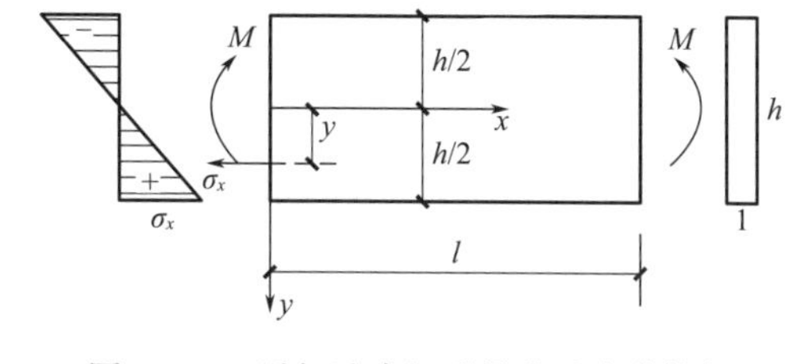

图 12-17　逆解法求矩形梁的纯弯曲算例

取坐标轴如图 12-17 所示。由前一节中已知，应力函数

$$\varphi = ay^3 \tag{12-90}$$

能解决纯弯曲的问题，而相应的应力分量为

$$\sigma_x = 6ay, \sigma_y = 0, \tau_{xy} = 0 \tag{12-91}$$

现在来考察，这些应力分量是否能满足边界条件，如果能满足，系数 a 应该取什么值。

在下边和上边，都没有面力，要求

$$(\sigma_y)_{y=\pm\frac{h}{2}} = 0, (\tau_{xy})_{y=\pm\frac{h}{2}} = 0 \tag{12-92}$$

这是能满足的，因为在所有各点都有 $\sigma_y = 0$，$\tau_{xy} = 0$。在左端和右端，没有铅直面力，分别要求

$$(\tau_{xy})_{x=0} = 0, (\tau_{xy})_{x=l} = 0 \tag{12-93}$$

这也是能满足的，因为在所有各点都有 $\tau_{xy} = 0$。

此外，在左端和右端，水平面力应该合成为力偶，而力偶的矩为 M，这就要

$$\int_{-\frac{h}{2}}^{\frac{h}{2}} \sigma_x \mathrm{d}y = 0, \int_{-\frac{h}{2}}^{\frac{h}{2}} \sigma_x y \mathrm{d}y = M \tag{12-94}$$

由此解得

$$a = \frac{2M}{h^3} \tag{12-95}$$

代入式（12-91），得

$$\sigma_x = \frac{12M}{h^3} y, \sigma_y = 0, \tau_{xy} = 0 \tag{12-96}$$

注意到梁截面的惯矩是 $I = h^3/12$，上式又可以改写成为

$$\sigma_x = \frac{M}{I} y, \sigma_y = 0, \tau_{xy} = 0 \tag{12-97}$$

这就是矩形梁受纯弯曲时的应力分量，结果与材料力学中完全相同，即，梁的各纤维只受单向拉压的所谓弯应力，按直线分布，如图 12-17 所示。

应当指出，组成梁端力偶的面力必须按直线分布，解答式（12-97）才是完全精确的。如果梁端的面力按其他方式分布，解答式（12-97）是有误差的。但是，按照圣维南原理，

只在梁的两端附近有显著的误差；在离开梁端较远之处，误差是可以不计的。由此可见，对于长度 l 远大于深度 h 的梁，解答式（12-97）是有实用价值的；对于长度 l 与高度 h 同等大小的所谓高梁，这个解答是没有什么实用意义的。

*12.7 半逆解法求简支梁受均布荷载

设有矩形截面的简支梁，深度为 h，长度为 $2l$，体力可以不计，受均布荷载 q，由两端的反力 ql 维持平衡，如图 12-18 所示。为了方便，仍然取单位宽度的梁来考虑。

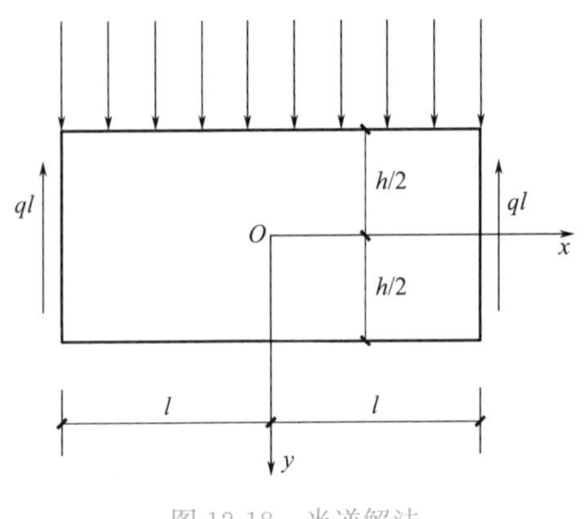

图 12-18 半逆解法

用半逆解法。由材料力学已知：弯应力 σ_x 主要是由弯矩引起的，切应力 τ_{xy} 主要是由切向力引起的，挤压应力 σ_y 主要是由直接荷载 q 引起的。现在，q 是常量，因而可以假设 σ_y 不随 x 而变，也就是假设 σ_y 只是 y 的函数：

$$\sigma_y = f(y) \tag{12-98}$$

于是由公式（12-86）有

$$\frac{\partial^2 \varphi}{\partial x^2} = f(y) \tag{12-99}$$

对 x 积分，得

$$\varphi = \frac{x^2}{2} f(y) + x f_1(y) + f_2(y) \tag{12-100}$$

其中，f_1（y）和 f_2（y）是任意函数，即待定函数。

现在来考察，式（12-100）所示的应力函数是否满足相容方程。为此，求出式（12-100）的四阶导数

$$\begin{aligned} &\frac{\partial^4 \varphi}{\partial x^4} = 0, \frac{\partial^4 \varphi}{\partial x^2 \partial y^2} = \frac{d^2 f(y)}{dy^2} \\ &\frac{\partial^4 \varphi}{\partial y^4} = \frac{x^2}{2} \frac{d^4 f(y)}{dy^4} + x \frac{d^4 f_1(y)}{dy^4} + \frac{d^4 f_2(y)}{dy^4} \end{aligned} \tag{12-101}$$

代入相容方程（12-84），可见各个待定函数应满足方程

$$\frac{1}{2} \frac{d^4 f(y)}{dy^4} x^2 + \frac{d^4 f_1(y)}{dy^4} x + \frac{d^4 f_2(y)}{dy^4} + 2 \frac{d^2 f(y)}{dy^2} = 0 \tag{12-102}$$

这是 x 的二次方程，但相容方程要求它有无数多的根（全梁内的 x 值都应该满足它），因此，这个二次方程的系数和自由项都必须等于零，即

$$\frac{d^4 f(y)}{dy^4} = 0, \frac{d^4 f_1(y)}{dy^4} = 0, \frac{d^4 f_2(y)}{dy^4} + 2 \frac{d^2 f(y)}{dy^2} = 0 \tag{12-103}$$

前面两个方程要求

$$f(y) = Ay^3 + By^2 + Cy + D, f_1(y) = Ey^3 + Fy^2 + Gy \tag{12-104}$$

* 选学内容。

在这里，f_1（y）中的常数项已被略去，因为这一项在 φ 的表达式中成为 x 的一次项，不影响应力分量。第三个方程则要求

$$\frac{\mathrm{d}^4 f_2(y)}{\mathrm{d}y^4}=-2\frac{\mathrm{d}^2 f(y)}{\mathrm{d}y^2}=-12Ay-4B \tag{12-105}$$

也就是要求

$$f_2(y)=-\frac{A}{10}y^5-\frac{B}{6}y^4+Hy^3+Ky^2 \tag{12-106}$$

其中的一次项及常数项都被略去，因为它们不影响应力分量。由此可得

$$\varphi=\frac{x^2}{2}(Ay^3+By^2+Cy+D)+x(Ey^3+Fy^2+Gy)-\frac{A}{10}y^5-\frac{B}{6}y^4+Hy^3+Ky^2 \tag{12-107}$$

将式（12-107）代入式（12-86），得应力分量

$$\begin{aligned}
\sigma_x&=\frac{x^2}{2}(6Ay+2B)+x(6Ey+2F)-2Ay^3-2By^2+6Hy+2K\\
\sigma_y&=Ay^3+By^2+Cy+D\\
\tau_{xy}&=-x(3Ay^2+2By+C)-(3Ey^2+2Fy+G)
\end{aligned} \tag{12-108}$$

这些应力分量是满足平衡微分方程和相容方程的。因此，如果能够适当选好常数 A，B，…，K，使所有的边界条件都被满足，则应力分量式（12-108）就是正确的解答。

在考虑边界条件以前，先考虑一下问题的对称性（如果这个问题有对称性的话），往往可以减少一些运算工作。在这里，因为 yz 面是梁和荷载的对称面，所以应力分布应当对称于 yz 面。这样，σ_x 和 σ_y 应该是 x 的偶函数，而 τ_{xy} 应该是 x 的奇函数。于是由式（12-108）可见

$$E=F=G=0 \tag{12-109}$$

如果不考虑问题的对称性，那么，在考虑过全部边界条件以后，也可以得出同样的结果，但计算工作要多些。

通常，梁的跨度远大于梁的高度，梁的上下两个边界占全部边界的绝大部分，因而是主要的边界。在主要的边界上，边界条件必须完全满足；在次要的边界上（很小部分的边界上），如果边界条件不能完全满足，就可以引用圣维南原理，使边界条件得到近似的满足，仍然可以得出有用的解答。

根据这个理由，先来考虑上下两边的边界条件：

$$(\sigma_y)_{y=\frac{h}{2}}=0,(\sigma_y)_{y=-\frac{h}{2}}=q,(\tau_{xy})_{y=\pm\frac{h}{2}}=0 \tag{12-110}$$

将应力分量式（12-108）代入，并注意前面的 $E=F=G=0$，可见这些边界条件要求

$$\begin{aligned}
&\frac{A}{8}+\frac{B}{4}+\frac{C}{2}+D=0\\
&-\frac{A}{8}h^3+\frac{B}{4}h^2-\frac{C}{2}h+D=-q\\
&\frac{3}{4}Ah^2+Bh+C=0\\
&\frac{3}{4}Ah^2-Bh+C=0
\end{aligned} \tag{12-111}$$

求解而得出

$$A=-\frac{2q}{h^{3}},B=0,C=\frac{3q}{2h},A=-\frac{q}{2} \tag{12-112}$$

将以上已确定的常数代入式（12-108），得

$$\begin{aligned}\sigma_{x}&=-\frac{6q}{h^{3}}x^{2}y+\frac{4q}{h^{3}}y^{3}+6Hy+2K\\ \sigma_{y}&=-\frac{2q}{h^{3}}y^{3}+\frac{3q}{2h}y-\frac{q}{2}\\ \tau_{xy}&=\frac{6q}{h^{3}}xy^{2}-\frac{3q}{2h}x\end{aligned} \tag{12-113}$$

下面来考虑左右两边的边界条件。由于问题的对称性，只需考虑其中的一边，例如右边。如果右边的边界条件能满足，左边的边界条件自然也能满足。

首先，在梁的右边，没有水平面力，这就要求当 $x=l$ 时，不论 y 取任何值（$-h/2\leqslant y\leqslant h/2$），都有 $\sigma_x=0$。由式（12-113）可见，这是不可能满足的，除非是 $q=0$。用多项式求解，只能要求 σ_x 在这部分边界上合成为平衡力系，也就是要求

$$\begin{aligned}\int_{-\frac{h}{2}}^{\frac{h}{2}}(\sigma_{x})_{x=l}\mathrm{d}y&=0\\ \int_{-\frac{h}{2}}^{\frac{h}{2}}(\sigma_{x})_{x=l}y\mathrm{d}y&=0\end{aligned} \tag{12-114}$$

得

$$K=0,H=\frac{ql^{2}}{h^{3}}-\frac{q}{10h} \tag{12-115}$$

从而得

$$\sigma_{x}=-\frac{6q}{h^{3}}x^{2}y+\frac{4q}{h^{3}}y^{3}+\frac{6ql^{2}}{h^{3}}y-\frac{3q}{5h}y \tag{12-116}$$

另一方面，在梁的右边，切应力 τ_{xy} 应该合成为向上的反力 ql，就要求

$$\int_{-\frac{h}{2}}^{\frac{h}{2}}(\tau_{xy})_{x=l}\mathrm{d}y=-ql \tag{12-117}$$

在 ql 前面加了负号，因为右边的切应力 τ_{xy} 以向下为正，而 ql 是向上的。将式（12-113）代入，上式成为

$$\int_{-\frac{h}{2}}^{\frac{h}{2}}\left(\frac{6ql}{h^{3}}y^{2}-\frac{3ql}{2h}\right)\mathrm{d}y=-ql \tag{12-118}$$

积分以后，可见这一条件是满足的。

各应力分量沿铅直方向的变化大致如图 12-19 所示。注意梁截面的宽度是 $b=1$，惯性矩是 $I=h^3/12$，静矩是 $S=h^2/8-y^2/2$，而梁的任一横截面上的弯矩和切向力分别为

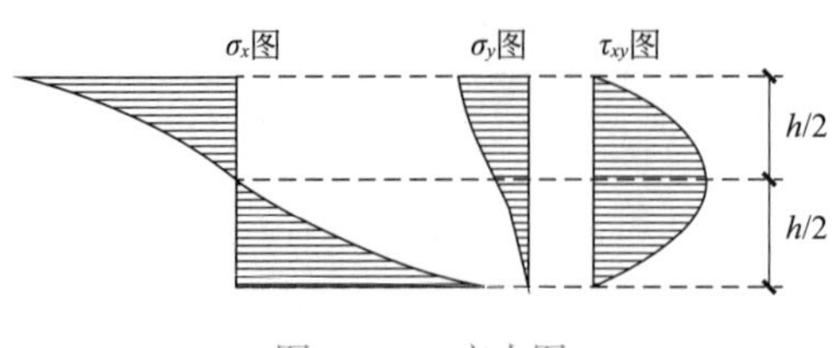

图 12-19　应力图

$$\begin{aligned}M&=\frac{q}{2}(l^{2}-x^{2})\\ Q&=-qx\end{aligned} \tag{12-119}$$

则应力分量可改写成

$$\left.\begin{aligned}\sigma_x&=\frac{M}{I}y+q\frac{y}{h}\left(4\frac{y^2}{h^2}-\frac{3}{5}\right)\\\sigma_y&=-\frac{q}{2}\left(1+\frac{y}{h}\right)\left(1-\frac{2y}{h}\right)^2\\\tau_{xy}&=\frac{QS}{bI}\end{aligned}\right\}\tag{12-120}$$

在弯应力 σ_x 的表达式中，第一项是主要项，和材料力学中的解答相同，第二项则是弹性力学提出的修正项。对于通常的低梁，修正项很小，可以不计。对于较高的梁，则须注意修正项。

应力分量 σ_y 是梁的各纤维之间的挤压应力，它的最大绝对值是 q，发生在梁顶。在材料力学中，一般不考虑这个应力分量。

切应力 τ_{xy} 的表达式和材料力学里完全一样。注意：按照式（12-120），在梁的右边和左边，有水平面力

$$t_x=\pm(\sigma_x)_{x=\pm l}=\pm q\frac{y}{h}\left(4\frac{y^2}{h^2}-\frac{3}{5}\right)\tag{12-121}$$

但是，由式（12-114）可见，每一边的水平面力是一个平衡力系，因此，根据圣维南原理，不管这些面力是否存在，离两边较远处的应力都和公式（12-120）所示的一样。

12.8　楔形体受重力和液体压力

设有楔形体，如图 12-20（a）所示，左面铅直，右面与铅直面成角 α，下端无限长，承受重力及液体压力，楔形体的密度为 ρ，液体的密度为 γ，试求应力分量。

取坐标轴如图 12-20（a）所示。在楔形体的任意一点，每一个应力分量都将由两部分组成：第一部分由重力引起，应当和楔形体的重度 ρg 成正比；第二部分由液体压力引起，应当和液体的重度 γg 成正比。当然，上述每一部分的应力分量还和 α，x，y 有关。由于

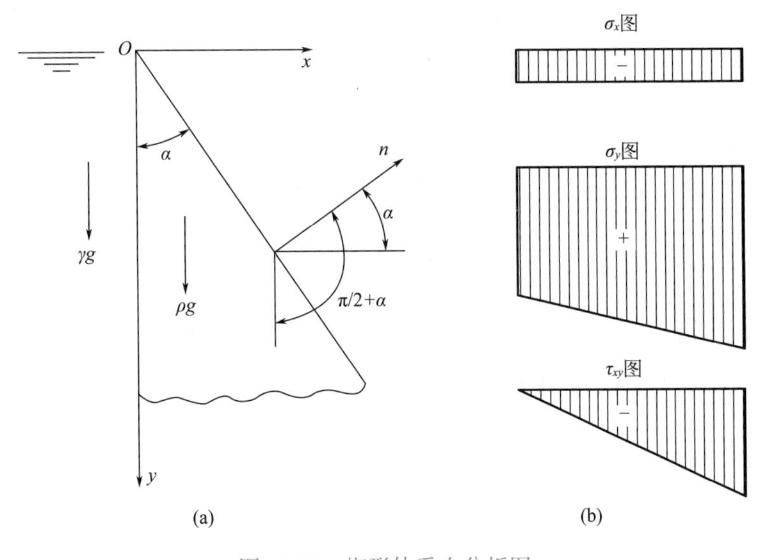

图 12-20　楔形体受力分析图

应力分量的因次是［力］［长度］$^{-2}$，ρg 和 γg 的因次是［力］［长度］$^{-3}$，α 是无因次量，而 x 和 y 的因次是［长度］，因此，如果应力分量具有多项式的解答，那么，它们的表达式只可能是 $A\rho gx$，$B\rho gy$，$C\gamma gx$，$D\gamma gy$ 四种项的组合，而其中的 A，B，C，D 是无因次量，只和 α 有关。这就是说，各个应力分量的表达式只可能是 x 和 y 的纯一次式，而应力函数（它对 x 和 y 的二阶导数给出应力分量）应当是 x 和 y 的纯三次式。因此，假设应力函数为

$$\varphi = ax^3 + bx^2y + cxy^2 + ey^3 \tag{12-122}$$

在这里，体力分量 $f_x=0$，而 $f_y=\rho g$，所以由公式（12-86）得应力分量

$$\left.\begin{aligned}\sigma_x &= 2cx + 6ey\\ \sigma_y &= 6ax + 2by - \rho gy\\ \tau_{xy} &= -2bx - 2cy\end{aligned}\right\} \tag{12-123}$$

这些应力分量是满足平衡微分方程和相容方程的。现在来考察，如果适当选择各个系数，是否也能满足应力边界条件。

在左面（$x=0$），应力边界条件是

$$(\sigma_x)_{x=0} = -\gamma gy, (\tau_{xy})_{x=0} = 0 \tag{12-124}$$

将式（12-123）代入，得

$$6ey = -\gamma gy, -2cy = 0 \tag{12-125}$$

于是可见，应当取 $e=-\gamma g/6$，$c=0$，而式（12-123）成为

$$\left.\begin{aligned}\sigma_x &= -\gamma gy\\ \sigma_y &= 6ax + 2by - \rho gy\\ \tau_{xy} &= -2bx\end{aligned}\right\} \tag{12-126}$$

在右面（$x=y\tan\alpha$），$t_x=t_y=0$，应力边界条件是

$$\left.\begin{aligned}l(\sigma_x)_{x=y\tan\alpha} + m(\tau_{yx})_{x=y\tan\alpha} &= 0\\ m(\sigma_y)_{x=y\tan\alpha} + l(\tau_{xy})_{x=y\tan\alpha} &= 0\end{aligned}\right\} \tag{12-127}$$

将式（12-126）代入，简化以后，得

$$\left.\begin{aligned}2bm\tan\alpha + l\gamma g &= 0\\ 6am\tan\alpha + 2b(m - l\tan\alpha) - m\rho g &= 0\end{aligned}\right\} \tag{12-128}$$

但由图可见

$$\left.\begin{aligned}l &= \cos(\boldsymbol{n}, x) = \cos\alpha\\ m &= \cos(\boldsymbol{n}, y) = -\sin\alpha\end{aligned}\right\} \tag{12-129}$$

代入（12-128），得

$$a = \frac{\rho g}{6}\cot\alpha - \frac{\gamma g}{3}\cot^3\alpha, b = \frac{\gamma g}{2}\cot^2\alpha \tag{12-130}$$

将这些代入式（12-126），即得李维解答

$$\left.\begin{aligned}\sigma_x &= -\gamma gy\\ \sigma_y &= (\rho g\cot\alpha - 2\gamma g\cot^3\alpha)x + (\gamma g\cot^2\alpha - \rho g)y\\ \tau_{xy} &= -\gamma g\cot^2\alpha x\end{aligned}\right\} \tag{12-131}$$

各应力分量沿水平方向的变化大致如图 12-20（b）所示。

应力分量 σ_x 沿水平方向没有变化，这个结果是不可能由材料力学公式求得的。应力分量 σ_y 沿水平方向按直线变化，在左右两面，它分别为

$$\left.\begin{aligned}(\sigma_y)_{x=0}&=-(\rho g-\gamma g\cot^2\alpha)y\\(\sigma_y)_{x=y\tan\alpha}&=-\gamma g\cot^2\alpha y\end{aligned}\right\}\tag{12-132}$$

和用材料力学中偏心受压公式算得的结果相同。应力分量 τ_{xy} 也按直线变化，在左右两面，它分别为

$$(\tau_{xy})_{x=0}=0,(\tau_{xy})_{x=y\tan\alpha}=-\gamma g\cot\alpha y\tag{12-133}$$

按照材料力学，τ_{xy} 按抛物线变化，和该解答不同。

以上所得的解答，一向被当作是三角形重力坝中应力的基本解答。但是，必须指出下列三点：

(1) 沿着坝轴，坝身往往具有不同的截面，而且坝身也不是无限长。因此，严格地说，这里不是一个平面问题。但是，如果沿着坝轴，有一些伸缩缝把坝身分成苦干段，在每一段范围内，坝身的截面可以当作没有变化。而且 τ_{zx} 和 τ_{zy} 可以当作等于零，那么，在计算时，是可以把这个问题当作平面问题的。

(2) 这里假定楔形体在下端是无限长，可以自由地变形。但是，实际上坝身是有限高的，底部与地基相连，坝身底部的形变受到地基的约束，因此，对于底部说来，以上所得的解答是不精确的。

(3) 坝顶总具有一定的宽度，而不会是一个尖顶，而且顶部通常还受其他的荷载，因此，在靠近坝顶处，以上所得的解答也不适用。

关于重力坝较精确的应力分析，目前大都采用有限单元法来进行。

思考题

12-1　总结弹性力学中解题的一般步骤，并与材料力学比较它们有哪些异同点。

12-2　什么叫一点的应力状态？如何表示一点的应力状态？

12-3　试叙述平衡微分方程及静力边界条件的物理意义。满足平衡微分方程和静力边界条件是否是实际存在的应力？为什么？

12-4　试证明任意形状的平板状弹性体，板平面自由边界上作用有平均压力 p，此时弹性体内的应力分量为 $\sigma_x=\sigma_y=-p$，$\tau_{xy}=0$。

12-5　证明：在通过同一点的所有微分面上的正应力中，最大和最小的是主应力。

12-6　设物体内的某点的主应力 σ_1，σ_2，σ_3 及其主方向为已知，将坐标轴与应力主方向取得一致。试研究

$$l=m=n=1/\sqrt{3}\tag{12-134}$$

的微分面上的应力。

习题

12-1　设有矩形截面的竖柱，密度为 ρ，在一边侧面上受均布切力 q，如图 12-21 所

示，试求应力分量。（提示：可假设$\sigma_x=0$或假设$\tau_{xy}=f(x)$，或假设σ_y如材料力学中偏心受压公式所示。上端的边界条件如不能精确满足，可应用圣维南原理，求出近似的解答。）

12-2　给定应力函数$\varphi(x, y)=b(y^3+2x^2y)$，试求具有三角形区域（图 12-22）弹性边界条件上的法向应力和切向应力。

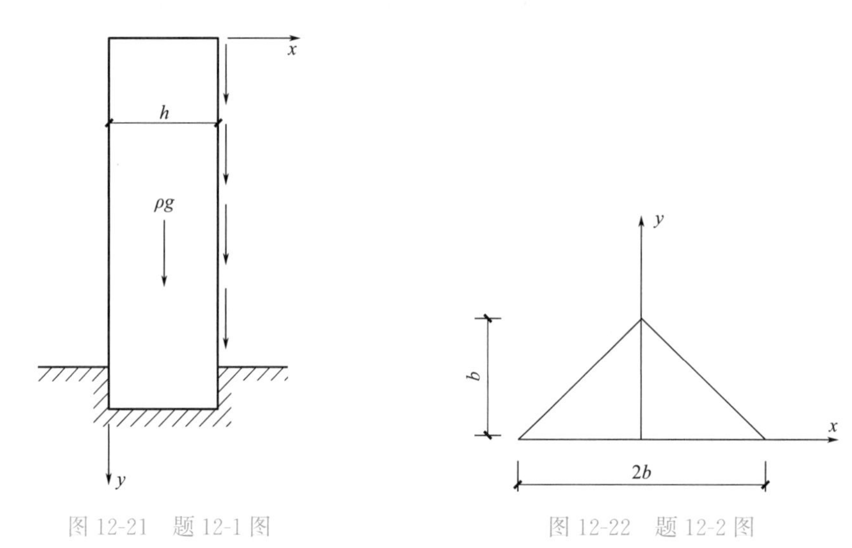

图 12-21　题 12-1 图　　图 12-22　题 12-2 图

12-3　如图 12-23 所示悬臂梁。长度为l，高度为h，$l \gg h$，在上边界受均布荷载q，试用应力函数$\varphi=Ay+Bx^2y^3+Cy^3+Dx^2+Ex^2y$求解应力分量。

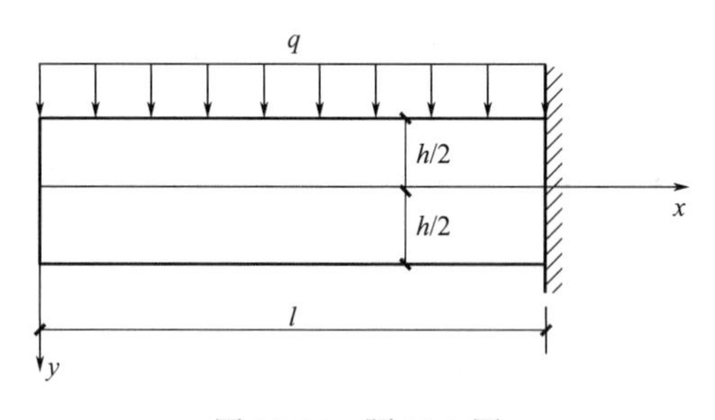

图 12-23　题 12-3 图

12-4　三角形悬臂梁只受重力作用（如图 12-24 所示），梁的密度为ρ，试用纯三次式的应力函数求解其应力场。

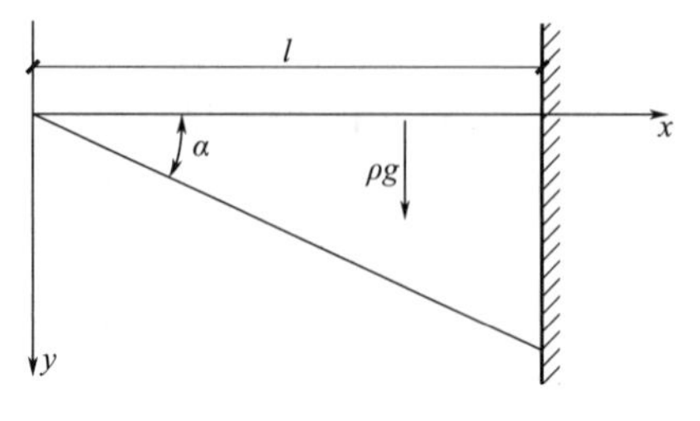

图 12-24　题 12-4 图

12-5　挡水墙的密度为 ρ，厚度为 h（如图 12-25 所示），而水的密度为 γ，试求应力分量。（提示：可假设 $\sigma_y = xf(y)$。上端的边界条件如不能精确满足，可用圣维南原理，求出近似的解答。）

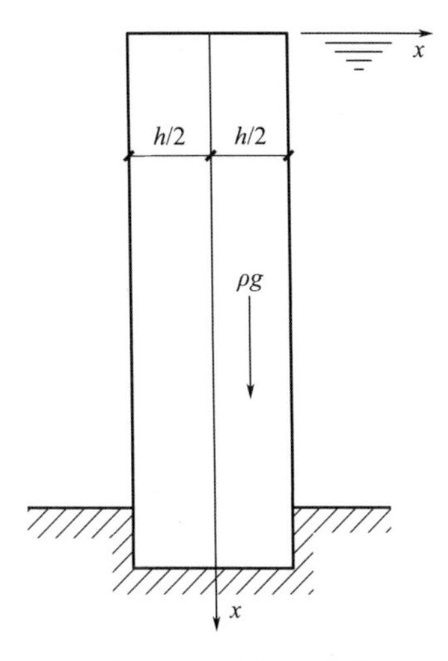

图 12-25　题 12-5 图

12-6　试考察什么样的平面应力问题可用如下的应力函数求解：

$$\varphi = \frac{3f}{8c}\left(xy - \frac{xy^3}{2c^2}\right) + \frac{q}{6}y^2$$

12-7　求出函数 $\varphi = Ax^2y^3 + By^5 + Cy^3 + Dx^2y$ 能作为应力函数的条件。

12-8　证明：如果 v 是平面调和函数，即它满足拉普拉斯方程

$$\frac{\partial^2 v}{\partial x^2} + \frac{\partial^2 v}{\partial x^2} = 0$$

那么函数 xv、yv、$(x^2+y^2)v$ 都满足双调和方程，因而可以作为应力函数。

12-9　如图 12-26 所示的一个薄板上的一个“齿”，这薄板处在平行于纸面的平面应力状态中，齿的两个面（在图中是两条直线）不受力。证明在齿的尖端没有应力。

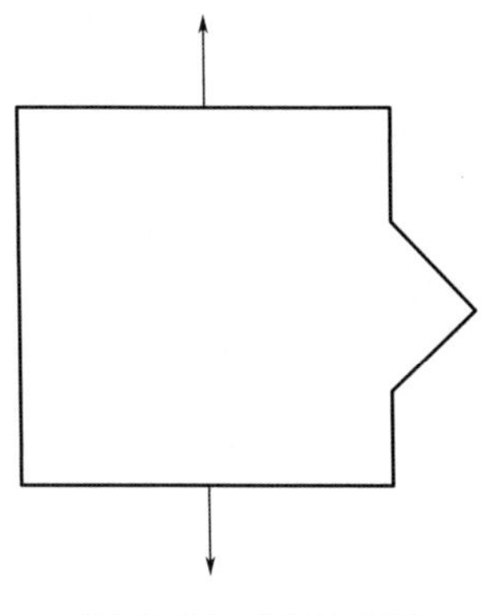

图 12-26　题 12-9 图

附录

附录 A　平面图形的几何性质		
附录 B　简单荷载作用下梁的转角和挠度		
附录 C　型钢表	附表 C-1　热轧工字钢	
	附表 C-2　热轧槽钢	
	附表 C-3　热轧等边角钢	
	附表 C-4　热轧不等边角钢	